Frithjof Staiß

Photovoltaik

Frithjof Staiß

Photovoltaik

Technik, Potentiale und Perspektiven
der solaren Stromerzeugung

unter Mitwirkung von
Fritz Pfisterer
Werner Knaupp
Helmut Böhnisch
Dirk Stellbogen

Anschrift des Autors:
Dipl.-Wirtsch.-Ing. Frithjof Staiß
Zentrum für Sonnenenergie- und
Wasserstoff-Forschung Baden-Württemberg
Heßbrühlstr. 21c
70565 Stuttgart

Gedruckt auf säurefreiem Papier

ISBN-13:978-3-528-06639-0   e-ISBN-13:978-3-322-83122-4
DOI: 10.1007/978-3-322-83122-4

Für Conny

und unsere "Sonnen" Sebastian und Jonas

Vorwort

Der Motor jeder wirtschaftlichen Entwicklung, die Versorgung mit Energie, steht heute zu Recht in der Kritik. Vor allem deshalb, weil wir mehr Energie verbrauchen als notwendig, und weil wir durch die Verbrennung fossiler Ressourcen das globale Ökosystem in einer Weise gefährden, die zunehmend zu einer Bedrohung für die Menschheit selbst werden kann. Die Umgestaltung der weltweiten Versorgung mit Energie ist daher eine der zentralen Herausforderungen für die Wirtschaft, Politik und Gesellschaft in den nächsten Jahren und Jahrzehnten. Klimaschutz und Ressourcenschonung sind dabei ebenso wie soziale Akzeptanz und internationale Verträglichkeit nur einige Stichworte, mit denen der Zielkatalog einer nachhaltigen, zukunftsverträglichen Entwicklung - eines "sustainable development" - beschrieben werden kann. Sie ist nur erreichbar, wenn wir Energie sehr viel verantwortungsvoller verwenden als bisher und gleichzeitig die erneuerbaren Energiequellen wieder zu einer tragenden Säule der Energieversorgung aufbauen.

Photovoltaik ist für viele die faszinierendste Technologie zur Nutzung erneuerbarer Energiequellen, denn sie ist in mehrfacher Hinsicht unkonventionell: Photovoltaik wandelt Sonnenenergie auf direktem Weg in den Universalenergieträger Elektrizität um. Photovoltaische Systeme arbeiten geräuschfrei und ohne bewegte Teile. Während des Betriebs werden keinerlei Schadstoffe an die Atmosphäre abgegeben, und zur Herstellung photovoltaischer Anlagen werden heute vor allem Ausgangsmaterialien eingesetzt, die noch für lange Zeit verfügbar sind: Silizium, Glas und Stahl. Und nicht zuletzt zeichnet sich die Photovoltaik durch eine extreme Modularität aus, die es erlaubt, solare Armbanduhren oder Taschenrechner mit elektrischen Leistungen von einigen Milliwatt ebenso zu realisieren wie solare Kraftwerke im multi-Megawatt-Bereich. Insofern darf die Photovoltaik durchaus als "high-tech zum Anfassen" bezeichnet werden.

Vor diesem Hintergrund scheint es gerechtfertigt, sich mit der Frage zu befassen, welche Rolle die Photovoltaik bei der Umstrukturierung unserer heimischen Energieversorgung in Richtung auf eine stärkere Ressourcenschonung und Klimaverträglichkeit in den nächsten Jahren und Jahrzehnten spielen kann. Mit dem vorliegenden Buch wird der Versuch unternommen, sich dieser komplexen Frage aus unterschiedlichen Perspektiven zu nähern. Damit soll einerseits ein Beitrag zur Versachlichung der Diskussion über die Photovoltaik geleistet werden, dies aber auch mit dem Ziel, eine Entscheidungshilfe für die Politik bereitzustellen in der Frage, ob, beziehungsweise in welchem Umfang, die Markteinführung durch den Staat unterstützt werden soll. In diesem Sinne wird auf die Diskussion von Detailaspekten zugunsten einer breit angelegten und leicht verständlichen Darstellung des Themas verzichtet. Das Buch richtet sich an all jene, die sich für innovative und umweltfreundliche Konzepte in der Energieversorgung interessieren.

Zunächst wird der state-of-the-art photovoltaischer Systeme beschrieben und das technisch-ökonomische Entwicklungspotential innerhalb der nächsten 10 bis etwa 30 Jahre aufgezeigt. Auf der Basis der Quantifzierung der technischen Stromerzeugungspotentiale in der Bundesrepublik werden verschiedene Ausschöpfungsstrategien diskutiert: Hier stehen Fragen der Verfügbarkeit von Solarzellen, des Finanzierungsbedarfs und bestehender Hemmnisse seitens der Anwender im Vordergrund. Im Sinne einer möglichst umfassenden Darstellung werden katalogartig eine Reihe weiterer Kriterien angesprochen, die für die Beurteilung klimaverträglicher Energieversorgungssysteme relevant sind. Sie sind heute in der Diskussion über die Photovoltaik noch von untergeordneter Bedeutung, werden mit zunehmender Verbreitung der Technologie jedoch immer wichtiger. Die Darstellung der Bedeutung der Photovoltaik für die Energieversorgung der Bundesrepublik Deutschland wäre nicht vollständig, wenn vor dem Hintergrund einer zunehmenden Internationalisierung der Elektrizitätswirtschaft nicht auch die Frage angesprochen würde, ob nicht anstelle einer heimischen Solarstromerzeugung ein Stromimport aus einstrahlungsreichen Ländern sinnvoller wäre.

Das Buch basiert auf einer Untersuchung des Zentrums für Sonnenenergie- und Wasserstoff-Forschung Baden-Württemberg (ZSW) in Stuttgart, die im Rahmen des Projektes "Klimaverträgliche Energieversorgung in Baden-Württemberg" der Akademie für Technikfolgenabschätzung in Baden-Württemberg durchgeführt wurde. Ohne die Unterstützung durch das ZSW sowie das Engagement und umfangreiche Fachwissen meiner an diesem Projekt beteiligten Kollegen Helmut Böhnisch, Jochen Mößlein, Fritz Pfisterer und Dirk Stellbogen wäre die vorliegende Veröffentlichung nicht möglich geworden. Wertvolle Hinweise und Anregungen trug ebenso mein Kollege Werner Knaupp bei. Mein Dank gilt außerdem Frau Michaela Frey für die textliche Bearbeitung und die Gestaltung der Graphiken sowie allen studentischen Hilfskräften.

Stuttgart, September 1995

Frithjof Staiß

Inhaltsverzeichnis

1 Entwicklung des Photovoltaik-Marktes in den 80er und 90er Jahren

1.1 Einsatzbereiche photovoltaischer Systeme

Der Markt für Photovoltaiksysteme hat in den letzten 15 Jahren eine sehr dynamische Entwicklung durchlaufen. Die weltweite Produktion von Modulen stieg von etwa 5 MW$_p$[1] im Jahr 1980 auf heute (1994) 70 MW$_p$ (Bild 1-1). Insgesamt wurden bislang rund 400 MW$_p$ auf den Markt gebracht. In den frühen 80er Jahren wurde der Aufschwung vor allem durch Demonstrations- und Regierungsprojekte getragen, dann jedoch in zunehmendem Maße vom kommerziellen Bereich, der heute über 90% der Anwendungen ausmacht. Hier betrug die durchschnittliche jährliche Wachstumsrate seit Mitte der 80er Jahre etwa 15%. Wie bei vielen anderen neuen Technologien resultierte dieser Erfolg daraus, daß sich Nachfrage und technische Entwicklungen gegenseitig stimulierten und somit eine Steigerung der Leistungsfähigkeit der Systeme zu gleichzeitig niedrigeren Kosten erreicht werden konnte. Zugute kam der Photovoltaik (PV) aber auch eine ihrer herausragendsten Eigenschaften: ihre außergewöhnliche Modularität, die es erlaubt, Kleinstsysteme mit elektrischen Leistungen von wenigen Milliwatt gleichermaßen zu realisieren wie Kraftwerke im Megawatt-Bereich. Auch heute ist dieser Trend ungebrochen.

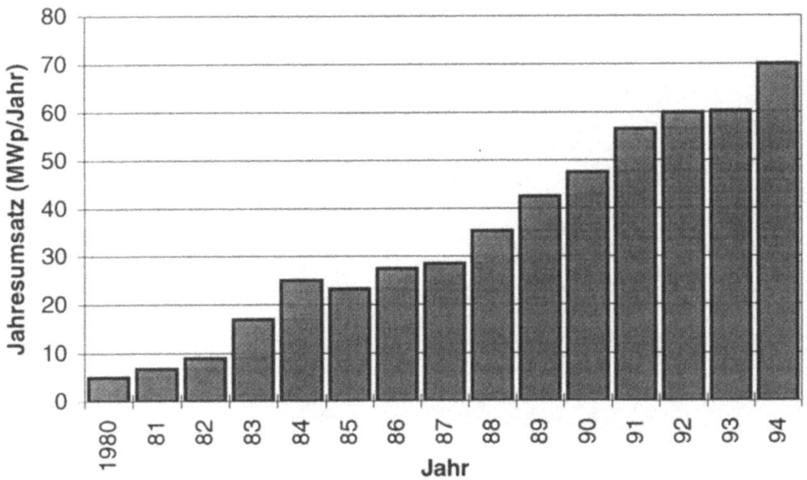

Bild 1-1   Entwicklung der Jahresproduktion von Photovoltaik-Modulen weltweit

---

[1]   Der Index p (= peak) bedeutet Spitzenleistung unter Standard-Testbedingungen. Zur Erläuterung s. Kapitel 2.

Weltweit wird die Photovoltaik vorrangig in **Konsumeranwendungen** wie Uhren, Taschenrechnern und Radios sowie in **netzfernen, autarken Energieversorgungssystemen**, sog. "stand-alone-Systemen" eingesetzt (Bild 1-2 und Bild 1-3). Die Typenvielfalt ist dabei groß und reicht von der Versorgung einzelner Geräte wie Telekommunikationseinrichtungen, Meßstationen oder Pumpen über Kleinstsysteme mit 50-100 W_p zum Betrieb einer Lampe und eines Radios/Fernsehers (sog. "solar-home-Systeme") bis hin zu Anlagen, die mit Speichern und Hilfsgeneratoren sog. Inselnetze von einigen kW_p bis einigen 100 kW_p versorgen.

Bild 1-2   Photovoltaik-Anwendung in stand-alone-Systemen

In Deutschland stellen aufgrund der großen Dichte des öffentlichen Versorgungsnetzes, zu dem praktisch 100% der Bevölkerung Zugang haben, Inselnetze seltene Ausnahmefälle dar (z.B. Berghütten oder sehr weit abgelegene Bauernhöfe). Hauptanwendungsbereiche der Photovoltaik stellen daher zur Zeit die Geräteversorgung und Kleinsysteme für den Freizeitbereich dar (Wochenendhaus, Campingbus).

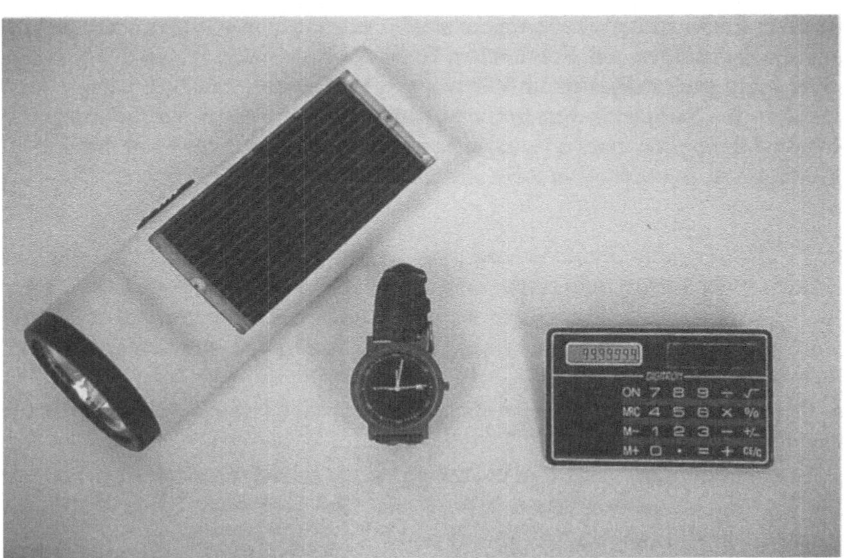

Bild 1-3   Photovoltaik-Anwendungen im Konsumerbereich

Obwohl netzunabhängige Systeme und Konsumeranwendungen heute weltweit von erheblicher Bedeutung sind und auch in den nächsten Jahren die wichtigste Kraft für die Entwicklung des Weltmarktes sein werden (Bild 1-4), sollen sie in den weiteren Betrachtungen nicht berücksichtigt werden. Denn der Beitrag, den sie für die zukünftige Energieversorgung in der Bundesrepublik Deutschland leisten können, ist vernachlässigbar. Relevant im Sinne der vorliegenden Untersuchung sind deshalb nur netzgekoppelte Photovoltaik-Anlagen.

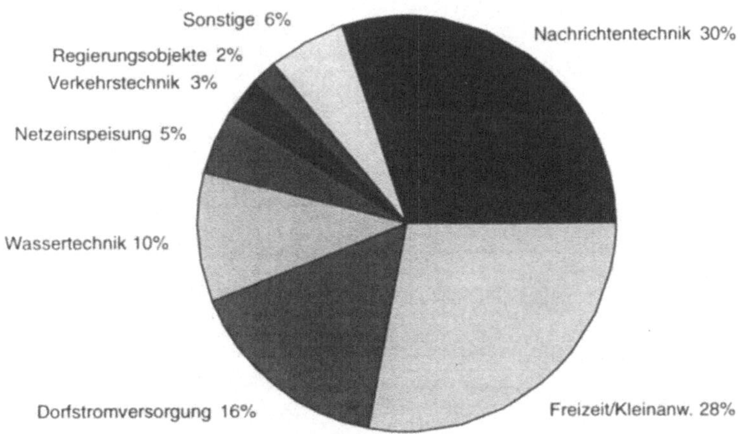

Bild 1-4   Typische Einsatzbereiche von Solarzellen weltweit (1992)

In der historischen Entwicklung wurde eine erste Generation von **größeren netzgekoppelten Photovoltaik-Anlagen auf Freiflächen** Ende der 70er Jahre in den USA und zu Beginn der 80er Jahre auch in Europa im Rahmen von Förderprogrammen errichtet. Nach einer längeren Zeit des Sammelns von Betriebserfahrungen und der Konsolidierung existiert seit einigen Jahren eine zweite Anlagengeneration mit Leistungen von einigen 10 kW_p bis zum Megawatt-Bereich (Bild 1-5). Zu nennen sind dabei insbesondere folgende Aktivitäten:

- Das PVUSA-Projekt (PhotoVoltaics for Utility Scale Applications), das von amerikanischen Elektrizitätsversorgungsunternehmen (EVU) sowie öffentlichen Stellen finanziert wird. Untersucht werden sowohl erfolgversprechende Modultechnologien in Musteranlagen von 20 kW_p als auch prototypische Kraftwerkseinheiten von mehreren 100 kW_p.
- Die Errichtung einer 300 kW_p-Anlage mit Fresnel-Konzentratoren der neuen Generation in Austin, Texas.
- Die Erweiterung der DELPHOS-Anlage in Manfredonia/Italien sowie das 3,3 MW_p-Projekt des staatlichen italienischen Elektrizitätsversorgers ENEL bei Serre, bei dem 10 Einheiten mit jeweils 330 kW_p aufgebaut werden.
- Die Errichtung größerer Anlagen in Deutschland, Österreich und der Schweiz.
- Die Errichtung einer 1 MW_p-Anlage bei Toledo/Spanien in Zusammenarbeit zweier spanischer Elektrizitätsversorgungsunternehmen mit dem deutschen RWE.

Bild 1-5   Teilansicht einer großen Freiflächen-Photovoltaik-Anlage

Eine Übersicht über die seit 1979 errichteten großen Photovoltaik-Anlagen gibt Tabelle 1-1. Die installierte elektrische Gesamtleistung beträgt etwa 21 MW_p.

Tabelle 1-1   Große Photovoltaik-Anlagen

Betriebs-beginn	Standort	Land	Nennleistung (kW$_{DC}$)	Bemerkungen
1979	Mt. Laguna/CA	USA	60	feststehend
1981	Beverly/MA	USA	2 x 50	feststehend
1981	Lovington/NM	USA	2 x 50	feststehend
1981	Dallas-Ft. Worth/ TX	USA	27/140	Fresnel-Konzentrator, 2-achsig nachgeführt
1982	Aghia Roumeli/ Kreta	Griechenland	50	feststehend
1982	Epcot Center/FL	USA	73	feststehend
1982	Lugo/CA	USA	1.000	2-achsig nachgeführt
1982	Solar Village	Saudi-Arabien	350	Fresnel-Konzentrator, 2-achsig nachgeführt
1983	Mt. Bouquet	Frankreich	50	feststehend
1983	Nice Airport	Frankreich	50	feststehend
1983	Fota Island	Irland	50	feststehend
1983	Terschelling	Niederlande	50	feststehend
1983	Kythnos	Griechenland	50	feststehend
1983	Pellworm	Deutschland	300	feststehend
1983	Marchwood	Großbritannien	300	feststehend
1983	Chevetogne	Belgien	63	feststehend
1983	Carrisa/CA	USA	6450	V-Trog, 2-achsig nachgeführt
1983	Georgetown/DC	USA	300	feststehend
1983	Vulcano	Italien	80	feststehend
1984	SMUD PV1/CA	USA	1180	1-achsig nachgeführt, horizontale Achse Nord-Süd (N-S)
1985	CSFE	Spanien	100	feststehend
1986	Delphos	Italien	300	feststehend
1986	Alabama/AL	USA	100	feststehend
1986	SMUD PV2/CA	USA	1170	1-achsig nachgeführt, horizontale Achse N-S
1986	PV 300, Austin/TX	USA	326	1-achsig nachgeführt, horizontale Achse N-S, passiv
1988	Kobern-Gondorf	Deutschland	340	Einzelgeneratoren untersch. Größe
1989	Austin II (3M)	USA	300	Fresnel-Konzentrator, 2-achsig nachgeführt
1989	N 13, Domat-Ems	Schweiz	100	auf Schallschutzmauer
1991	Neurather See	Deutschland	358,0	Großmodule, natürliche Hangneigung
1991	Rendsburg	Deutschland	70,7	Beleuchtung eines Straßentunnels
1991	PLUG Casaccia	Italien	100,3	kostenoptimiert

Tabelle 1-1   Große Photovoltaik-Anlagen (Fortsetzung)

Betriebs-beginn	Standort	Land	Nennleistung (kW_{DC})	Bemerkungen
1992	PLUG Manfredonia 2-4	Italien	100,5/98/99	kostenoptimiert
1992	Seewalchen	Österreich	40	auf Schallschutzmauer
1992	Mont-Soleil	Schweiz	560	große Höhenlage
1992	Neufeld-Bern	Schweiz	75	Einspeisung ins Gleichstrom-Straßenbahn-Netz
1992	Bellinzona	Schweiz	100	entlang Bahnlinie und Hoch-spannungsleitung
1992	PVUSA Davis (APS)	USA	479	amorphes Silicium
1993	PVUSA Davis (IPC)	USA	188	1-achsig nachgeführt, horizontale Achse N-S
1993	PVUSA Davis (SSI)	USA	174	1-achsig nachgeführt, horizontale Achse N-S, passiv
1993	Kerman, CA	USA	502	1-achsig nachgeführt, horizontale Achse N-S, passiv; Netzstützung
1993/94	Serre-Salerno	Italien	10 x 330	kostenoptimiert
1994	Toledo-PV-1	Spanien	1000	Großmodule, z.T. Hochlei-stungssolarzellen

Einen weiteren wesentlichen Einsatzbereich stellen netzgekoppelte **Systeme an und auf Gebäuden** dar. Es handelt sich um Anlagen, die auf Hausdächern montiert bzw. in diese integriert werden sowie um Photovoltaik-Fassaden (Bild 1-6 und Bild 1-7). In Deutschland und Österreich wurden in den letzten Jahren insbesondere die Errichtung auf Dächern von Privathäusern mit Leistungen von 1-5 kW_P gefördert. In der Schweiz gab es neben einer begrenzten staatlichen Förderung eine unternehmerische Initiative, bei der 330 gleiche Photovoltaik-Anlagen mit 3 kW_P zu besonders günstigen Preisen errichtet wurden. Eins der umfangreichsten Programme stellt das deutsche "Bund-Länder-1000-Dächer-Photovoltaik-Programm" dar, in dem zwischen 1990 und 1995 2250 Photovoltaik-Anlagen gefördert wurden und von dem entscheidende Impulse für die Entwicklung des Photovoltaik-Marktes und der Systemtechnik ausgingen. Die installierte elektrische Gesamtleistung dieser Anlagen beträgt ca. 5 MW_P.

Während bei der Förderung von Photovoltaik-Systemen in Deutschland netzgekoppelte Anlagen schon immer eine wichtige Rolle spielten, wird dieser Bereich nun auch in der Förderung durch die Europäische Union stärker berücksichtigt. Gegenwärtig nimmt die Integration von Photovoltaik-Anlagen in Dächer und Fassaden sowohl im Bereich von Forschung und Entwicklung als auch in der Demonstration einen großen Raum ein.

Bild 1-6   Integration von Photovoltaik-Anlagen in Dächer

Bild 1-7   Integration von Photovoltaik-Anlagen in Fassaden

1.2 Anbieter von Solarzellen und Modulen

Anbieter von Solarzellen und Modulen sind heute vor allem die USA, Japan und Europa, wobei Europa - nicht zuletzt aufgrund zunehmender öffentlicher Hilfen - in den letzten Jahren die höchsten Zuwachsraten aufwies (Bild 1-8). Die Produktion in Schwellen- und Entwicklungsländern, die langfristig für die Nachfrage nach photovoltaischen Systemen die größte Bedeutung haben werden, ist heute mit einem Anteil von weniger als 10% am Weltmarkt noch gering und beschränkt sich im wesentlichen auf die Länder Indien (1994: 3,8 MW$_P$), China (1,2 MW$_P$) und Brasilien (0,1 MW$_P$) [Maycock 1994a]. Die **Umsätze**, die heute mit Photovoltaik-Modulen erwirtschaftet werden, liegen **bei gut einer halben Milliarde DM pro Jahr**.

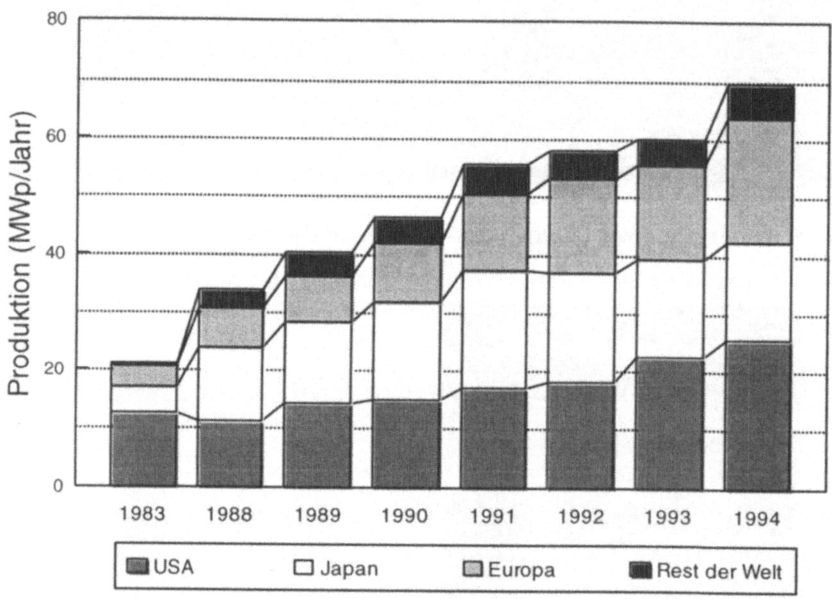

Bild 1-8   Entwicklung der Produktion von Photovoltaik-Modulen nach Länder-
gruppen [Maycock 1995; Curry 1995]; die Aufstellung umfaßt alle
Hersteller mit einer Jahresproduktion von mehr als 100 kW$_P$

Weltmarktführer ist mit einem Marktanteil von 20% die Firma **Siemens**, die im Jahr 1991 den damals größten Anbieter in den USA, die Firma ARCO Solar, übernommen hat. Insgesamt teilen sich heute die 16 führenden Unternehmen den Weltmarkt zu über 80% untereinander auf (Tabelle 1-2). Dies kann sich jedoch in Zukunft durchaus ändern, ebenso wie die Rangfolge der Unternehmen. Denn eine Reihe von Firmen planen in größerem Umfang in die Modulproduktion einzusteigen bzw. ihre Kapazitäten auszuweiten.

In Deutschland führte 1994 der Zusammenschluß der Firmen Deutsche Aerospace DASA und NUKEM zur Angewandte Solarenergie ASE dazu, daß es nur noch drei große Hersteller von Photovoltaik-Modulen gibt: ASE mit einer Produktion von 2,4 MW$_P$ (1994), Siemens mit 0,5 MW$_P$ und Phototronics Solartechnik PST.

Tabelle 1-2   Die größten Anbieter von Photovoltaik-Modulen im Jahr 1994
[Maycock 1995]

	Anbieter		Umsatz (MW$_p$)
1	SIEMENS SOLAR	USA	13,0
2	SOLAREX	USA	7,5
3	BP SOLAR	Großbritannien	6,1
4	SANYO	Japan	5,5
5	KYOCERA	Japan	5,3
6	EUROSOLAIRE	Italien	3,5
7	ASE	Deutschland	2,4
8	SHARP	Japan	2,0
9	CEL	Indien	1,8
10	KANEKA	Japan	1,8
11	HELIOS	Italien	1,7
12	ISOPHOTON	Spanien	1,5
13	SOLEL	Dänemark	1,2
14	-	China	1,2
15	MATSUSHITA	Japan	1,0
16	BHARAT	Indien	1,0
		Summe:	**56,5 MW$_p$**
		Weltmarktanteil	**81,4 %**

2 Stand der Technik

Durch den Begriff **Photovoltaik** wird die direkte Umwandlung von Licht in Elektrizität mit Hilfe von Solarzellen beschrieben. Er ist abgeleitet aus dem griechischem Wort phos für Licht und dem Namen des Italieners Alessandro Volta, einem Pionier in der Erforschung der Elektrizität. Der photovoltaische Effekt wurde bereits im Jahr 1839 durch den französischen Physiker Alexandre Edmond Becquerel entdeckt. Intensive Arbeiten mit dem Ziel einer technischen Umsetzung des Effekts begannen aber erst Mitte dieses Jahrhunderts, als für Satelliten eine nachschubunabhängige, dauerhafte und wartungsfreie Energieversorgung benötigt wurde. Die erste (Silicium)-Solarzelle wurde im Jahr 1954 entwickelt. In den 70er Jahren wurde mit terrestrischen Anwendungen begonnen. Vor allem durch die forcierte Forschung und Entwicklung nach der ersten Ölpreiskrise konnten nicht nur die Leistungsfähigkeit deutlich verbessert, sondern auch die Kosten auf einen Bruchteil gesenkt werden.

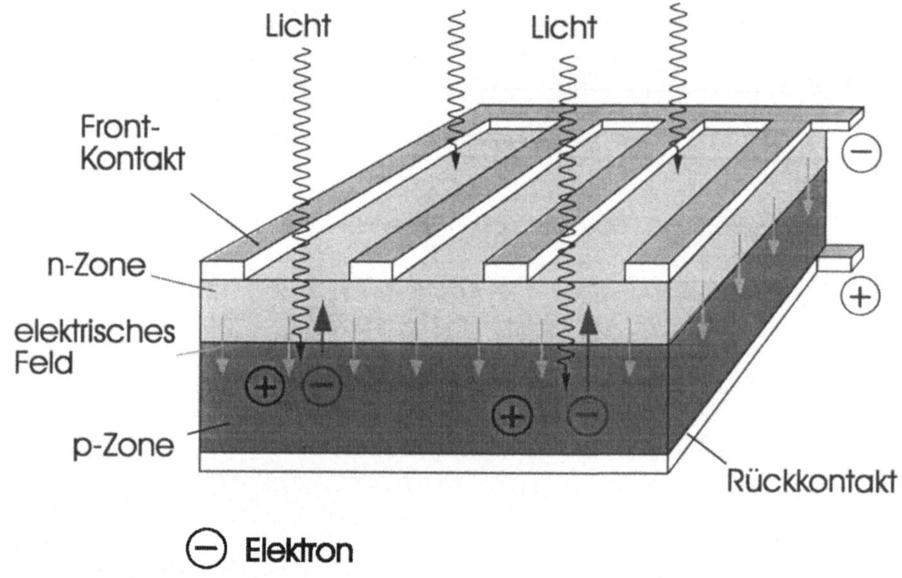

Bild 2-1   Aufbau einer kristallinen Solarzelle

Solarzellen (Bild 2-1) werden aus geeigneten Halbleitermaterialien hergestellt. Bei Beleuchtung werden die auf die Solarzelle auftreffenden Lichtquanten absorbiert und ihre Energie wird auf Paare von negativ und positiv geladenen Fehlstellen (Löcher) übertragen. Diese werden durch ein inneres elektrisches Feld getrennt, das bei der Herstellung der Solarzelle erzeugt wird. Zwischen den Metallkontakten der Solarzelle entsteht so eine elektrische Spannung. Bei Anschluß eines elektrischen Verbrauchers kann dann ein Gleichstrom fließen. Die heute im wesentlichen eingesetzten Silicium-Solarzellen bestehen aus zwei Schichten, die durch Einsetzen von Fremdatomen wie Phosphor und Bor verändert werden. Jede Schicht verfügt damit über unterschiedliche elektrische Eigenschaften (positiv(p-)- oder negativ(n-)-leitend), so daß sich an der gemeinsamen Grenzfläche das elektrische Feld bilden kann. Silicium-Solarzellen sind also großflächige Dioden.

Die Voraussetzung für ein erfolgreiches Ablaufen der Mechanismen in der Solarzelle ist, daß die Ladungsträger, die nur über eine begrenzte "Lebensdauer" verfügen, die notwendige Wegstrecke vom Ort ihrer Entstehung zum trennenden elektrischen Feld zurücklegen können, die sogenannte Diffusionslänge. Die Rekombination von Elektronen und "Löchern" ist ein wesentlicher Verlustmechanismus. Solche Rekombinationsverluste entstehen bevorzugt an metallischen Verunreinigungen, aber auch an Störungen im Kristallaufbau, wie sie besonders an der Solarzellen-Oberfläche vorkommen.

Da die Leistungsabgabe von Solarzellen direkt von der empfangenen solaren Einstrahlung abhängt und zwischen Null (Dunkelheit) und dem zelltypspezifischen Maximalwert variiert, werden die Leistungsangaben für Solarzellen bzw. Module immer für die erreichbare Gleichstromleistung in Watt peak (W_P = Spitzenleistung) unter **Standard-Testbedingungen** (STC = standard test conditions). Standard-Testbedingungen beziehen sich auf eine Einstrahlung von 1000 W/m^2 senkrecht auf die Zell-/Moduloberfläche (entspricht ungefähr der Strahlung, die an einem klaren Tag mittags auf die Erdoberfläche trifft), eine Solarzellentemperatur von 25°C und ein Strahlungsspektrum von AM 1,5 (AM = Air Mass bedeutet Luftmasse)[2]. Die in praktischen Anwendungen tatsächlich erreichbare maximale Leistung kann hiervon jedoch abweichen, insbesondere aufgrund von Reflexionsverlusten bei nicht senkrechter Einstrahlung und der Temperaturabhängigkeit des Wirkungsgrades von Solarzellen (s. hierzu auch Abschnitt 2.3).

2.1 Solarzellen und Photovoltaik-Module

Zur Herstellung von Solarzellen eignen sich prinzipiell viele Halbleitermaterialien. Zum Einsatz kommt bisher hauptsächlich kristallines Silicium (c-Si) (Bild 2-2). Dieses Material ist theoretisch zwar nicht optimal für Solarzellen geeignet, der hohe technologische Status der Silicium-Halbleiterindustrie führte jedoch zu einer Favorisierung der Entwicklung dieses Zellentyps.

Weitere, auf dem Photovoltaik-Markt angebotene Solarzellen bestehen aus amorphem Silicium (a-Si) oder Cadmium-Tellurid (CdTe). Eine besonders aussichtsreiche Perspektive - wenngleich noch nicht industriell produziert - bieten aus heutiger Sicht Solarzellen aus Kupfer-Indium-Selenid ($CuInSe_2$ "CIS"). Gegenüber kristallinem Silicium handelt es sich bei allen drei Zellentypen um Halbleiter mit wesentlich höherem optischen Absorptionskoeffizient[3]. Die notwendige Mindestschichtdicke der aktiven Schichten beträgt hier nur ca. 1 µm, im Vergleich zu mindestens 50 µm bei Zellen aus kristallinem Silicium. Damit wird die Herstellung von sog. Dünnschicht-Solarzellen möglich.

---

2 AM 1 gibt ein Strahlungsspektrum an, das sich bei senkrechtem Durchtritt des Sonnenlichtes durch die Atmosphäre ergibt. Mit AM 1,5 werden die Verhältnisse charakterisiert, die sich in Mitteleuropa bei Sonnenhöchststand im Sommer ergeben. Der Weg durch die Atmosphäre ist hier aufgrund des Einfallwinkels um etwa den Faktor 1,5 länger.

3 Die physikalischen Eigenschaften des Solarzellen-Materials bestimmen nicht nur, welche Wellenlängen des Lichtes absorbiert werden können - und damit den jeweiligen theoretischen Wirkungsgrad -, sie bestimmen auch die Mindestschichtdicke, die erforderlich ist, um einen bestimmten Teil des Sonnenlichtes zu absorbieren und damit nutzen zu können. Der sog. Absorptionskoeffizient ist hierfür eine Meßgröße.

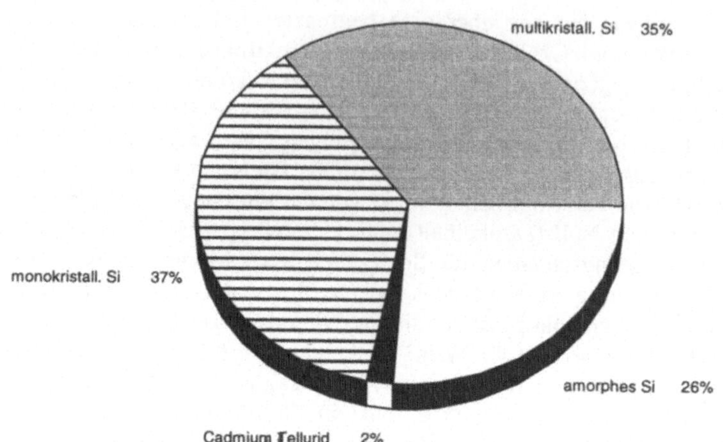

Bild 2-2   Aufteilung des Weltmarkts nach Zellentypen und Umsatz in W_P (1994 [Maycock, 1995])

Für **spezielle Anwendungen** werden teilweise auch andere Materialien eingesetzt (z.B. Gallium-Arsenid (GaAs)). Über ihre Zusammensetzung lassen sich die spektrale optische Absorption der Materialien einstellen und damit Systeme entwickeln, bei denen sich zwei oder mehr Solarzellen unterschiedlicher Zusammensetzung das Sonnenspektrum aufteilen ("Tandemsystem"). In der Praxis hat man bereits mit einem aus zwei verschiedenen Materialien bestehenden Tandemsystem Wirkungsgrade von 34% erzielt. Der Einsatz dieser teuren Zellen erfolgt hauptsächlich im Weltraum sowie in Verbindung mit optischen Systemen, die die Sonneneinstrahlung konzentrieren (z.B. Spiegel oder Linsen) und dadurch zu einer erheblichen Steigerung der Energieerträge führen. Im Einzelfall können daher die höheren Herstellungskosten gerechtfertigt sein.

Die direkte Umwandlung von Licht in Elektrizität läßt sich nicht nur durch die Verwendung geeigneter Halbleitermaterialien, sondern auch durch **photoelektrochemische Solarzellen** erreichen. Zur Zeit wird beispielsweise ein Typ diskutiert, der auf dem photovoltaischen Effekt an der Grenzfläche Titandioxid (TiO_2)-Farbstoff (z.B. Bipyridin-Komplex) beruht. Bei dieser, nach ihrem Erfinder benannten "Grätzel-Zelle" befinden sich die farbstoffbelegte TiO_2-Elektrode und eine Indium-Zinn-Oxid-Gegenelektrode in einem Redox-Elektrolyten. Wirkungsgrade von 9% werden genannt, die Demonstration der Leistungsfähigkeit, der Langzeitstabilität und der Möglichkeit der industriellen Fertigung solcher Solarzellen und -Module steht allerdings noch aus.

2.1.1 Solarzellen und Photovoltaik-Module aus kristallinem Silicium

Als Basismaterial verwenden die Hersteller kristalliner Silicium-Module gegenwärtig fast ausschließlich "Scrap"-Silicium (Abfall- und Ausschußmaterial) der Halbleiterindustrie vom Reinheitsgrad "Electronic-Grade" (EG-Si). Dieses Standardmaterial wird jedoch mit Hilfe des energieintensiven Prozesses (Siemens-Prozesses) gewonnen. Um die Gesamtenergiebilanz photovoltaischer Systeme (Herstellung, Errichtung, Betrieb, Recycling/ Entsorgung) zu verbessern, wurden deshalb alternative Verfahren entwickelt. Das resultierende "Solarsilicium" ("Solar-Grade"-Silicium, SoG-Si) ist bislang jedoch teurer als "Scrap"-EG-Silicium und liefert nicht dieselben guten Ergebnisse.

Die **Herstellung** von Silicium-Solarzellen erfordert zunächst flächiges Silicium (Scheiben, Bänder, Schichten etc.). In der Photovoltaik-Industrie sind hierfür gegenwärtig zwei prinzipiell unterschiedliche Herstellungsverfahren üblich:

1. Ziehen von Einkristallen nach dem Czochralski-Verfahren ("CZ"), die anschließend zersägt und seitlich beschnitten werden, so daß man monokristalline Silicium (mono-c-Si)-Platten mit einer Fläche von 10 x 10 cm^2 erhält (z.T. auch größer) (Bild 2-3)[4]

2. Gießen von Blöcken, die anschließend zersägt werden, so daß multikristalline (multi-c-Si)-Platten mit Kristallitgrößen von mehreren Millimetern und einer Fläche von ebenfalls 10 x 10 cm^2 entstehen.

Mono-c-Si-Scheiben liefern im allgemeinen die höheren Wirkungsgrade. Auf den Silicium-Scheiben erfolgt nun die Herstellung der Solarzellen. Auch hierfür kommen verschiedene Techniken zum Einsatz:

- Die Standardtechnologie für Solarzellen bis ca. 15% Wirkungsgrad.
- Technologien für hoch- und höchsteffiziente Zellen (Wirkungsgrade von 17-19% bzw. 20-24%).
- Alternativtechnologien.

Die **Standardtechnologie** beinhaltet neben der Erzeugung des pn-Überganges (Eindiffusion von Phosphor in das p-leitende Grundmaterial) und dem Aufbringen von Kontakten:

- Die Eindiffusion von Getterstoffen (Phosphor, Wasserstoff, ...) zur Passivierung von Störungen für die Ladungsträgerbewegungen.
- Das Formieren eines internen elektrischen Feldes auf der Frontseite/Rückseite, wodurch die Rekombinationsverluste an der Zellenfrontseite/Zellenrückseite reduziert werden.
- Das Aufbringen einer Antireflexbeschichtung und/oder eine Strukturätzung der Oberfläche zur Verringerung der Lichtreflexion. Ohne diese Maßnahmen würden etwa 25-30% des auftreffenden Lichtes aufgrund des hohen Brechungsindex von Silicium reflektiert.

---

[4] Auf dem Weltmarkt wurden bis Oktober 1993 auch Solarzellen aus kristallinen Si-Bändern der Fa. Mobil Solar, USA, angeboten (0,5 % des Welt-Jahresumsatzes). Die Produktion wurde im November 1993 von ASE Americas übernommen. Heute werden fast alle monokristallinen Silicium-Solarzellen von ASE aus Bändern hergestellt.

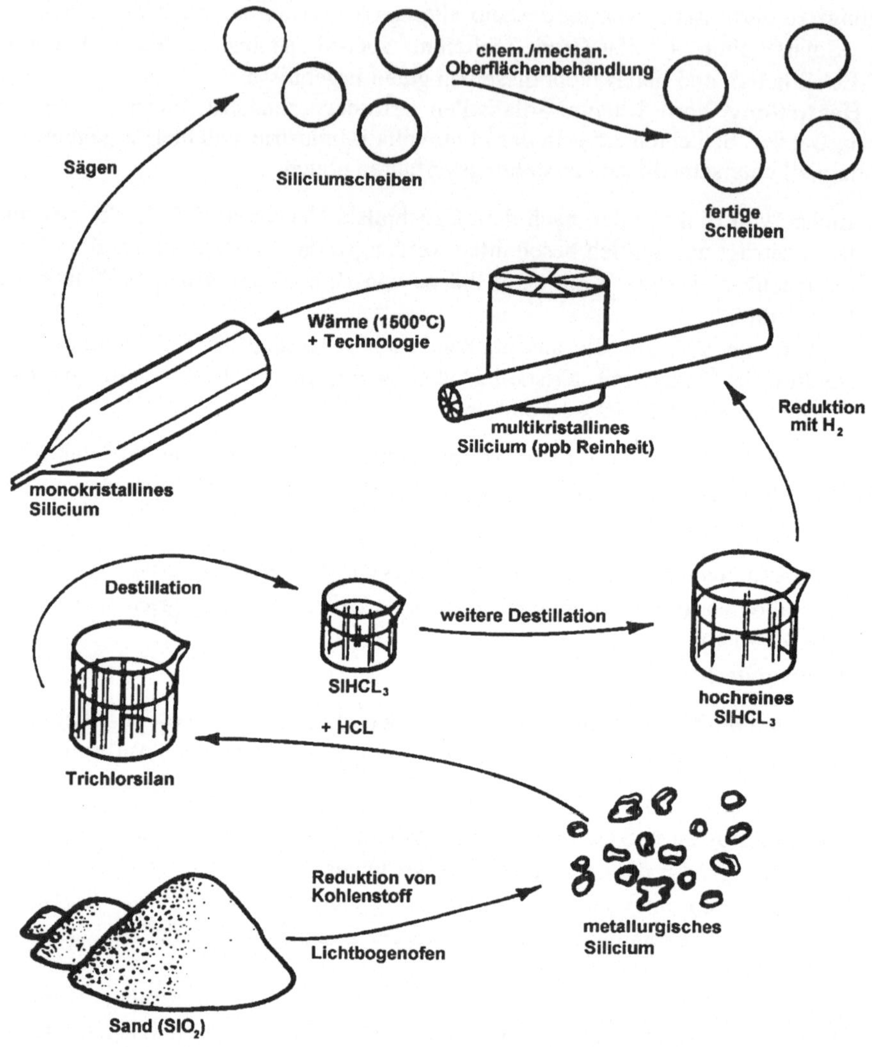

Bild 2-3   Herstellung von monokristallinen Siliciumscheiben

Die **Technologie für hocheffiziente Zellen** erfordert zusätzliche Produktionsschritte:

- Das Aufbringen einer Passivierungsschicht (SiO_2) auf Oberflächen und Grenz-flächen zur weiteren Reduktion von Rekombinationsverlusten.
- Das "Vergraben" der Kontakte an der Zellenoberfläche ("Laser-grooved buried contacts") zur Minimierung der Abschattung durch die Kontaktbahnen.

- Das Anbringen punkt- bzw. linienförmiger Rückseitenkontakte (wegen der Rückseiten-Passivierung).

Höchsteffiziente Zellen erfordern mono-c-Si-Scheiben höchster Qualität: Statt der CZ-Einkristalle müssen teurere, nach dem sog. "Float Zoning" (FZ; Zonenschmelzen)-Verfahren hergestellte Einkristalle verwendet werden.

Unter den möglichen **Alternativtechnologien** (Schottky-Barrieren, MIS-Strukturen, Heteroübergänge, sphärische Zellen) wurde bislang nur die "Inversionsschicht-Zelle" in die industrielle Produktion übergeführt. Hersteller ist in Deutschland die Firma Angewandte Solarenergie ASE. Bei dieser Technologie entfällt der Hochtemperaturprozeß des Formierens eines pn-Überganges. Dieses Verfahren ermöglicht Zellenwirkungsgrade bis 16% und Modulwirkungsgrade bis 15%.

Zum Schutz gegen Umwelteinflüsse und zur Realisierung eines mechanisch stabilen Bauteiles muß eine verschaltete Solarzellenmatrix zwischen ein Frontglas (eisenfrei, getempert bzw. gehärtet) und eine Rückseitenabdeckung eingebettet werden. Als Rückseitenabdeckung verwendet man eine zweite Glasscheibe oder ein Verbundfoliensystem aus Tedlar-Aluminium-Tedlar. Die Aluminiumfolie ist als Diffusionsbarriere gegen das Eindringen von Sauerstoff und Wasserdampf erforderlich. Das gängigste Einbettmaterial ist EVA (Ethylen-Vinyl-Azetat), das jedoch bei hohen Lufttemperaturen und starker UV-Strahlung nicht eingesetzt werden sollte.

Standardmodule aus 36 oder 40 c-Si-Zellen mit einer Fläche von ca. 0,5 m², die eine Spitzenleistung von 45 bis 55 W_p aufweisen, sind in der Regel mit einem Rahmen versehen, der einfache Montagemöglichkeiten bietet und eine Schutz- und zusätzliche Abdichtfunktion erfüllt. Speziell für großflächige Module mit Flächen von 2 m² und mehr gewinnen jedoch rahmenlose Ausführungen ("Laminate") zunehmend an Bedeutung, ebenso Spezialmodule für Dächer und Fassaden. Letztere sind z.T. als Isolierglasstruktur aufgebaut, um als sogenannte Warmfassade dienen zu können.

Standardmodule haben einen hohen Grad an Perfektion und Stabilität erreicht. Es kann heute mit einer Lebensdauer von 30 Jahren gerechnet werden. Die Ausfallrate in großen Demonstrationsanlagen beträgt ca. 0,2% pro Jahr. Ein Anbieter in den USA gewährt daher inzwischen 20 Jahre Garantie.

2.1.2 Solarzellen und Photovoltaik-Module aus amorphem Silicium

Bei den amorphen Silicium (a-Si)-Solarzellen handelt es sich vor allem um sogenannte **pin-Zellen**. Analog zu den pn-Zellen aus kristallinem Silicium wird das elektrische Potential zwischen den mit Bor bzw. Phosphor dotierten Bereichen genutzt. Die pin-Struktur stellt jedoch eine Besonderheit der a-Si-Zellen dar. Sie ist notwendig, da die gestörte Ordnung im atomaren Aufbau des Materials Rekombinationsverluste verursacht. Eine 0,5 m dicke Solarzelle, die nur aus einer p- und einer n-leitenden Schicht bestünde, wäre deshalb nicht funktionsfähig [Plättner 1990]. Man ordnet daher zwischen der p- und der n-Schicht eine sogenannte i-Schicht (i = intrinsisch, d.h. eigenleitend) an, die das eingebaute und für die Trennung der Ladungsträger förderliche elektrische Feld ausdehnt. In ihr wird der weitaus größte Teil des Lichts absorbiert und in Ladungsträger umgewandelt. Die Sammlung der Ladungsträger findet an der transparenten Frontelektrode (TLO = transparentes, leitfähiges Oxid; z.B. Indium-Zinn-Oxid) und der meist metallischen Rückelektrode statt (Bild 2-4).

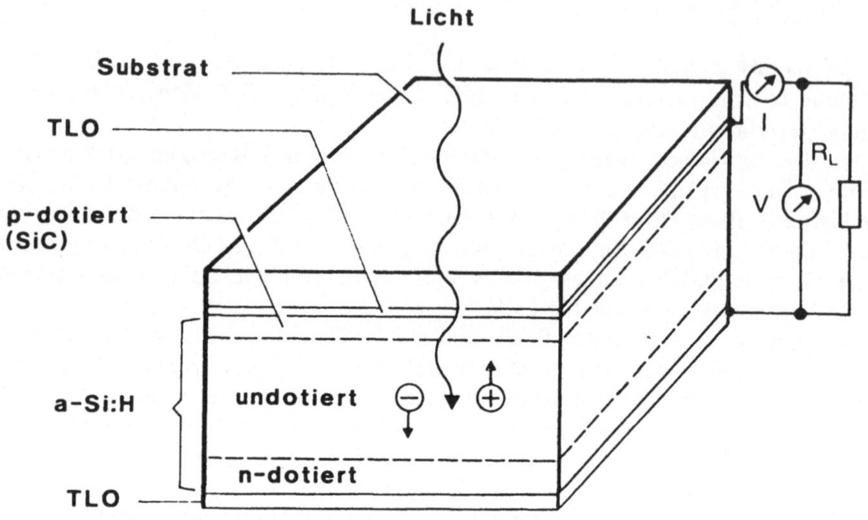

Bild 2-4   Schichtaufbau einer pin-Zelle aus amorphem Silicium [Plättner 1990]

Die **Herstellung** von Photovoltaik-Modulen auf der Basis von amorphem Silicium un-
terscheidet sich signifikant von der kristalliner Silicium-Module: Eine Sequenz von
Dünnschichten wird direkt auf einer als Modul-Frontglas dienenden Glasplatte abge-
schieden (Bild 2-5). Der Aufbau der amorphen Strukturen geschieht vollautomatisch in
Ein- oder Mehrkammer-Abscheideanlagen bei Zufuhr der Depositions- und Dotiergase.
Nach der Produktion der einzelnen Schichten findet jeweils eine Strukturierung durch
mechanisches Ritzen oder "Laser-Scribing" (Abdampfen mit Laser) statt, um die Unter-
teilung in Einzelzellen und die Integration zu Modulen mit höherer Ausgangsspannung
simultan mit der Schichtherstellung zu realisieren. Zur Komplettierung eines Moduls sind
noch die Rückseitenabdeckung und der Rahmen anzubringen.

Die maximalen **Wirkungsgrade** amorpher Silicium-Solarzellen betragen ca. 13% bei
Laborzellen und ca. 10% bei Modulen aus industrieller Fertigung. Solarzellen aus a-Si
unterliegen jedoch einer systeminhärenten Degradation, d. h. der Wirkungsgrad nimmt
relativ rasch bis zu einem Sättigungswert ab, so daß gegenwärtig End-Wirkungsgrade bei
Modulen von 6 - 8 % erreicht werden. Durch spezielle Schichtstrukturierung wird zur Zeit
versucht, die Degradation zu verringern.

Die Produktionszeit eines Moduls beträgt gegenwärtig 1-2 Stunden, wobei der größte
Teil auf die a-Si-Schichtenpräparation entfällt. Diese lange Produktionszeit ist einer der
Gründe, warum a-Si-Module gegenwärtig noch keinen entscheidenden Kostenvorteil
gegenüber c-Si-Modulen aufweisen (s. Abschnitt 3.1). Amorphe Silicium-Solarzellen
werden daher zur Zeit vor allem als Klein- und Kleinstsysteme im Konsumerbereich eingesetzt, da sie ein günstiges Verhalten auch bei geringen Lichtintensitäten (Kunstlicht)
aufweisen.

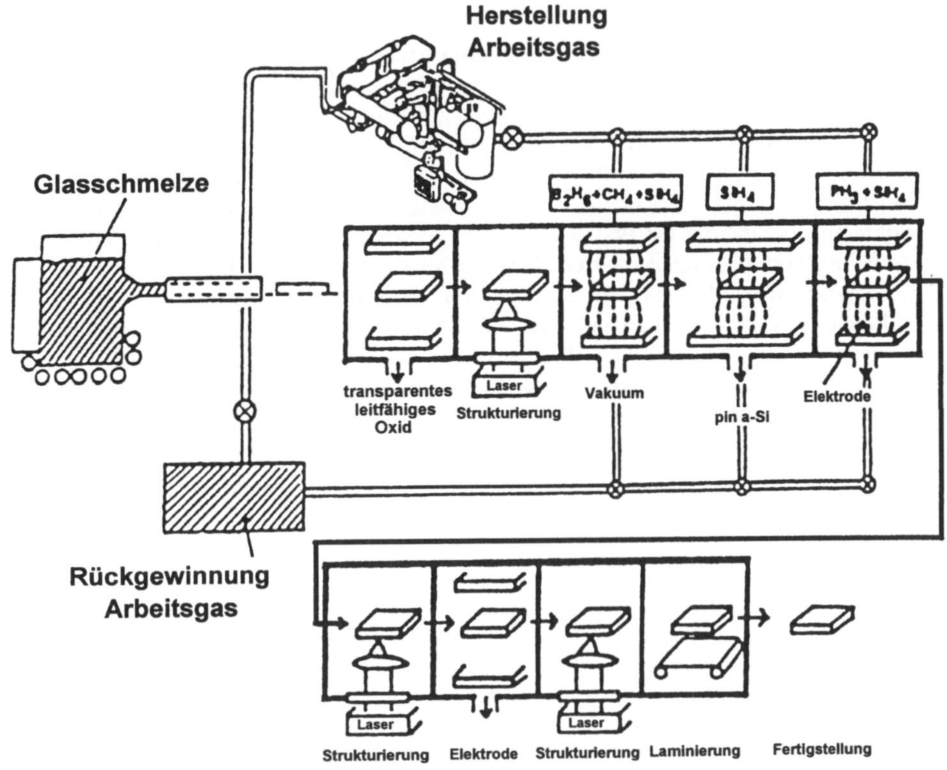

Bild 2-5   Herstellung von Modulen aus amorphem Silicium

2.1.3 CdTe- und CuInSe₂(CIS)-Dünnschicht-Solarzellen

Die Herstellung von CdTe- und CIS-Modulen ähnelt der von a-Si-Modulen: Das Rückseitenglas kann direkt als Substrat eingesetzt werden, und die Schichten sind während des Herstellungszyklus strukturierbar, so daß unmittelbar integrierte Strukturen entstehen. Die Materialien bieten jedoch den Vorteil, daß Schichten guter Halbleiterqualität mit relativ einfachen, kostengünstigen Verfahren herstellbar sind. Im Labormaßstab sind Spitzenwerte des Wirkungsgrades von ca. 17% erreicht worden. Die erforderlichen Prozeßzeiten sind erheblich kürzer als bei a-Si-Zellen, auch besteht die Aussicht, Dünnschichten dieser Materialien ohne den Einsatz von teuren Hochvakuumanlagen herstellen zu können. Ein weiterer wesentlicher Vorteil von CdTe- und CIS-Zellen gegenüber Zellen aus a-Si besteht darin, daß sie keine materialbedingten Degradationseffekte zeigen.

CdTe-Module für Kleinanwendungen werden schon seit einigen Jahren in Japan gefertigt. In den USA sind gegenwärtig Produktionsanlagen für CdTe-Zellen bei zwei Firmen im Aufbau. CIS-Zellen sind dagegen noch nicht in eine industrielle Produktion überführt worden. Zur Zeit wird in Deutschland eine Technikumsfertigung aufgebaut mit dem Ziel, Module mit einem Format von 30 cm x 30 cm herzustellen.

2.2 Systemtechnische Komponenten

Solarzellen allein stellen noch kein einsatzfähiges photovoltaisches System dar. Weil sie sehr empfindlich sind, müssen sie vor allem gegen mechanische Beschädigungen und Feuchtigkeit geschützt werden. Dies geschieht z.B. durch eine Glas- oder Kunststoffabdeckung. Weiterhin ist die Spannung einer einzelnen Solarzelle für die meisten Anwendungsfälle zu gering (bei kristallinen Silicium-Solarzellen zwischen 0,5 und 0,6 Volt). Man schaltet daher eine größere Anzahl zu einem sogenannten Modul zusammen, das eine Spannung liefert, die für den Betrieb von Geräten notwendig ist (z.B. 12 Volt). Je nach Leistungsbedarf können mehrere Module miteinander verschaltet werden. Ein solcher **Solargenerator** bildet das Herzstück jeder photovoltaischen Anlage.

Zur Energieaufbereitung und ggf. zur Speicherung der erzeugten solaren Elektrizität sind je nach Anwendungsfall eine Reihe weiterer Systemkomponenten erforderlich, die sogenannte **"balance-of-systems"** (BOS). Die allgemeine Struktur eines photovoltaischen Systems ist in Bild 2-6 dargestellt.

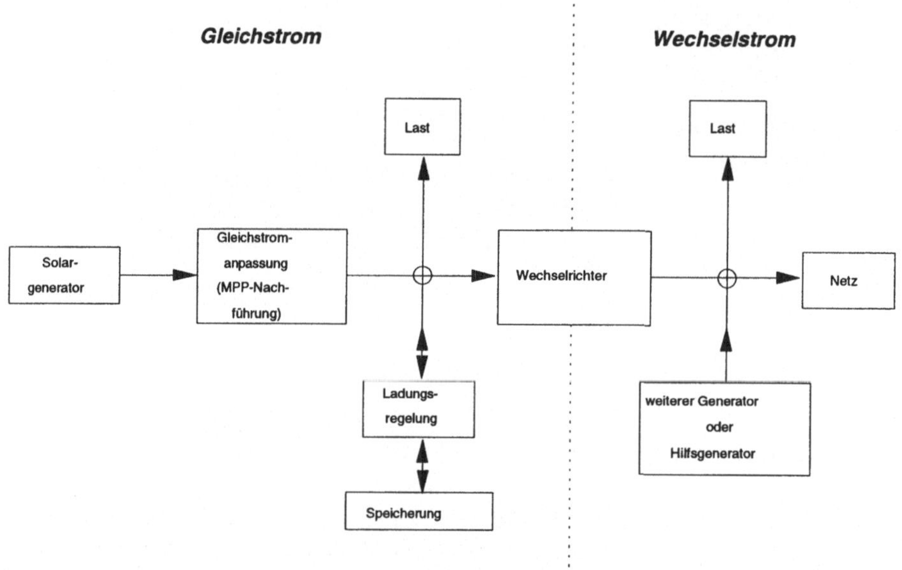

Bild 2-6   Allgemeine Struktur eines Photovoltaik-Systems

In der Regel wird dem Solargenerator eine Gleichspannungsanpassung nachgeschaltet, um die Umsetzung auf ein gewünschtes Spannungsniveau zu erreichen, aber auch um die Ausnutzung des Photovoltaik-Stromes zu optimieren. Dies ergibt sich daraus, daß die nutzbare elektrische Leistung einer Solarzelle von dem Produkt aus Spannung und Strom unter den gerade herrschenden Betriebsverhältnissen abhängt. In Bild 2-7 ist die Lage des optimalen Arbeitspunktes, des sog. **maximum power points (MPP)**, für zwei Einstrahlungswerte (500 W/m^2 und 1000 W/m^2) dargestellt. Man erkennt, daß die Leistungsmaxima bei unterschiedlichen Spannungen erreicht werden. Beim Betrieb eines Solargenerators mit einer fest vorgegebenen Spannung können daher Verluste von einigen Prozent der nutzbaren Jahresenergie auftreten. Dieser Verlust kann durch ein kontinuierliches Nachfahren der optimalen Betriebsspannung (MPP-tracking) vermieden werden. Allerdings wird dies mit höheren Investitionskosten erkauft, so daß im Einzelfall zu prüfen ist, ob ein MPP-tracking sinnvoll ist.

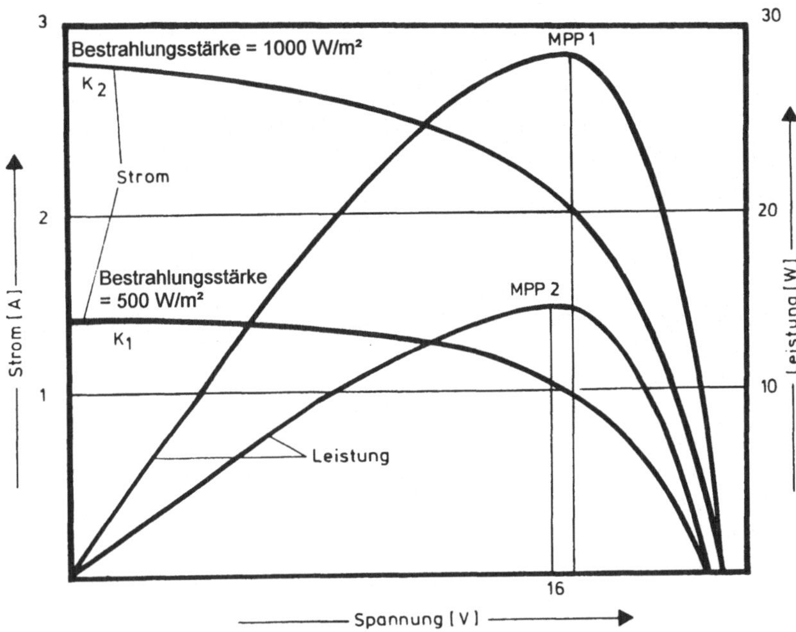

Bild 2-7   Kennfeld einer kristallinen Solarzelle; nach [Schmid 1990]

Eine weitere, vor allem in stand-alone-Systemen eingesetzte Komponente sind **Energiespeicher**, für die zusätzlich eine Ladungsregelung erforderlich ist. Bei netzgekoppelten Anlagen kann zwar in der Regel auf eine Energiespeicherung verzichtet werden, jedoch ist hier eine Umrichtung des Gleichstroms in Wechselstrom erforderlich. Schließlich können insbesondere in elektrischen Inselsystemen weitere Stromerzeuger vorhanden sein, die entweder ebenfalls aus regenerativen Quellen gespeist werden (z.B. Windenergie oder Wasserkraft), oder aber es handelt sich um gas- oder dieselbetriebene Motoren. Diese Generatoren speisen in aller Regel auf der Wechselstromseite ein.

Die technische und wirtschaftliche Leistungsfähigkeit photovoltaischer Anlagen wird neben dem Solargenerator erheblich durch die Wahl bzw. die Verfügbarkeit geeigneter systemtechnischer Komponenten bestimmt. Daher soll im weiteren für die Aufständerung von Modulen, für Wechselrichter und die Netzeinbindung der aktuelle Stand skizziert werden. Die Betriebserfahrungen aus zahlreichen Experimental- und Demonstrationsanlagen haben hier umfangreiche Entwicklungen induziert, durch die ein hoher Stand der technischen Leistungsfähigkeit und Zuverlässigkeit (z.B. Wechselrichter) erreicht wurde. Darüber hinaus kam es zu einer deutlichen Reduktion der Kosten (z.B. Aufständerung) und zu einer Verbesserung der Methoden zur Optimierung der Auslegung von Anlagen.

<u>Aufständerung von Photovoltaik-Modulen</u>

Die von einem Photovoltaik-Modul empfangene Solarstrahlung hängt stark von seiner Orientierung ab. Das Modulgestell dient somit einerseits der Befestigung und andererseits dazu, eine möglichst günstige Ausrichtung zu realisieren. Bei den meisten Photovoltaik-Anlagen sind die Module starr orientiert. Soll der Jahresenergieertrag maximiert werden, so liegt die günstigste Neigung etwas unterhalb der geographischen Breite, in Mitteleuropa bei ca. 30°-45° (siehe ausführlich Abschnitt 6.1). Bei Photovoltaik-Generatoren, die einen besonders hohen Energieertrag im Winter erbringen sollen (in der Regel bei autonomen Photovoltaik-Systemen), werden die Module steiler geneigt (ca. 50°-60°). Ein wesentliches Konstruktionsziel bei fester Modulaufständerung ist die Erfüllung bautechnischer Vorgaben bzgl. Stabilität und Standfestigkeit bei Wind-, Schnee- und anderen Lasten in kostengünstiger Weise, d.h. vor allem bei möglichst geringem Material- und Energieeinsatz.

Eine **Nachführung** der Photovoltaik-Module nach dem Stand der Sonne wird vor allem dort angewandt, wo eine hohe direkte Sonneneinstrahlung herrscht. So wurden z.B. alle großen Photovoltaik-Kraftwerke im Südwesten der USA mit Nachführungseinrichtungen aufgebaut. Die wesentlichen Möglichkeiten zeigt Bild 2-8. Nachführungseinrichtungen können ebenso wie konzentrierende Systeme auch für Mitteleuropa eine sinnvolle Option darstellen, um teure Solarzellen durch preiswertere mechanische Komponenten zu ersetzen. Mit einer einachsigen Nachführung kann die Stromerzeugung um 25 % erhöht werden, mit einer zweiachsigen Nachführung beträgt der Zugewinn etwa 30 %. Durch die zusätzliche Verwendung von ebenen Spiegeln mit einem Konzentrationsfaktor von c=2 (Verdoppelung der Empfangsfläche) kann in Verbindung mit einer zweiachsigen Nachführung ca. 75 % mehr Energie geerntet werden [Knaupp 1993] (Bild 2-9). Neben diesen Maßnahmen wird auch die Verwendung von mittel- und **hochkonzentrierenden Systemen** mit Konzentrationsfaktoren von 10-30 bzw. 100-500 durch brechungsoptische und/oder holographische Elemente gegenwärtig neu diskutiert.

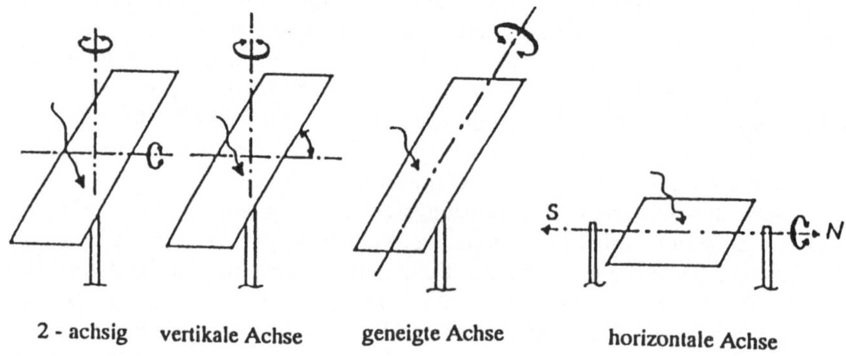

Bild 2-8   Möglichkeiten zur Nachführung von Photovoltaik-Generatoren

Bild 2-9 Schwach und hoch konzentrierende Systeme. Oben: Sogenannter "V-Trog" mit Konzentrationsfaktor c=2; unten von links nach rechts: Parabolrinnenkonzentrator (c=25), linienfokussierende Fresnellinse (c=22), punktfokussierende Fresnellinse (c=170)

Einen Spezialfall der Aufständerung bilden **gebäudemontierte** Photovoltaik-Generatoren, die an Fassaden oder auf Dächern angebracht bzw. in diese integriert werden. Hier ist
eine Wahl der Ausrichtung nur begrenzt möglich. In erster Linie kommt eine festorientierte Aufständerung in Betracht. Die Integration der Photovoltaik-Module in die Gebäudehülle ist zwar im allgemeinen architektonisch eleganter, jedoch ist hierbei zu beachten,
daß die gegenüber der freien Aufständerung reduzierte Wärmeabfuhr von der Rückseite
der Photovoltaik-Module eine höhere Arbeitstemperatur zur Folge hat. Dies verursacht
eine Leistungseinbuße bis zu 5 %. Untersuchungen an Versuchsdächern haben gezeigt,
daß der Mindestabstand für einen aufgesetzten Photovoltaik-Generator ca. 20 cm betragen sollte, um gegenüber der freien Aufstellung keine nennenswerten Einbußen in Kauf
nehmen zu müssen.

<u>Energieaufbereitung</u>
Für Gleichstrom-Wechselstrom-Wandler (Wechselrichter) in Photovoltaik-Anlagen stehen im wesentlichen zwei Konzepte zur Verfügung:

- Rechteck-Generatoren (Thyristor-Brücken) und
- pulsweitenmodulierende Wandler.

Rechteck-Generatoren zeichnen sich durch einfachen Aufbau, Robustheit und niedrige
Kosten aus. Es wird jedoch ein hoher Anteil an Oberschwingungen erzeugt, so daß in der
Regel eine (leistungsabhängige) Ausgangsfilterung erforderlich ist. Nachteilig ist außer-
dem der systembedingte Blindleistungsbedarf. Sie werden daher für Anlagen sehr hoher
Leistung und Generatorspannung verwendet, wo andere Schaltelemente im allgemeinen
nicht einsetzbar sind.

Bei der Pulsweitenmodulation wird die Eingangsspannung mit hochfrequent (oberhalb
ca. 15 kHz) arbeitenden Schaltern so getaktet, daß ein sinusförmig pulsierender Wechselstrom entsteht, der direkt oder ggf. über eine Brücke auf die Netzspannung geschaltet
wird. Die großen Vorteile dieser Technik sind der geringe Oberschwingungsgehalt und
die Möglichkeit, die MPP-Anpassung direkt in die Regelung der Schaltelemente zu integrieren. Die Anwendung ist zur Zeit auf den Leistungsbereich bis etwa 100 kW beschränkt. Durch die Entwicklung verbesserter Halbleiterschalter (IGBT) erscheinen jedoch in naher Zukunft Leistungen bis 500 kW erreichbar.

Die nicht-solare Komponente Wechselrichter hat sich, neben Meß- und Steuerungsein-
richtungen, in der Vergangenheit immer wieder als eines der schwächsten Elemente in
Photovoltaik-Anlagen erwiesen. Dies gilt auch für die Anfangsphase des deutschen
"Bund-Länder-1000-Dächer-Photovoltaik-Programms" zur Breitendemonstration von
netzgekoppelten Photovoltaik-Anlagen im Leistungsbereich von wenigen Kilowatt. Neben einer unzureichenden Zuverlässigkeit, die sich jedoch bei neueren Geräten erfreulich
verbessert hat, bestehen noch einige, allerdings beherrschbare elektrotechnische Probleme.

Die erzielten **Betriebs-Wirkungsgrade**, die Verluste durch den Eigenstromverbrauch
sowie durch zu frühes Zu- und zu spätes Abschalten sind in Tabelle 2-1 beispielhaft für
einige Wechselrichter kleinerer Leistung dargestellt, die in der Photovoltaik-Anlage

Widderstall des Zentrums für Sonnenenergie- und Wasserstoff-Forschung Baden-Württemberg (ZSW) untersucht wurden[5].

Tabelle 2-1   Jahreswirkungsgrade kleinerer Wechselrichter, die z.B. für Hausdachanlagen eingesetzt werden (typische Werte für den Standort Widderstall/Schwäbische Alb)

Typ	A 5,0 kW$_P$	B 4,8 kW$_P$	C 1,6 kW$_P$	D 1,5 kW$_P$
(max)	88,7 %	85,9 %	90,3 %	88,9 %
(Betrieb)	85,1 %	79,5 %	88,0 %	86,3 %
(Jahr) (Wechselrichter incl. Peripherie)	82,7 %	73,2 %	83,4 %	83,9 %

Während die **Jahresnutzungsgrade**, also die mittleren Wirkungsgrade im üblichen Betrieb, dieser kleineren Wechselrichter bei 80-88% liegen, wurden bei Wechselrichtern großer Leistung, bei denen die leistungsunabhängigen Verluste zu vernachlässigen sind und aufwendige Schaltungskonzepte zu vertretbaren Kosten realisiert werden können, Werte von 88-95% erzielt.

<u>Netzeinbindung</u>

Bei der Netzkopplung photovoltaischer Anlagen müssen eine Reihe von **Sicherheitsanforderungen** erfüllt werden. Diese beinhalten z.B. eine ausreichend dimensionierte, automatische Schalteinrichtung, die bei Über- und Unterspannung und insbesondere bei einem Netzausfall eine selbsttätige Netztrennung vornimmt. Bei zwei- und dreiphasiger Einspeisung ist bislang die Einrichtung einer jederzeit von außen zugänglichen Freischaltstelle erforderlich. Eine Vereinfachung der Vorschriften unter Verwendung einer speziellen Prüfschaltung zur Vermeidung der relativ teuren Freischalteinrichtung ist derzeit in Vorbereitung. Die zuverlässige Abschaltung bei Netzabfall und die kontrollierte Zuschaltung bei Netzwiederkehr ist dann durch entsprechende Betriebsführungsstrategien und Kontrolleinrichtungen zu gewährleisten.

Bei der Einbindung von Photovoltaik-Anlagen in das öffentliche Stromnetz sind darüberhinaus netztechnische Aspekte zu beachten: Durch die dezentrale und variable Einspeisung ändert sich der Leistungsfluß auf Teilen des Netzes. Dies führt zu einer Verschiebung der Spannungslage auf den Netzausläufern und zu einer Verbreiterung des Spannungsbandes um 1 - 2 %[6], die aber in der Regel innerhalb des zulässigen Bereiches liegen [Ortjohann 1993]. Jedoch sind Netzregelungseinrichtungen anzupassen und ggf. bei größerer Einspeisung Transformatoren zu verstärken.

---

5   Zu berücksichtigen sind ggf. auch die Verluste durch zusätzlich anzubringende Überwachungseinrichtungen.

6   Bei großer Netzimpedanz und einer sehr hohen dezentral eingespeisten Leistung kann dieser Wert jedoch deutlich darüber liegen.

2.3 Energetische Amortisationszeiten von Photovoltaik-Anlagen

Eine der wesentlichen Voraussetzungen dafür, daß Systeme zur Nutzung erneuerbarer Energiequellen einen Beitrag zur Ressourcenschonung und Verringerung der Umweltbelastung leisten, ist, daß die für ihre Herstellung und für die Aufrechterhaltung des Betriebes eingesetzte Energie geringer ist als die Energie, die während ihrer Nutzungsdauer gewonnen werden kann. Da diese sog. energetische Amortisation für Photovoltaik-Anlagen in der Vergangenheit mehrfach in Frage gestellt wurde, soll hierauf näher eingegangen werden.

Der spezifische Energieertrag einer Photovoltaik-Anlage ergibt sich aus der in einem Jahr erzeugten Nutzenergie (hier: Wechselstrom) dividiert durch die Gleichstrom-Nennleistung des Photovoltaik-Generators bei Standard-Testbedingungen (STC; s. Abschnitt 2):

$$spez.\ Energieertrag = \frac{Jahresenergieertrag}{Gleichstrom - Nennleistung} \quad \left(\frac{kWh}{kW_p} \right) \qquad (2.1)$$

Er wird im wesentlichen bestimmt durch:
- die empfangene Solarstrahlung aufgrund von Standort, Orientierung und ggf. Nachführungs- und/oder Konzentrationseinrichtungen;
- den Wirkungsgrad der Solarzellen bei Standard-Testbedingungen;
- die Wandlungsverluste gegenüber dem Nennwirkungsgrad durch den Temperatureffekt, den Spektraleffekt und Reflexionen bei schrägem Lichteinfall;
- die Systemverluste an Leitungen, Dioden und durch Fehlanpassungen;
- den Wechselrichteranpassungs- und -wandlungswirkungsgrad.

Die **empfangene Solarstrahlung** auf eine horizontale Fläche beträgt in Deutschland zwischen 900 kWh/m^2*a im Norden und bis zu 1200 kWh/m^2*a im Süden (Bild 2-10). Der Mittelwert ist dabei für West- und Ostdeutschland mit 1000 KWh/m^2*a praktisch gleich. Auf geneigte, nach Süden orientierte Flächen (35-40°) ist der Energieertrag gegenüber der Horizontalen gut 10% höher. Die jährlichen Schwankungen betragen etwa 10% des langjährigen Mittelwertes. In sehr sonnenreichen Regionen der Erde (Sahara, Südwesten der USA) können Einstrahlungswerte genutzt werden, die mehr als doppelt so hoch liegen (s. Abschnitt 9.1).

Der Wirkungsgrad von Solarzellen und Systemkomponenten kann im realen Betrieb erheblich vom Wirkungsgrad unter Standard-Testbedingungen abweichen. Um diesen Unterschied zu verdeutlichen, soll im weiteren der Begriff **Nutzungsgrad** verwendet werden. Der Jahresnutzungsgrad berücksichtigt dementsprechend die energetischen Verluste über einen Betriebszeitraum von einem Jahr (Bild 2-11). Ein wesentlicher Faktor ist dabei die Temperaturabhängigkeit. So sinkt der Wirkungsgrad bei einer Temperaturerhöhung im Betrieb durch die absorbierte, nicht in Elektrizität gewandelte Solarstrahlung bei kristallinen Silicium-Solarzellen um etwa 0,5%/°C (relativ!). Dieser Verlust kann bei Freistellung im Jahresmittel mit etwa 3-8% abgeschätzt werden. Weitere Einbußen entstehen durch Reflexionen an der Moduloberfläche bei schrägem Strahlungseinfall (2-3%) und durch Änderungen im Strahlungsspektrum gegenüber dem Referenzwert bei bestimmten

Sonnenständen und Wetterverhältnissen. Sie sind sehr stark abhängig von der Solarzellen-technologie, dem Standort und auch der Jahreszeit und betragen bei kristallinen Silicium-Solarzellen im Jahresmittel ca. 2-3%. Elektrische Leitungen werden im allgemeinen so ausgeführt, daß die Verluste durch den Spannungsabfall nicht größer als 1% sind. Diese Verluste und solche an Sicherungselementen sinken mit steigender Systemspannung und sind mit ca. 0,5-1% zu veranschlagen. Verluste durch Fehlanpassungen, die aus Parameterstreuungen der Solarmodule resultieren, dürften bei neueren Anlagen unterhalb von 1% liegen. Insgesamt (Module plus elektrische Leitungen) erhält man somit Verluste auf der Gleichstromseite im Bereich von etwa 8-17%. Die Jahresnutzungsgrade von Wechselrichtern einschließlich peripherer Einrichtungen zur Überwachung betragen 80-85% bei kleinen bzw. 90-95% bei großen Anlagen (s. Abschnitt 2.2).

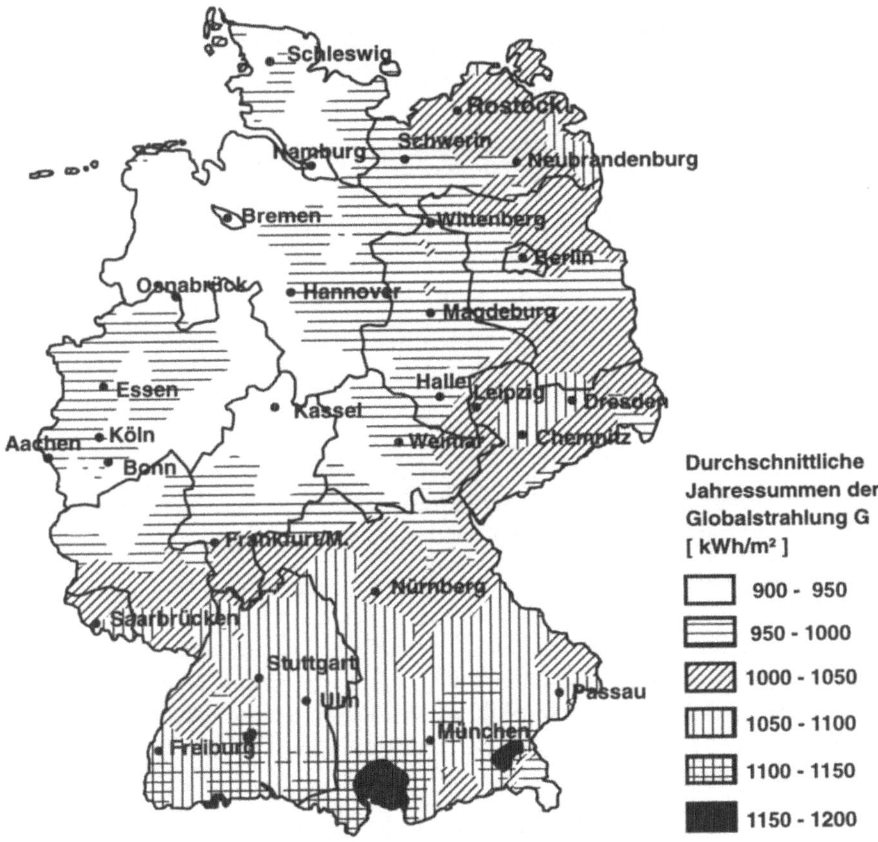

Bild 2-10 G aus Messungen an Bodenstationen von 1979 bis 1989, korreliert mit Daten der Sonnenscheindauer und des Satelliten Meteosat.
Quelle: Deutscher Wetterdienst.

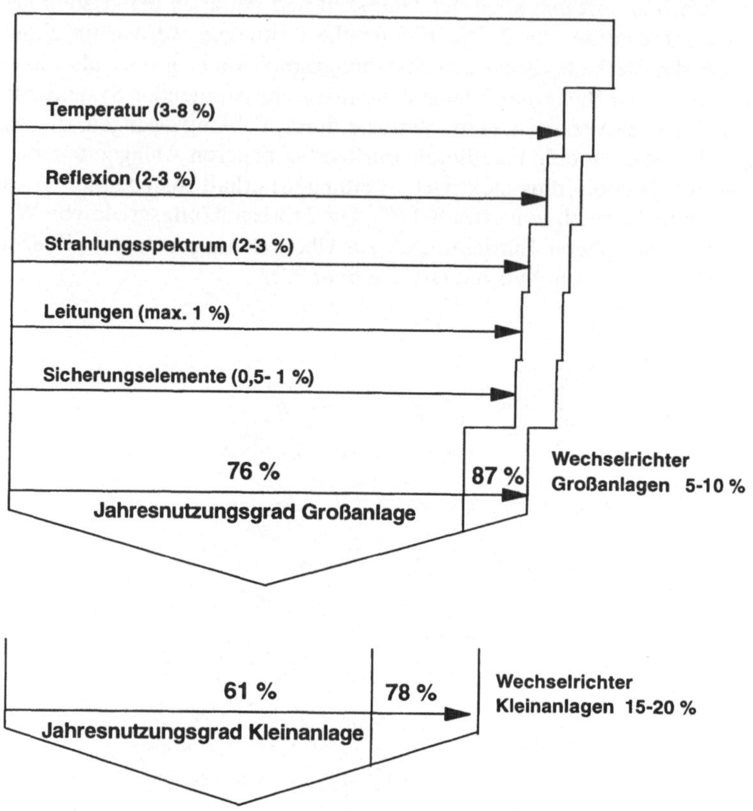

Bild 2-11   Energetische Verluste und Jahresnutzungsgrad von Photovoltaik-Anlagen, bezogen auf den Modulwirkungsgrad unter Standard-Testbedingungen

Die systembedingten Verluste photovoltaischer Anlagen lassen sich auch durch einen Qualitätsfaktor ausdrücken, den sog. **Q-Faktor**, der den Energieertrag (bei netzgekoppelten Anlagen Wechselstrom) auf die Strommenge bezieht, die theoretisch erzeugt würde, wenn die gesamte eingestrahlte Sonnenenergie mit dem Modulwirkungsgrad unter Standard-Testbedingungen umgewandelt würde. Der Q-Faktor läßt sich somit auf die Jahresenergie W oder die elektrische Leistung P beziehen. Für den energiebezogenen Q-Faktor Q_W gilt

$$Q_W = \frac{\textit{Jahresenergieertrag der Anlage}}{\textit{Jahreseinstrahlung} \cdot \textit{Modulwirkungsgrad unter STC}} \qquad (2.2)$$

Für die erzielbaren Q_W-Faktoren kann heute in Deutschland bei kleinen netzgekoppelten Anlagen (z.B. Photovoltaik-Hausdachanlagen) von Werten um 70%, bei großen Anlagen (ab 50 kW) um 80% ausgegangen werden. Der Jahresnutzungsgrad läßt sich bei Kenntnis des Modulwirkungsgrades unter Standard-Testbedingungen und des Q_W-Faktors aus der Multiplikation beider Größen berechnen.

Für den leistungsbezogen Q-Faktor Q_p gilt

$$Q_p = \frac{\textit{Leistung der Anlage am Standort}}{\textit{Gleichstromleistung der Module unter STC}} \qquad (2.3)$$

Dabei wird angenommen, daß am Standort eine Einstrahlung von 1000 kWh/m² herrscht. Die erzielbaren Q_p-Faktoren betragen heute in Deutschland bei kleinen Anlagen (z.B. Photovoltaik-Hausdachanlagen) etwa 77%, bei großen Anlagen (ab 50 kW) etwa 84%. Sie liegen damit etwas über den Q_W-Faktoren. Der Grund besteht darin, daß keine zusätzlichen Reflexionsverluste gegenüber Standard-Testbedingungen berücksichtigt werden (weil angenommen wird, daß die Strahlung senkrecht auf die Moduloberfläche auftrifft) und der Wechselrichterwirkungsgrad höher liegt. Andererseits sind die Temperaturverhältnisse bei einer Einstrahlung von 1000 W/m² ungünstiger als im Jahresmittel.

Die große Bandbreite in der empfangenen Strahlung und bei den Jahreswirkungsgraden spiegelt sich in den Betriebsergebnissen photovoltaischer Anlagen wider. Eine detaillierte Erfassung der Energieerträge erfolgt im Rahmen des "Bund-Länder-1000-Dächer-Photovoltaik-Programms". Für das erste Betriebsjahr ergaben sich mittlere spezifische Werte, die von Nord- nach Süddeutschland ansteigen und bei 720 kWh/kW$_p$*a bis 850 kWh/kW$_p$*a liegen. Durch eine geeignete Anlagenauslegung und den Einsatz effizienter Wechselrichter dürften sich jedoch insgesamt deutlich bessere Werte erreichen lassen. Für Standorte mit einer Einstrahlung von etwa 1000 kWh/m²*a kann von rund 800 kWh/kW$_P$ bei optimaler festorientierter Aufstellung ausgegangen werden (s. Kapitel 5).

Tabelle 2-2　Kumulierter Energieverbrauch zur Herstellung von Photovoltaik-Systemen mit Netzkopplung; Angaben in kWh elektrisch pro m² [Bloss, Pfisterer 1992]

			Modultyp			
			mono-c-Si = 15,5 %	multi-c-Si = 13,5 %	a-Si = 8 %	CIS = 12 %
		Module + Inverter	600 + 30	350 + 25	160 + 15	240 + 25
	Aufständ. + Verkabel.					
Pellworm-Typ	100 + 10		740	485	285	375
Koben-Gondorf-Typ	170 + 10		810	505	355	445
2-achsiger Tracker nach Hagedorn	450 + 10		1090	785	635	725
Dachhalterung	75 + 10		715	460	260	350

Die vielfältigen Einflußfaktoren, die den Energieertrag photovoltaischer Systeme bestimmen, weisen bereits darauf hin, wie schwierig es ist, allgemeingültige Aussagen zur

energetischen Amortisation zu treffen. Daher ist es verständlich, daß diese Problematik seit Jahren mit sehr unterschiedlichem Resümee diskutiert wird. Leider finden sich hierzu nur wenige Publikationen, die nachprüfbare bzw. in irgendeiner Form belegte Ausgangs-bedingungen und Annahmen enthalten. Eine vor einiger Zeit durchgeführte Literaturaus-wertung kam zu den in Tabelle 2-2 dargestellten Ergebnissen.

Die Werte in der zweiten Zeile repräsentieren den kumulierten Energieverbrauch für die Herstellung von Photovoltaik-Modulen und Invertern. Die Werte in der zweiten Spalte beziehen sich auf die Aufständerung und Verkabelung. Die Matrix aus den Zeilen und Spalten 4 bis 7 gibt den für die jeweilige Konfiguration ermittelten kumulierten Ener-gieverbrauch an. Aus den Werten lassen sich die in Tabelle 2-3 aufgeführten Energie-amortisationszeiten berechnen. Zugrunde gelegt sind hierfür Einstrahlungsdaten und Energieausbeuten am Standort Stuttgart.

Tabelle 2-3 Energieamortisationszeiten von Photovoltaik-Systemen mit Netzkopplung (Angaben in Jahren); Referenzstandort Stuttgart

Aufständerung	Modultyp			
	mono-c-Si	multi-c-Si	a-Si	CIS
Pellworm-Typ	4,7	3,8	3,2	3,3
Kobern-Gondorf-Typ	5,1	3,9	4,0	3,9
2-achsiger Tracker	5,6	4,9	5,8	5,1
Dachhalterung	4,5	3,6	3,0	3,0

Danach betragen die Energieamortisationszeiten zwischen 3 und 5,8 Jahren. Der Kehr-wert, der sog. Energie-Erntefaktor, der sich aus dem Verhältnis des Energieertrages über die gesamte Nutzungsdauer der Anlage und dem kumulierten Energieverbrauch ergibt, liegt zwischen 5,2 und 10, wenn eine technische Nutzungsdauer der Anlagen von 30 Jah-ren angesetzt wird. Naturgemäß ergeben sich für Standorte in einstrahlungsreichen Län-dern noch deutlich günstigere Werte.

Im Zusammenhang mit den Angaben in Tabelle 2-2 sei noch auf folgendes hingewie-sen. Der Hauptanteil des kumulierten Energieverbrauches entfällt auf die Photovoltaik-Module. Die für die Herstellung eingesetzten Werte sind im wesentlichen einer Studie der Forschungsstelle für Energiewirtschaft, München, entnommen [Hagedorn 1990] und gel-ten für die Standardtechnologie von mono- und multi-c-Si-Zellen. Es erscheint aber durchaus möglich, daß die Werte durch Prozeßvereinfachungen bei einer Massenproduk-tion noch geringfügig reduzierbar sind. Mit großer Unsicherheit behaftet sind die für Dünnschicht-Solarmodule ermittelten Zahlen. Die für a-Si publizierten Werte unterschei-den sich um bis zu einem Faktor 2; die Werte für CIS sind Schätzwerte (siehe ausführlich hierzu [Bloss, Pfisterer 1992]). Die für Aufständerung, Verkabelung und Wechselrichter genannten Energiebeträge stellen Werte an der Untergrenze dar, denn es wurde nur der Energieaufwand für die Erzeugung der jeweiligen Materialmenge (Stahl, Kupfer, Elek-tronikbauteile) angerechnet. Der energetische Aufwand kann in den Bereich der Photovoltaik-Module kommen; besonders bei Dünnschicht-Modulen, bei denen der Energieverbrauch zur Herstellung vergleichsweise gering ist.

Zusammenfassend läßt sich feststellen, daß eine vollständige energetische Bilanzierung photovoltaischer Anlagen aufgrund der vielfältigen Einflußfaktoren nicht allgemeingültig für die Technologie, sondern nur für bestimmte Referenzfälle durchgeführt werden kann. Daraus folgt zwangsläufig eine erhebliche Bandbreite bei den Ergebnissen. Darüberhinaus bestehen zur Zeit noch einige Probleme bei der Quantifizierung einzelner Energieverbräuche, aber auch bei der Methodik der Bilanzierung. Es ist jedoch sicher, daß **mit photovoltaischen Anlagen ein Mehrfaches der Energie gewonnen werden kann, die für ihre Herstellung und den Betrieb notwendig ist.**

3 Kosten photovoltaischer Systeme

Bei der Analyse der gegenwärtigen Kostensituation in der Photovoltaik ergeben sich Schwierigkeiten, wie sie häufig bei Technologien auftreten, die sich in einer vorkommerziellen Phase befinden und die belastbare präzise Aussagen kaum zulassen. Die Bandbreite der Kostenangaben ist sehr groß, was im Falle von Photovoltaik-Modulen zum einen aus unterschiedlichen Produktions- und Vertriebsstrukturen der Anbieter resultiert, andererseits kann es sich aber im Einzelfall auch um eine subventionierte Produktion (z.B. durch öffentliche Förderung) handeln, was in den Kostenangaben nicht immer zum Ausdruck kommt. Zudem wird teilweise nicht nach Herstellungskosten und Verkaufspreisen (Liefermengenabhängigkeit) unterschieden, die jedoch erheblich differieren können. Dabei ist es auch möglich, daß die Verkaufspreise unter den Herstellungskosten angesetzt werden, um eine Marktposition zu erlangen bzw. zu halten.

Bei photovoltaischen Anlagen ergeben sich weitere Probleme beispielsweise durch unterschiedliche Systemabgrenzungen sowie aufgrund der Tatsache, daß heute viele Anlagen als Demonstrationsvorhaben betrieben werden und ein z.T. erheblicher Kostenaufwand durch Meßeinrichtungen entsteht, der häufig nicht ausgewiesen werden kann.

Im weiteren wird versucht, diesen Problemen weitgehend Rechnung zu tragen, um eine möglichst hohe Belastbarkeit der Aussagen zu erreichen.

3.1 Bisherige Preisentwicklung bei Photovoltaik-Modulen

Die Entwicklung der Marktpreise für Photovoltaik-Module aus kristallinem Silicium seit Beginn der 80er Jahre ist in Bild 3-1 dargestellt. Es handelt sich dabei um jeweils aktuelle, also nicht inflationsbereinigte Preise. Scit 1980 sind sie um etwa den Faktor 2,5 zurückgegangen, in realen Preisen sogar um mehr als den Faktor 4[7]. Diese Entwicklung wurde durch eine deutliche Nachfragesteigerung (**Faktor 12**) induziert, die zunächst vor allem durch Demonstrations- und Regierungsprojekte, dann jedoch immer stärker durch kommerzielle Anwendungen getragen wurde (vgl. Bild 1-1). Seit 1988 stagnieren die Preise, obwohl die Jahresproduktion weiter zunimmt. Die Ursache besteht einerseits vermutlich darin, daß es zu einer Konsolidierung infolge einer verringerten öffentlichen Förderung kam. Andererseits ging das Engagement der Industrie zurück, weil das Marktwachstum - nicht zuletzt aufgrund niedriger Preise für fossile Energieträger - hinter den Erwartungen zurückblieb.

Die gegenwärtigen **Preise** für Silicium-Module hängen ab von der Liefermenge, der Technologie und dem Land, in dem der Kauf getätigt wird. So gilt beispielsweise für

- Deutschland:
  8,50 - 10 DM/W_P für Standardmodule (mono- oder multi-c-Si), je nach Abnahmemenge; und
  13 - 15 DM/W_P für hocheffiziente Module (η ca. 15%)

---

[7] Bei einer allgemeinen mittleren Inflationsrate in den USA von 4,5%.

- Schweiz und Italien:
  ca. 8,50 DM /W_P (bei Großanlagen);

- USA:
  6 - 8,25 DM/W_P[8].

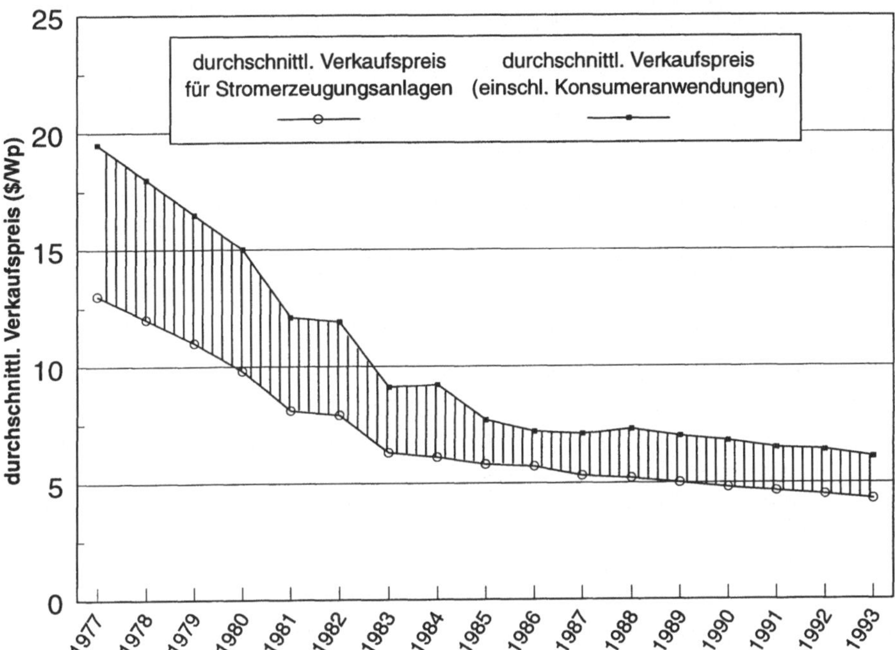

Bild 3-1　　Preisbereich für Photovoltaik-Module aus Silicium-Solarzellen (weltweit) [Ricaud 1994]

Angaben über die Zusammensetzung der **Herstellungskosten** wurden z.B. von [Mertens et al. 1992] veröffentlicht. Sie basieren auf einer Umfrage von 1992 bei einem US-amerikanischen, einem japanischen und drei europäischen Herstellern. Danach liegen die Herstellungskosten zwischen 3,90 DM/W_P und 7,80 DM/W_P. Die Werte in Tabelle 3-1 sind so zu verstehen, daß die Kostenaufschlüsselung für jeweils den Hersteller mit den geringsten bzw. höchsten Modulkosten sowie die Durchschnittswerte für alle befragten fünf Hersteller angegeben ist. Zum Vergleich sind einige Werte aufgeführt, die 1994 vom Zentrum für Sonnenenergie- und Wasserstoff-Forschung Baden-Württemberg (ZSW) bei der deutschen Photovoltaik-Industrie erfragt wurden.

8　　Umrechnungsbasis 1993: 1 US$ = 1,65 DM

Tabelle 3-1 Aufschlüsselung der Herstellungskosten von Photovoltaik-Modulen aus kristallinem Silicium (alle Angaben in DM/W_p)

	niedrige Werte[1]	Durch-schnittswerte[1]	hohe Werte[1]	Anfrage bei der deutschen Photovoltaik-Industrie
Si-Basismaterial (Poly-Si)	0,51	0,58	0,50	1,65
Kristallziehen Blockgießen	0,82	1,11	1,37	2,50
Scheiben-herstellung	0,80	1,13	1,0	2,50
Zellenfabrikation	0,70	1,48	2,38	
Modulfertigung	1,03	1,85	2,62	
Gesamt	**3,90**	**6,20**	**7,80**	

[1] [Mertens et al. 1992]

Betrachtet man die Durchschnittswerte der Gesamtkosten nach Mertens, so liegen diese mit 6,20 DM/W_p etwa um 30% unter den Verkaufspreisen. Bemerkenswert ist, daß die Angaben deutscher Hersteller für das Basismaterial und das Kristallziehen/Blockgießen deutlich höher liegen und damit einen möglichen Grund dafür liefern, daß die Verkaufspreise in Deutschland im internationalen Vergleich am oberen Rand der Bandbreite liegen. Die - verglichen mit den Angaben deutscher Hersteller - sehr niedrigen Werte von Mertens werden jedoch als Status in den USA von [P. Maycock 1993] in etwa bestätigt: Die monokristallinen Silicium-Scheiben können gegenwärtig für 1,25-1,50 US$ hergestellt werden.

In der Publikation von Mertens werden auch die Kosten für a-Si-Module angegeben. Sie basieren auf Angaben von zwei Herstellern (Tabelle 3-2) und liegen am unteren Rand der Angaben für Module aus kristallinem Silicium.

Tabelle 3-2 Aufschlüsselung der Herstellungskosten von Photovoltaik-Modulen aus amorphem Silicium [Mertens et al. 1992]

Glasplatte/Substrat	1,00	DM/W_p
Modulfabrikation	1,85	DM/W_p
Anlagenabschreibung	1,45	DM/W_p
Gesamt	**4,30**	DM/W_p

Die Verkaufspreise von a-Si-Modulen betragen pro Flächeneinheit zur Zeit etwa 70-80% der Preise für kristalline Standardmodule. Aufgrund des deutlich niedrigeren Wirkungsgrades (40-60%, s. a. Abschnitt 2.1) bedeutet dies jedoch deutlich höhere leistungsbezogene Kosten.

3.2 Investitionskosten für netzgekoppelte Photovoltaik-Systeme

Die Investitionskosten für Photovoltaik-Anlagen können je nach Größe, Hersteller der verwendeten Solarzellen, Aufständerung, Geländekosten und Standortland sehr stark variieren. Sie hängen außerdem davon ab, ob es sich um die Erstanlage eines Typs handelt oder ob vergleichbare Systeme bereits mehrfach realisiert wurden.

Für netzgekoppelte Anlagen werden heute praktisch ausschließlich Module aus kristallinem Silicium eingesetzt. Amorphes Silicium konnte sich in diesem Bereich bislang nicht durchsetzen. Zum einen, weil das Verhältnis von Modulkosten pro W_P (ca. 70-80% gegenüber c-Si) und Energieertrag (ca. 40-60%) ungünstiger ist. Zum anderen, weil aufgrund des geringeren Wirkungsgrades größere Flächen zur Erzielung einer bestimmten Leistung erforderlich sind. Da netzgekoppelte Anlagen heute vor allem auf Freiflächen und Gebäuden errichtet werden, bedeutet dies primär einen höheren Aufständerungsaufwand. Dies kann sich jedoch in Zukunft ändern, wenn z.B. zunehmend gebäudeintegrierte Anlagen wie PV-Fassaden errichtet werden. Dort ist der Aufständerungsaufwand von untergeordneter Bedeutung. Zudem kann bei diesen Anwendungen auch ein Vorteil der amorphen (Dünnschicht-) Solarzellen zum Tragen kommen, nämlich eine partielle Lichtdurchlässigkeit, die durch spezielle Herstellungsverfahren erreicht werden kann.

In Tabelle 3-3 sind die Kosten für verschiedene, in jüngerer Zeit errichtete bzw. im Bau befindliche Anlagen aufgeschlüsselt. Eingesetzt werden in allen Fällen kristalline Silicium-Module.

Tabelle 3-3   Investitionskosten netzgekoppelter Photovoltaik-Systeme (in DM/kW$_P$)

Anlage	Durchschnittswerte aus dem 1000-Dächer-Programm [1]	100 kW$_P$-Anlage vom Typ Kobern-Gondorf der RWE [2]	optimierte 350 kW$_P$-Anlage vom Typ Neurather See [2]	500 kW$_P$-Anlage am Mont Soleil/ Schweiz [3]	3,3 MW$_P$-Anlage in Serre/ Italien [4]	1 MW$_P$-Anlage in Toledo/ Spanien [5]
Jahr der Inbetriebnahme	1992	1988	1991	1992	1994	1994
Photovoltaik-Module	13700	12500	10000	7800	7520	9300
Fundamente und Trage-strukturen	1430	2370	1950		1630	900
Modulmontage	3200	1570	1250			
Verkabelung	1430	1900	1000		1280	540
Wechselrichter	5750	2060	1100	1800	1100	760
Infrastr./Sonst.	360	2000	1000		1280	700
Gesamt	**25780**	**22400**	**16300**	**18000**	**12810**	**12600**

[1] [Knaupp et al. 1993]; [2] [Beyer et al. 1992]; [3] [Minder 1992]; [4] [Iliceto, Previ 1994]
[5] [Beyer, Voermans 1995]

Die Tabelle verdeutlicht, daß kleine Systeme auf Gebäuden trotz des geringeren Aufständerungsaufwands heute spezifisch noch wesentlich teurer sind als größere Anlagen auf
Freiflächen, obwohl die Gesamtkosten für Hausdachanlagen sehr rasch fallen und heute
bei etwa 20000 DM/kW$_p$ liegen. Innerhalb der Gruppe der großen Anlagen ergeben sich
aufgrund der ausgeprägten Modularität photovoltaischer Systeme prinzipiell keine großen
leistungsabhängigen Unterschiede, sehr wohl jedoch daraus, daß heute bei großen Abnahmemengen hohe Rabatte von den Herstellern gewährt werden.

Die **Kostenstruktur** netzgekoppelter Photovoltaik-Anlagen in Bild 3-2 zeigt, daß die
Photovoltaik-Module, denen man das größte Kostenreduktionspotential zuschreibt, nur
etwa 50-60% der Gesamtkosten verursachen. Daraus folgt, daß nicht nur die nicht-konventionelle Komponente Photovoltaik-Module, sondern auch die konventionellen Systemkomponenten und Dienstleistungen in Maßnahmen zur Kostenreduktion einbezogen
werden müssen. Bei kleinen netzgekoppelten Systemen gilt dies vor allem für die Wechselrichter- und Montagekosten.

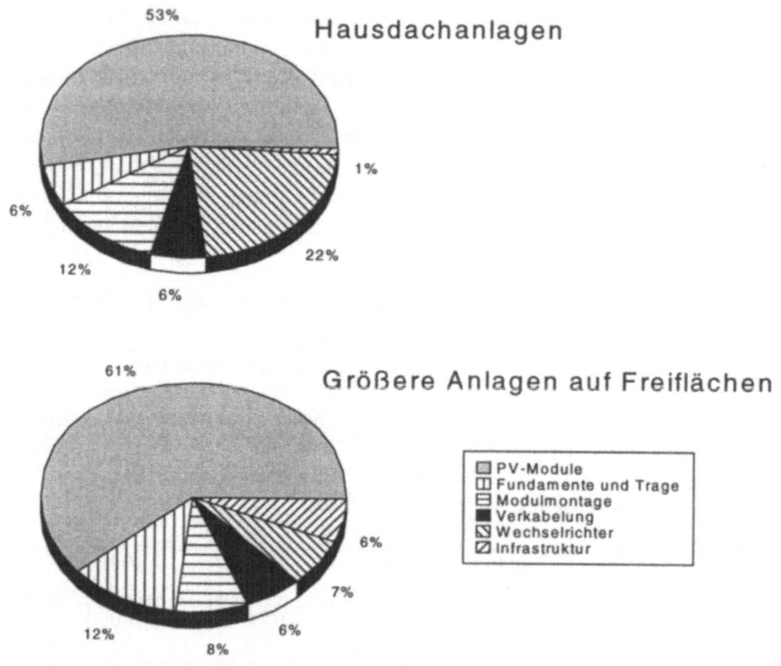

Bild 3-2   Kostenstruktur netzgekoppelter Photovoltaik-Anlagen

3.3 Betriebskosten netzgekoppelter Photovoltaik-Systeme

Die Betriebskosten netzgekoppelter Photovoltaik-Anlagen sind ausgesprochen niedrig, da
keine beweglichen (außer bei nachgeführten Modulen) oder thermisch hoch beanspruchten Teile vorhanden sind und ein Brennstoffkreislauf entfällt. Eine regelmäßige Wartung
und Instandhaltung ist - ebenso wie die Reinigung der Modulflächen - im allgemeinen

nicht erforderlich. Die anfallenden Arbeiten umfassen im wesentlichen die Überprüfung der leistungselektronischen Systemkomponenten, die Kontrolle des Isolationswiderstands und ggf. die Reparatur fehlerhafter elektrischer Verbindungen.

Bei **Hausdachanlagen** werden die Kosten durch regelmäßige Sicherheitsüberprüfungen und die Rücklagen für den Ersatz defekter Teile (ggf. auch Versicherung) bestimmt. Sie dürften zur Zeit bei 0,5% bis maximal 1,5% der Investitionskosten pro Jahr liegen, was einem Wert von mindestens 200.- DM für eine 2 kW$_P$-Anlage entspricht. Da es sich um kleine dezentrale Anlagen handelt, hängen die Servicekosten sehr stark davon ab, wieviele Anlagen parallel gewartet werden können. Sollten sich gebäudemontierte Photovoltaik-Anlagen in Zukunft stärker etablieren (z.B. in Neubau- oder Sanierungsgebieten), so dürften die Betriebskosten deutlich gesenkt werden können.

Bei großen **Photovoltaik-Anlagen auf Freiflächen** sind die Betriebskosten in der Regel wesentlich niedriger. Für einige der amerikanischen Kraftwerke wurden Ende der 80er Jahre Betriebskosten von 0,8-1,1 UScents/kWh angegeben (nach [Knaupp 1991]). Auch wenn diese Werte als sehr niedrig anzusehen sind, kann davon ausgegangen werden, daß gegenwärtig Betriebskosten von weniger als 0,3% der Investitionskosten pro Jahr erreicht werden können. Bei zukünftigen großen Photovoltaik-Kraftwerken können sie nach den Vorhersagen einer amerikanischen Studie auf umgerechnet ca. 0,2 Pf/kWh für feststehende Anlagen (weniger als 0,1%!) und ca. 0,35 Pf/kWh bis 0,5 Pf/kWh für nachgeführte Photovoltaik-Felder reduziert werden (nach [Johannson et al. 1993]).

Für die in Kapitel 5 definierten Photovoltaik-Referenzanlagen werden die Betriebskosten mit 0,5% (Hausdachanlagen) bzw. 0,3% der Investitionskosten (Photovoltaik-Kraftwerke ab 300 kW$_P$) angesetzt.

3.4 Stromgestehungskosten

Die Analyse der Kostenstruktur (Abschnitte 3.1-3.3) verdeutlicht, daß die Kapitalkosten maßgeblich die Jahreskosten von Photovoltaik-Anlagen beeinflussen. Dementsprechend hoch ist die Sensitivität gegenüber dem zugrundegelegten Zinssatz und der Abschreibungsdauer. Beides kann je nach Finanzierungsform bzw. Anlagenbetreiber erheblich variieren. So wird der private Betreiber, der z.B. eine Hausdachanlage errichtet und diese aus vorhandenem Vermögen bezahlt, eine Kostenkalkulation durchführen, bei der er zunächst Zinssätze anlegt, die bei einer anderen Geldanlage erzielbar wären. Bei einem Sparbuch sind dies etwa 3-5% nominal, was ungefähr einer Realverzinsung von 0-2% bei einer Inflationsrate von 3% entspricht. Aber auch Wertpapieranlagen (Verzinsung nominal etwa 6-9%) kommen als eine weitere Alternative in Frage. Für die Abschreibungsdauer wird ein privater Nutzer vermutlich von der technischen Lebensdauer der Anlage (z.B. 30 Jahre) ausgehen. Privatwirtschaftliche Unternehmen hingegen werden sich daran orientieren, welcher Ertrag bei Investitionen in anderen Bereichen erreicht werden kann. In der Energiewirtschaft dürfte die geforderte Verzinsung real bei etwa 8% liegen. Außerdem werden häufig kürzere Kapitalrücklaufzeiten gefordert, so daß die Anlagen über einen kürzeren Zeitraum abgeschrieben werden (z.B. 15 Jahre) als es ihrer technischen Lebensdauer entspricht. Neben der Kapitalverzinsung und der Abschreibungsdauer spielen für eine vollständige Kostenrechnung im konkreten Anwendungsfall auch steuerliche Aspekte eine Rolle, ebenso die Frage, inwieweit eine öffentliche Förderung, z.B. in Form von Investitionshilfen, in Anspruch genommen werden kann. Hierauf soll im weiteren jedoch nicht eingegangen werden.

Neben der privatwirtschaftlichen Betrachtungsebene wird die Bewertung erneuerbarer Energiequellen häufig auch aus einer **volkswirtschaftlichen Perspektive** durchgeführt. Denn die Entwicklung erneuerbarer Energiequellen ist vor allem eine Investition in die Volkswirtschaft. Es wird erwartet, daß dadurch zukünftig die volkswirtschaftlichen Kosten (einschließlich Umweltkosten etc.) der Energieversorgung gesenkt werden können. Wie groß dieser Effekt tatsächlich sein wird, läßt sich heute nicht exakt bestimmen. Daher orientiert man sich bei der wirtschaftlichen Bewertung erneuerbarer Energiequellen an einer aus volkswirtschaftlicher Sicht als ausreichend angesehenen Ertragsrate, die deutlich niedriger liegt als die betriebswirtschaftlich geforderte Kapitalverzinsung. Sie wird heute üblicherweise mit 4% real p.a. angesetzt[9]. Die Abschreibungsdauer entspricht dabei der erwarteten technischen Nutzungsdauer (technischen Lebensdauer) der Anlagen. Daraus ergibt sich bei den kapitalintensiven Techniken zur Nutzung erneuerbarer Ernergiequellen eine große Diskrepanz zwischen den betriebswirtschaftlich und den volkswirtschaftlich ermittelten spezifischen Kosten, die dazu führen kann, daß eine Investition aus volkswirtschaftlicher Sicht wünschenswert ist (da vorteilhaft)[10], aus betriebswirtschaftlicher Sicht jedoch nicht. In diesem Fall kann die Differenz z.B. dadurch ausgeglichen werden, daß der Staat für potentielle Investoren Anreize schafft, wie etwa Investitionskostenzuschüsse oder steuerliche Erleichterungen.

Um den Einfluß unterschiedlicher Ansätze bei der geforderten Verzinsung und den Kapitalrückflußzeiten zu verdeutlichen, sind beide Parameter in Bild 3-3 in einer größeren Bandbreite variiert worden. Angenommen ist dabei eine Referenzanlage, die Investitionskosten von 18000 DM/kW$_p$ aufweist. Der Betriebskostenanteil beträgt 0,5% pro Jahr. Die Investitionskosten wurden nach der Annuitätenmethode in jährlich gleichbleibende Kapitalkosten (Annuität) umgerechnet. Es gilt

$$a = K \cdot \frac{\dfrac{i}{100}}{1 - \dfrac{1}{(1+i/100)^n}} \qquad (3.1)$$

mit   a = Annuität in DM,
      K = Investitionssumme in DM,
      i = (realer) Zinssatz in %,
      n = Abschreibungsdauer in Jahren.

---

[9] Siehe z.B. das Gemeinsame Analyseraster zum Studienprogramm Energie der Enquete-Kommission "Schutz der Erdatmosphäre" des Deutschen Bundestags in [Enquete 1995].

[10] Neben dem Kostenkriterium werden bei jeder Investitionsentscheidung eine Reihe weiterer Faktoren ins Kalkül gezogen. Auch hier gibt es zum Teil deutliche Unterschiede in der Prioritätensetzung. So stehen aus volkswirtschaftlicher Sicht z.B. Aspekte des Umweltschutzes, die Schaffung von zukunftssicheren Arbeitsplätzen oder die Sicherung der Energieversorgung im Vordergrund, während für private Unternehmen eher Fragen der Liquidität, der Verfügbarkeit von Fremdkapital oder des technischen Betriebsrisikos eine Rolle spielen.

Anschließend wurden die (jährlich gleichbleibenden) Betriebskosten, die im Beispiel 90 DM/W_P pro Jahr ausmachen, addiert. Man erkennt, daß bei einer volkswirtschaftlichen Betrachtung (4%, 30 Jahre) die Kosten nur gut 50% der Kosten bei einer betriebswirtschaftlichen Betrachtung betragen (8%, 15 Jahre). Der Beitrag der Betriebskosten zu den Gesamtkosten ist in beiden Fällen mit 8,0% bzw. 4,1% relativ gering.

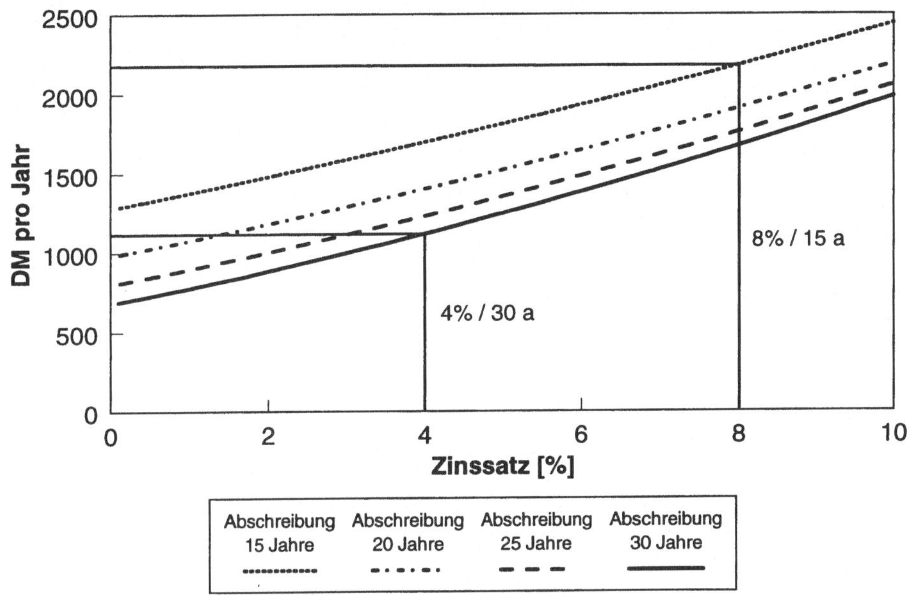

Bild 3-3   Jahreskosten einer photovoltaischen Anlage in Abhängigkeit von Zinssatz und Abschreibungsdauer. Investitionskosten 18000 DM/kW_P; jährliche Betriebskosten 0,5% der Investitionskosten

Im Sinne der Zielsetzung dieses Buches werden die Kostenberechnungen im weiteren nur nach einer volkswirtschaftlichen Betrachtungsweise durchgeführt. Um dem Leser eine schnelle Umrechnung auf die betriebswirtschaftliche Ebene zu ermöglichen, sei an dieser Stelle exemplarisch der Umrechnungsfaktor für die Kapitalkosten bei 8% Zinsen und 15 Jahren Abschreibungszeit gegenüber 4% und 30 Jahren angegeben: er beträgt 2,0.

Von wesentlich größerem praktischen Interesse als die Jahreskosten sind die **Stromgestehungskosten** photovoltaischer Anlagen. Sie ergeben sich aus den Jahreskosten, dividiert durch die Stromerzeugung, und hängen damit noch von weiteren Parametern ab. Wie bereits unter Abschnitt 2-3 erläutert, ist der wesentlichste Einflußfaktor auf die Stromerzeugung die empfangene Solarstrahlung. In Bild 3-4 sind deshalb für die heute üblichen Bandbreiten bei den Investitionskosten netzgekoppelter photovoltaischer Systeme die Stromgestehungskosten als Funktion der jährlichen spezifischen Stromerzeugung (kWh_{AC}/a*kW_{AC}; AC = Wechselstrom) angegeben. Dargestellt sind die Verläufe für kleine gebäudeintegrierte Anlagen (< 5 kW_P) und Anlagen auf Freiflächen mit Leistungen von einigen 100 kW_P. Für eine Abschreibungszeit von 30 Jahren und einen Zinssatz von

4% betragen die Stromgestehungskosten in Deutschland je nach Einstrahlungsbedingungen (s. Abschnitt 2.3) für Hausdachanlagen etwa 1,10 - 1,90 DM/kWh und für große Anlagen 0,75 - 1,20 DM/kWh. An sehr guten Standorten in Nordafrika können Werte um 0,50 DM/kWh erreicht werden.

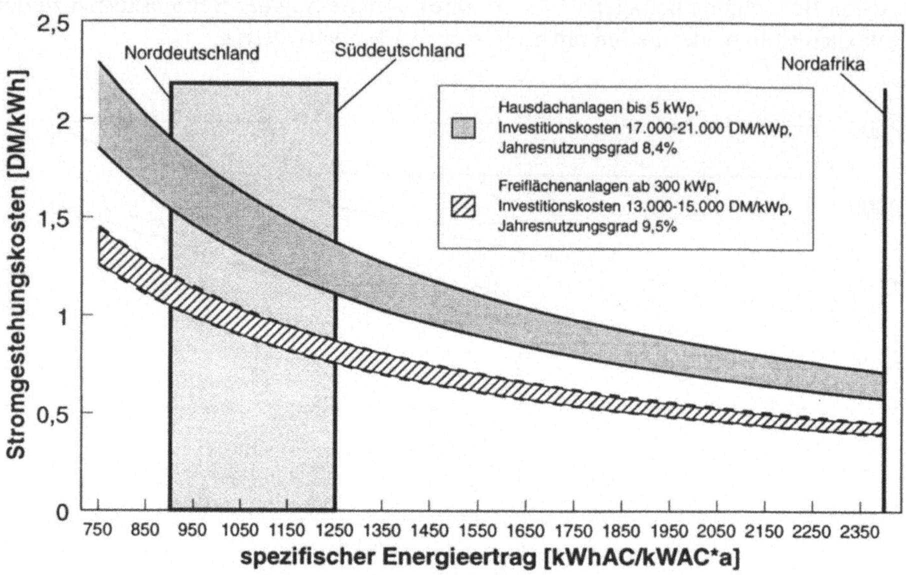

Bild 3-4   Stromgestehungskosten für kleine Hausdachanlagen und größere Freiflächenanlagen

4 Technische und ökonomische Entwicklungspotentiale bis zum Jahr 2020

Die Photovoltaik weist unter allen solaren Stromerzeugungstechnologien die weitaus größten Kostenreduktionspotentiale auf. Eine Halbierung der Stromgestehungskosten bis zum Jahr 2005 und eine Abnahme um den Faktor 3-5 bis zum Jahr 2020 erscheinen heute durchaus realisierbar, wodurch sich neue, umfangreiche Märkte erschließen würden. Wann es jedoch zu einer breiten Markteinführung kommt, wird sehr stark davon abhängen, wie sich technische Innovationen und die Zunahme der Nachfrage wechselseitig stimulieren. Diese starke gegenseitige Abhängigkeit läßt eine isolierte Betrachtung der technologischen Entwicklungsmöglichkeiten, der Ausschöpfung von Kostenreduktionspotentialen und der Entwicklung der Produktionskapazitäten nicht zu. Im weiteren wird daher versucht, den zukünftigen Entwicklungsstand der verschiedenen Techniken jeweils durch die drei Größen Wirkungsgrad, Produktionsvolumen und Kosten zu charakterisieren.

Die mittel- und langfristig erreichbaren Beiträge der Photovoltaik zur Stromerzeugung in Deutschland können nicht unabhängig von der Entwicklung des Weltmarktes diskutiert werden. Denn wenngleich Deutschland international eine technologische Spitzenstellung einnimmt und durch nationale Programme auch die Anwendung photovoltaischer Systeme gefördert werden kann, so scheint ein nationaler Alleingang weder sinnvoll noch möglich zu sein. Daher soll zunächst dargestellt werden, wie sich die Marktdiffusion photovoltaischer Systeme im internationalen Maßstab voraussichtlich vollziehen wird. Anschließend werden einige öffentliche Forschungs- und Entwicklungsprogramme sowie Initiativen zur Markteinführung photovoltaischer Systeme beschrieben, ohne die eine erfolgreiche Technologie- **und** Marktentwicklung auf absehbare Zeit nicht stattfinden wird. Denn obwohl sich die Photovoltaik in einigen Nischenmärkten (z.B. Konsumeranwendungen oder netzautarke Kleinsysteme im Leistungsbereich von einigen hundert Watt) immer stärker durchsetzt, ist das Absatzvolumen bislang nicht ausreichend, um eine eigenständige Fortentwicklung der Technologie zu tragen und größere Anlagen zur netzunabhängigen oder netzgekoppelten Stromversorgung, die heute, von wenigen Ausnahmen abgesehen, noch nicht wirtschaftlich sind, zu kommerzialisieren.

4.1 Marktdiffusion photovoltaischer Systeme

Die Marktdiffusion photovoltaischer Systeme wird primär davon abhängen, ob die Systeme in den verschiedenen Anwendungsbereichen mit konventionellen Versorgungsalternativen konkurrieren können. Die wichtigsten Kriterien sind dabei die Stromgestehungskosten und die Frage, inwieweit das solare Angebot mit dem Energiebedarf korreliert. Es ist daher davon auszugehen, daß die Photovoltaik zunächst in einer Reihe von Märkten sukzessive Fuß fassen muß, bevor langfristig in großem Umfang Strom in Solarkraftwerken erzeugt werden kann.

Den Ausgangspunkt solcher **Marktdiffusionsmodelle** (z.B. [Vigotti 1994]) bilden die heute vorherrschenden Anwendungen im Konsumerbereich (Taschenrechner, Uhren, Freizeitbereich; Segment 1 in Bild 4-1) und in dezentralen, netzunabhängigen Versorgungssystemen von einigen 10 W_p bis einigen 100 W_p (solar-home-Systeme, Kommunikation, Meßeinrichtungen; Segment 2). Hier konnte in den vergangenen 15 Jahren die technische Leistungsfähigkeit der Photovoltaik deutlich verbessert werden, bei gleichzeitig sinkenden Preisen. Insgesamt schätzen denn auch die Photovoltaik-Industrie und Energieversorgungsunternehmen die zukünftige Entwicklung im Bereich "Inselsysteme" optimistisch ein. So prognostizieren Taschini vom staatlichen italienischen Elektrizitätsversorgungsunternehmen ENEL und Iannucci von PG&E (einem der größten Elektrizitätsversorgungsunternehmen in den USA) [PV Systems 1992] hier in naher Zukunft eine jährliche Umsatzsteigerung von 30 %. Für den Fall, daß die Modulpreise auf ein Niveau von 3,50 bis 4,20 DM/W_p absinken, glauben sie, daß die Konkurrenzfähigkeit in kleinen Elektrizitätsversorgungssystemen im Leistungsbereich von etwa 10 kW_p bis 1 MW_p, die heute mit Dieselgeneratoren betrieben werden, erreicht wird (Trinkwasserbereitstellung, Bewässerung, Dorfstromversorgung; Segment 3). Die Bedienung dieses riesigen Marktes in Entwicklungsländern, der auf einige tausend MW_p geschätzt wird, wird allgemein als Basis für weitere Kostenreduktionen und die Erschließung völlig neuer Märkte angesehen.

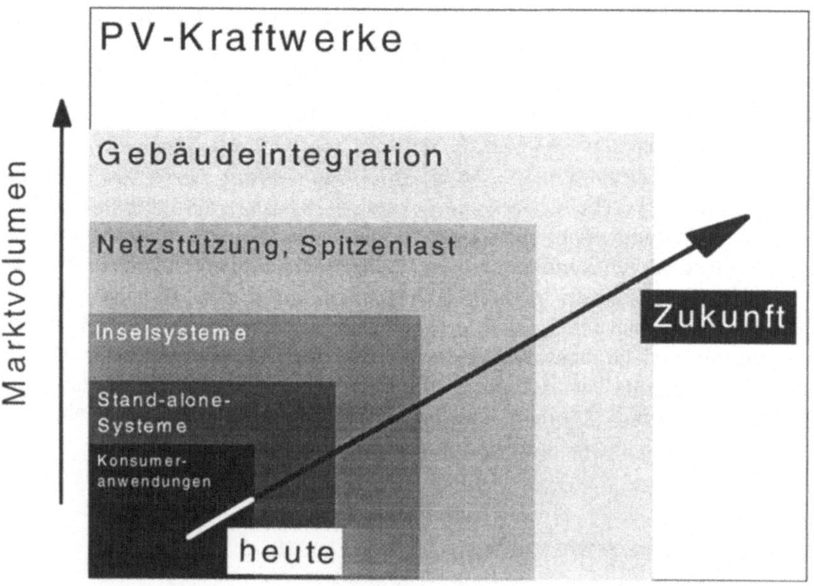

Bild 4-1   Marktdiffusion photovoltaischer Systeme

Daneben gibt es einige **Marktsektoren für netzgekoppelte Photovoltaik-Systeme**, die zunehmend in Entwicklungs- und Schwellenländern an Bedeutung gewinnen können, die einen starken Stromverbrauchszuwachs aufweisen. Dazu zählt die Stützung schwacher Netzausläufer durch Photovoltaik- bzw. Photovoltaik-Batterie-Systeme, wodurch die Verstärkung bestehender Stromnetze (Segment 4) vermieden bzw. zeitlich verschoben werden kann. Die Systeme können zum Teil heute schon wirtschaftlich betrieben werden. Ein weiteres Beispiel stellen Photovoltaik-Systeme zur Abdeckung neu auftretender Verbrauchsspitzen dar. Voraussetzung ist dabei jedoch, daß der Strombedarf sehr gut mit dem solaren Energieangebot korreliert. Dies kann vor allem in den industrialisierten Ländern in sehr sonnenreichen Regionen der Fall sein, aber auch in stark vom Tourismus geprägten Gebieten, die durch einen hohen Kühl- bzw. Klimatisierungsbedarf charakterisiert sind.

Einen weiteren Einsatzbereich für netzgekoppelte Photovoltaik-Anlagen im Leistungsbereich von 1 kW$_P$ bis zu einigen 10 kW$_P$ stellt die Integration in Gebäude dar (Segment 5). Wie die Erfahrung der letzten Jahre mit kleineren Anlagen auf Dachflächen in Deutschland gezeigt hat, sind eine Reihe von privaten Hausbesitzern grundsätzlich bereit, in Photovoltaik-Anlagen zu investieren und höhere Stromkosten in Kauf zu nehmen (s. hierzu ausführlich Abschnitt 8.3 Aufbaustrategien). Neben der Nutzung von Dachflächen kommt auch die Integration in Gebäudefassaden in Frage; ein Bereich, der sich seit einiger Zeit ebenfalls in Deutschland sehr positiv entwickelt. Denn hier besteht teilweise eine hohe Investitionsbereitschaft bei gewerblichen Nutzern wie Banken und Versicherungen: Kosten von 3000 - 5000 DM/m^2 für hochwertige, repräsentative Fassaden werden durchaus akzeptiert. Damit ist die Photovoltaik auch hier schon heute wettbewerbsfähig. Dementsprechend vertreten einige Experten auch die Auffassung, daß netzgekoppelte photovoltaische Systeme in den Industrieländern künftig vor allem aus dieser Anwendungung heraus hohe Zuwachsraten erreichen können.

Als letzte Phase der Marktdiffusion wird im allgemeinen die Integration von Photovoltaik-Kraftwerken mit Leistungen im Megawatt-Bereich in große elektrische Verbundsysteme angesehen (Segment 6).

Wie schnell sich die Marktdurchdringung in den einzelnen Teilmärkten vollziehen kann hängt von vielen Faktoren ab. Sie wurden oben z.T. bereits genannt. Der Zeitbedarf, bis sich die Photovoltaik nennenswerte Anteile erschließen kann, dürfte jedoch jeweils mindestens 5-10 Jahre betragen.

Von ganz entscheidender Bedeutung für die kurz- und mittelfristige Entwicklung werden auch Gesetzesinitiativen sein. So wird es beispielsweise in Kalifornien zu einer deutlichen Verschärfung der Abgasgesetzgebung für Kraftfahrzeuge kommen, in Verbindung mit dem Zwang, einen bestimmten Prozentsatz an sogenannten Null-Emissions-Fahrzeugen einzuführen. Daher kommt eine Studie, die von der international renommierten Unternehmensberatung Arthur D. Little für die USA durchgeführt wurde (siehe [Curry 1993]), zu dem Ergebnis, daß der Photovoltaik-Markt in Verbindung mit solar betriebenen **Elektrotankstellen** ab dem Jahr 2000 das größte Wachstumspotential überhaupt aufweisen kann.

4.2 Staatliche Programme zur Weiterentwicklung der Photovoltaik

In fast allen Ländern dürfte die Photovoltaik heute als eine wichtige Option für die langfristige Umgestaltung der Energieversorgung in Richtung auf eine deutlich verstärkte Nutzung erneuerbarer Energiequellen anerkannt sein. Die verschiedenen, vor allem nationalen Photovoltaik-Programme hatten in den achziger Jahren fast ausschließlich die Entwicklung neuer Technologien zum Ziel, sowohl hinsichtlich der Module als auch der sonstigen Systemkomponenten. Obwohl Forschung und Entwicklung nach wie vor wichtigste Bestandteile bleiben, wenden sich seit einigen Jahren die Programme stärker hin zu Markteinführungsmaßnahmen. Sie beinhalten im allgemeinen nicht nur finanzielle Zuschüsse zur Errichtung neuer Anlagen, sondern auch die Schaffung veränderter Rahmenbedingungen für erneuerbare Energien, die Entwicklung verbesserter Produktionsprozesse, den Bau von Pilotanlagen sowie verbesserte Kooperation zwischen Wissenschaftlern, Herstellern und Anwendern, aber auch zwischen Industrie-, Schwellen- und Entwicklungsländern. Im folgenden werden einige der Programme zur Förderung der Photovoltaik skizziert. Die Darstellung erhebt keinen Anspruch auf Vollständigkeit, sondern dient vielmehr zur Veranschaulichung der Anstrengungen, die derzeit unternommen werden, damit die Photovoltaik langfristig eine sehr viel größere Rolle in der Energieversorgung spielen kann als bisher.

Für die **Europäische Union** hat die Europäische Komission sehr ehrgeizige Ziele definiert. Mit Hilfe des ALTENER-Programms zur Markteinführung soll der Anteil regenerativer Energien am Energieverbrauch von heute 4% auf 8% bis zum Jahr 2005 erhöht werden [BEO 1994a]. **Die Stromerzeugung aus erneuerbaren Energiequellen soll sogar** verdreifacht werden (ohne große Wasserkraftwerke). Dafür stehen zwischen 1993 und 1997 76 Mio DM zur Verfügung. Neben dem ALTENER-Programm existieren im wesentlichen zwei Programme zur Entwicklung und Demonstration regenerativer Energiesysteme, die auch für die Photovoltaik von großer Bedeutung sind: Im Rahmen der F&E-Programme JOULE[11] I & II standen von 1990 bis 1994 insgesamt 60 Mio DM[12] zur Verfügung. In ihrem Verlauf hat sich der Schwerpunkt von der Materialforschung und -entwicklung von Photovoltaik-Zellen hin zur System- und Technologieentwicklung verschoben [PALZ 1994]. Das EU-Programm THERMIE, das die technische und ökonomische Machbarkeit neuer Technologien unter realistischen Bedingungen fördert, hatte einen Umfang von 1,3 Mrd DM für die Jahre 1990 bis 1994, wovon allerdings bis 1993 nur knapp 38 Mio DM für die Photovoltaik zur Verfügung standen [THERMIE 1994]. Dieses Programm unterstützt eine weite Palette von Photovoltaik-Systemen, von kleinen Einzelanlagen bis hin zu netzgekoppelten Photovoltaik-Kraftwerken mit über 100 kW$_P$.

Im Frühjahr 1994 wurde das 4. Rahmenprogramm für die Europäische Union im Bereich Forschung, Entwicklung und Demonstration für den Zeitraum 1994-1998 beschlossen. Von insgesamt 20 Mrd DM stehen 530 Mio DM für Forschung und Entwicklung sowie 320 Mio DM für die Demonstration erneuerbarer Energiequellen zur Verfügung [EU 1994]. Daneben gibt es eine Reihe begleitender Maßnahmen, die die Umsetzung der Ergebnisse sowie die Zusammenarbeit mit Drittländern betreffen (insgesamt 3 Mrd DM).

In den einzelnen Ländern Europas existieren z.T. sehr ehrgeizige nationale Programme zur Weiterentwicklung und Nutzung der Photovoltaik. Hervorzuheben ist besonders das Programm "Energie 2000" in der **Schweiz**, das 1991 beschlossen wurde und anstrebt, bis zum Jahr 2000 eine Leistung von etwa 50 MW$_P$ zu installieren [Nordmann 1994]. Dies entspricht einer Leistung von etwa 7 W$_P$ pro Kopf der Bevölkerung! Bezogen auf die Einwohnerzahl in Deutschland würde dies einem Wert von etwa 560 MW$_P$ entsprechen. Schon heute dürfte die Schweiz weltweit die höchste installierte Photovoltaik-Leistung pro Einwohner (1993 0,7 W$_P$ pro Einwohner) aufweisen (zum Vergleich: in Deutschland sind es etwa 0,1 W$_P$ pro Einwohner). Weitreichende Anstrengungen werden auch in **Itali-**

---

[11] JOULE = Joint Opportunities for Unconventional or Longterm Energy Supply

[12] Umrechnungsbasis 1 ECU = 1,95 DM

en unternommen, wo bereits 15 MW$_P$ in Betrieb sind [De Lillo 1994], und das damit absolut die **höchste installierte Leistung in Europa** aufweist.

In den **USA** sind die Ziele ebenfalls sehr hoch gesteckt: Das United States Photovoltaic Program soll die Photovoltaik technologisch verbessern und ökonomisch konkurrenzfähig machen, womit ein nennenswerter Anteil im nationalen Energiemix erreicht werden soll. Die US-Industrie soll schon bis zum Jahr 2000 imstande sein, einen Markt von etwa 1500 MW$_P$ zu befriedigen (1000 MW$_P$ für den US-Markt, 500 MW$_P$ für den Export). Angestrebt werden spezifische Stromkosten von 5-6 Cent/kWh, Lebensdauern von 30 Jahren sowie Modulwirkungsgrade von 15% für nicht konzentrierende und 25% für konzentrierende Systeme. Der US-amerikanische Ansatz ist u.a. dadurch geprägt, daß Strategien von der Nachfrageseite aus entwickelt werden sollen. Dazu wurde 1992 die Utility Photovoltaic Group etabliert, ein Verbund von 79 Firmen, die alle Bereiche der Elektrizitätswirtschaft repräsentieren. Diese Gruppe soll in Kürze Systeme mit einer Leistung von 50 MW$_P$ in Anwendungsbereichen installieren, die aus Sicht der Elektrizitätswirtschaft zukünftig für Photovoltaik-Anlagen relevant sein werden. Damit soll die Grundlage für die angestrebte starke Expansion der Photovoltaik-Industrie in den USA gelegt werden [Rannels 1994]. Um die gesetzten Ziele zu erreichen, wurden verschiedene Förderprogramme entwickelt. So soll mit der Photovoltaic Manufacturing Initiative (PVMat) die internationale Wettbewerbsfähigkeit verbessert und die Grundlage für die geplante Kapazitätserweiterung gelegt werden. Zwischen 1990 und 1995 sollen über 150 Mio DM[13] investiert werden, die Hälfte aus staatlichen Mitteln. In die gleiche Richtung geht auch das Thin Film Photovoltaic Partnership Program, mit dem die Dünnschicht-Solarzellentechnik gemeinsam von Forschungseinrichtungen und der Industrie vorangebracht werden soll. Die Markteinführung speziell im Gebäudebereich wird durch das Fünfjahres-Programm Building Opportunities in the United States for Photovoltaics (PV-BONUS) unterstützt, das 1992 mit einem Budget von 60 Mio DM aufgelegt wurde. Neben diesen speziellen Programmen stehen auch Gelder aus dem Global Climate Action Plan für die Entwicklung und Markteinführung zur Verfügung. Er geht auf einen Beschluß aus dem Jahr 1993 zurück, nach dem die USA ihre Klimagasemissionen bis zum Jahr 2000 auf dem Niveau von 1990 stabilisieren wollen. 1995 werden dem Department of Energy (DOE) aus diesem Rahmenprogramm 27 Mio DM für die Entwicklung der Photovoltaik zur Verfügung gestellt [Maycock 1994]. Insgesamt verfügt das DOE über etwa 140 Mio DM im Bereich der Photovoltaik.

In **Japan** wurde bereits im Jahr 1974 das Sunshine Project ins Leben gerufen, das man 1992 mit zwei anderen Projekten zum New Sunshine Program zusammengefaßt hat. Diese Programme widmen sich allerdings nicht, wie die Namen vermuten lassen, ausschließlich der Solarenergie, sondern allgemein neuen Technologien im Energiesektor. Im Vergleich zu nationalen Forschungsprogrammen in anderen Ländern ist das New Sunshine Program sehr langfristig angelegt. Die Laufzeit beträgt fast 30 Jahre. Im Bereich der Photovoltaik wird auch in Japan angestrebt, durch verbesserte Zellen und geringere Systemkosten die solare Stromerzeugung konkurrenzfähig zu machen. Die Vorläuferprojekte hatten insgesamt ein Finanzvolumen von 1 Mrd DM[14], der Finanzrahmen des New Sunshine Program betrug 1992 gut 80 Mio DM, 1993 90 Mio DM [Toma 1994].

---

13   Umrechnungsbasis 1 US$ = 1,50 DM.

14   Umrechnungsbasis 100 Yen = 1,65 DM.

Neben den nationalen bzw. multinationalen Programmen existieren unzählige weitere Initiativen zur Förderung der Technologie auf kommunaler oder regionaler Ebene in den einzelnen Ländern, die hier nicht alle aufgeführt werden können. Für die Bundesrepublik sind einige dieser Initiativen unter Abschnitt 8.1 zusammengestellt. Die Photovoltaik gewinnt aber auch zunehmend an Bedeutung in der **Zusammenarbeit von Industrieländern und Schwellen- und Entwicklungsländern**. Neben einer ganzen Reihe von nationalen und multinationalen Programmen ist von besonderer Bedeutung die Global Environmental Facility, die 1992 als Finanzierungsmechanismus für die Umsetzung der Ziele der Klimarahmenkonvention anläßlich der Klimaschutzkonferenz in Rio de Janeiro 1992 (Konferenz "Umwelt und Entwicklung" der Vereinten Nationen) etabliert wurde. Mit den Mitteln des GEF sollen Projekte in den Bereichen Klimaschutz, Erhaltung der Artenvielfalt, Schutz internationaler Gewässer und Schutz der Ozonschicht in den Entwicklungs- und Schwellenländern gefördert werden [Enquete 1994]. Für den Zeitraum 1994-1997 ist die GEF mit Mitteln von 3 Mrd DM ausgestattet. Die Projektdurchführung obliegt der Weltbank, dem United Nations Development Programme (UNDP) und dem United Nations Environment Programme (UNEP). Im Rahmen des GEF werden eine Reihe von Projekten zur Nutzung erneuerbarer Energiequellen finanziert. Im Bereich der Photovoltaik hat man bislang z.B. Projekte zur dezentralen Elektrifizierung in Zimbabwe und Indien durchgeführt.

4.3 Erwartete Marktentwicklung weltweit

Während sich die Untersuchungen über die möglichen zukünftigen Einsatzbereiche, d.h. die Marktdiffusion photovoltaischer Systeme, insgesamt wenig unterscheiden, gehen die Einschätzungen über das erreichbare qantitative Marktwachstum, d.h. die Marktdynamik häufig sehr weit auseinander. In der großen Bandbreite drückt sich aus, daß die Nachfrage bzw. die Kosten photovoltaischer Systeme durch eine Vielzahl von zum Teil nur schlecht oder gar nicht quantifizierbaren bzw. zeitlich veränderbaren Parametern beeinflußt wird, die zudem sehr komplex miteinander verknüpft sein können. Hierzu zählen die energiewirtschaftlichen, energie-, umwelt- und forschungspolitischen Rahmenbedingungen, die allgemeine wirtschaftliche Lage, das Umweltbewußtsein potentieller Anwender usw. Projektionen über die zukünftige Marktentwicklung der Photovoltaik müssen daher immer unter bestimmten, mehr oder weniger subjektiven Annahmen erfolgen. Nicht zuletzt spielt auch die verfolgte Zielsetzung des Projizierenden eine Rolle. So kann es leicht zu sehr unterschiedlichen Einschätzungen der zukünftigen Entwicklung kommen.

Im Rahmen einer 1994 durchgeführten Umfrage äußerte sich die deutsche **Photovoltaik-Industrie** zum künftigen Photovoltaik-Markt sehr zurückhaltend (Antworten von 3 Firmen). Die wesentlichen Aussagen sind in Tabelle 4-1 wiedergegeben. Bis zum Jahr 2020 wird der Schwerpunkt des Photovoltaik-Einsatzes weltweit bei Inselsystemen gesehen, netzgekoppelten Anlagen wird aber die gleiche Steigerungsrate zugeordnet. Die Erhöhung des weltweiten Umsatzes von gegenwärtig 70 MW_P auf 200 MW_P in 2005 entspricht einer jährlichen Zunahme von ca. 10%, die von 200 MW_P in 2005 auf 500 MW_P in 2020 einer jährlichen Steigerung um 6,25%.

Im folgenden wird davon ausgegangen, daß innerhalb der nächsten 30 Jahre das Marktwachstum der Photovoltaik ausreicht, um in eine Massenproduktion einzutreten, die es erlaubt, die vorhandenen Kostenreduktionspotentiale weitgehend auszuschöpfen. Dies wird vor allem mit Hilfe staatlicher Förderung bei der Forschung & Entwicklung sowie der Demonstration und Markteinführung der Systeme erreicht. Dabei ist unterstellt, daß die **Förderung langfristig** angelegt ist und die Ausgaben gegenüber heute insgesamt erhöht werden (s. auch Kapitel 8 und 10). Allerdings nicht in einem Maße - zumindest nicht innerhalb der nächsten 10 Jahre -, daß die Photovoltaik eine deutlich höhere Priorität gegenüber anderen Technologien zur Nutzung erneuerbarer Energiequellen erhält, die näher an der Schwelle zur Wirtschaftlichkeit stehen (in Deutschland z.B. die Nutzung von Biomasse, Windenergie, Kleinwasserkraft und solaren Wärmesystemen).

Bei den kristallinen Silicium-Solarzellen wird in etwa der Einschätzung der deutschen Industrie gefolgt. Im Bereich der Dünnschicht-Solarzellen wird davon ausgegangen, daß die vielversprechend begonnene Entwicklung fortgesetzt wird und dazu führt, daß es bis zum Ende des Jahrzehnts zu einer industriellen Produktion kommt. Dann sind deutliche Markterweiterungen relativ schnell zu erwarten, und es erscheint durchaus möglich, daß Umsätze von 500 MW_P (2005) bzw. 2000 MW_P (2020) erreicht werden können (Tabelle 4-1).

Tabelle 4-1   Erwartete Entwicklung des Photovoltaik-Marktes; Angaben in MW_P pro Jahr

Jahr Bereich	um 2005		um 2020	
	BRD	**weltweit**	**BRD**	**weltweit**
Inselsysteme[1]	1,5	120 - 130	2,5	325
netzgekoppelte Systeme[1]	4,3	60 - 70	7 - 7,5	167
Sonstige[1]	0,2	3	0,3	8
gesamt[1]	**6**	**190 - 200**	**10**	**500**
Bei erfolg-reicher Ent-wicklung von Dünnschicht-Solarzellen[2]		**500**		**2000**

[1]   Ergebnisse einer Umfrage bei der deutschen Photovoltaik-Industrie
[2]   Eigene Abschätzung

4.3.1 Solarzellen und Module aus kristallinem Silicium

Die theoretische Obergrenze des Wirkungsgrades von Solarzellen aus kristallinem Silicium liegt bei 28%. Die im Labor bereits erreichten Spitzenwerte von 24% dürften also nur noch unwesentlich zu steigern sein. Wie bereits erwähnt (s. Abschnitt 2.1.1), erfordern solche Zellen Einkristalle höchster Qualität (FZ-Si) und, gegenüber Standard-Solarzellen, eine Reihe zusätzlicher Prozeßschritte. Hocheffiziente Zellen sind deshalb, bezogen auf eine Leistungseinheit, gegenwärtig teurer als Standardzellen. Da jedoch die flächenbezogenen Kosten von Photovoltaik-Systemen - Fundamente, Aufständerung, Verkabelung - mit steigendem Zellenwirkungsgrad sinken, liegt ein Optimierungsproblem vor. In den zurückliegenden Jahren war eine Tendenz zu höheren Wirkungsgraden festzustellen, die sich vermutlich in Zukunft fortsetzen wird.

Die o.g. Befragung bei der deutschen Photovoltaik-Industrie zu den Trends der Technik und Kosten bei Si-Zellen und -Modulen ergab das in Tabelle 4-2 zusammengefaßte Meinungsbild.

Tabelle 4-2   Resultate einer Umfrage bei deutschen Herstellern zu den Perspektiven von kristallinen Silicium-Zellen- und -Modul-Technologien bei einem erwarteten Weltmarkt für die Photovoltaik von insgesamt 200 MW_p bis zum Jahr 2005 und 500 MW_p bis zum Jahr 2020

Technologie	Standard		für hocheffizienten Zellen nach M.A. Green	
Jahr	**2005**	**2020**	**2005**	**2020**
Marktanteile (%)	90 - 99	95 - 99,5	1 - 10	0,5 - 5
Wirkungsgrade von Modulen bei STC (%)	15	17	18 - 20	20 - 24
Kosten von <u>Zellen</u> (DM/W_p)	2,70 - 3,00	1,70 - 2,00	3,30 - 4,50	3,00
Kosten von <u>Modulen</u> (DM/W_p)	4,60 - 6,00	3,00 - 3,50	5,50 - 5,70	3,70 - 5,00

Daraus sich ergebende Schlußfolgerungen sind:

- Aufgrund der hohen Kosten räumt man einkristallinem Material höchster Qualität (nach dem "Float Zoning"-Verfahren hergestelltes Silicium, s. Abschnitt 2.1.1) geringe Chancen ein.
- Mono-c-Si-Wafer aus Czochralski (CZ)-Einkristallen und multi-c-Si-Platten werden sich den Markt für kristalline Si-Module in etwa aufteilen.
- Es besteht eine große Unsicherheit über die - eigentlich faszinierende - Möglichkeit, mit einem Bänderziehverfahren zum Erfolg zu kommen.
- Aufwendigen Technologien für hocheffiziente Zellen nach Green, die auf einer konsequenten Passivierung von Si-Oberflächen beruhen, werden geringe Chancen eingeräumt.
- Die prognostizierten Produktionskosten für Photovoltaik-Module auf der Basis kristalliner Si-Zellen liegen
  - für das Jahr 2005 bei etwa der Hälfte der gegenwärtigen Preise,
  - für das Jahr 2020 bei etwa einem Drittel der gegenwärtigen Preise.
- Der Schritt von der Zelle zum Modul, d.h. die reinen Aufwendungen für Modulfabrikation, ist mit Kosten verbunden, die die Photovoltaik-Industrie als nahezu umsatzunabhängig betrachtet. Sie liegen in der Regel bei 1,30 bis 2,00 DM/W_p.

Die Bandbreite der in Tabelle 4-2 angegebenen Werte umfaßt auch diejenigen, die von der Forschungsstelle für Energiewirtschaft (FfE), München [Günther 1993], sowie in einer gemeinsamen Untersuchung von Bayernwerk, RWE, Siemens-KWU und Siemens-Solar [Bayernwerk et al. 1993] publiziert wurden.

Ein Vergleich der Umfrageergebnisse mit Angaben der europäischen Photovoltaik-Industrie zeigt, daß die Entwicklung dort sehr viel günstiger eingeschätzt wird als in Deutschland (Tabelle 4-3). Auch in Japan geht man davon aus, daß bis zum Jahr 2000 Modulkosten von 3,30 DM/W_P erreicht werden können [New Sunshine 1993].

Tabelle 4-3 Kostenprognosen der europäischen Photovoltaik-Industrie für kristalline Silicium-Module im Jahr 2000 bei einer Produktion von 100 MW_P pro Jahr (alle Angaben in DM/W_P) [Mertens et al. 1992]

	niedere Werte	Durch-schnitts-werte	hohe Werte
Si-Basismaterial (Multi-c-Si)	0,34	0,32	0,36
Kristallziehen/ Blockgießen	0,60	0,68	1,10
Scheiben-herstellung	0,34	0,66	0,72
Zellenfabrikation	0,40	0,88	1,46
Modulfabrikation	0,64	1,12	1,58
Gesamt	**2,40**	**3,60**	**5,20**

Auffällig ist, daß die Basismaterialkosten und die spezifischen Modulfabrikationskosten deutlich niedriger als in Deutschland angesetzt werden. Der Wert aus Japan und die niedrigen Werte der europäischen Photovoltaik-Industrie sind als sehr optimistisch anzusehen.

4.3.2 Solarzellen und Module aus amorphem Silicium

Der wesentliche Entwicklungsbedarf von a-Si-Dünnschichtsolarzellen besteht primär in der

- Erhöhung der Stabilität der Zellen, d.h. der Reduktion der lichtinduzierten Degradation,
- der Steigerung des Wirkungsgrads "stabilisierter" Zellen und
- der Verkürzung der Depositionszeit und damit der Verringerung des Investitionsbedarfs für Produktionsanlagen.

Die Stabilität von a-Si-Zellen kann gesteigert werden, indem man die Rekombination der durch Lichtabsorption generierten Ladungsträger in der i-Schicht der pin-Struktur unterdrückt. Dies ist dadurch möglich, daß man das elektrische Feld in der i-Schicht erhöht, z.B. durch die Reduktion der Schichtdicke. Dem steht jedoch entgegen, daß eine Mindest-Schichtdicke zur Lichtabsorption erforderlich ist. Lösungen dieses Problems bieten:

a) der Aufbau von gestapelten Mehrfach-pin-Strukturen mit dünneren Einzelschichten als bei der Einfach-pin-Struktur;

b) die Herstellung einer dünnen gefalteten Struktur, die das einfallende Licht schräg (längerer Absorptionsweg) und ggf. mehrfach durchläuft, wodurch es ebenfalls vollständig absorbiert wird.

Mehrfach-pin-Strukturen wurden bereits erfolgreich industriell gefertigt. Die im Labor erreichten Anfangswirkungsgrade liegen bei 13-14% (stabilisierte Zellenwirkungsgrade über 10%).

Hinsichtlich möglicher Wirkungsgrade von a-Si-Solarzellen ist zu beachten, daß aufgrund der physikalischen Eigenschaften von a-Si, speziell des Leitungsmechanismus, der theoretisch erreichbare Wirkungsgrad niedriger liegt, als es gemäß der optischen Eigenschaften des Materials sein könnte: bei etwa 18% für Einfach-pin-Strukturen anstatt ca. 25%. Als praktisch erreichbarer Wirkungsgrad ist ein Wert von etwa 15% anzusetzen, mit Mehrfach-pin-Strukturen erscheinen 18 -20% möglich.

Zur Verkürzung der Produktionszeit besteht die Möglichkeit, durch Frequenzerhöhung bei der Hochfrequenz-Plasmadeposition die Depositionsrate der a-Si-Schichten um ein Vielfaches gegenüber der gegenwärtigen Technik zu erhöhen. Um dabei die Qualität der Schichten nicht zu beeinträchtigen, bedarf es noch der Feinabstimmung und industriellen Erprobung des Prozesses.

Das Kostenreduktionspotential bei der Produktion von a-Si-Modulen wird einheitlich als sehr hoch betrachtet, da heute die spezifischen Vorteile gegenüber der Technologie kristalliner Si-Zellen noch nicht voll ausgeschöpft werden:

- Als Substrat für die Schichtdeposition ist das Frontglas des späteren Moduls einsetzbar. Damit gestaltet sich die Modulfertigung insgesamt einfacher und kostengünstiger als bei c-Si.
- Durch die Möglichkeit, die Schichten während des Depositionsprozesses zu strukturieren, (z.B. mittels "Laser-Scribing") und somit integrierte Strukturen mit frei wählbarer Zellengröße und -form und damit auch frei wählbarer Ausgangsspannung zu erzeugen, entfallen die Produktionsschritte Zellenvermessung, Sortierung und Kontaktierung (nachteilig ist dann allerdings, daß defekte oder leistungsschwache Einzelzellen nicht ausgetauscht werden können!).
- Sämtliche Prozeßschritte (außer der abschließenden Rückseitenabdeckung und dem Anbringen der Anschlußdose) sind Beschichtungsprozesse, die in einer Durchlaufanlage realisierbar sind. Ein hoher Automatisierungsgrad kann leichter erreicht werden als bei der Herstellung kristalliner Si-Module.

Zahlenangaben über Material- und Produktionskosten bei angenommener großtechnischer Fertigung finden sich bei [Carlson, Wagner 1993]. Sie sind in Tabelle 4-4 angegeben, unter der Annahme, daß die prognostizierten Wirkungsgrade von a-Si-Solarzellen auch mit den angegebenen Kosten erreicht werden können.

Tabelle 4-4 Zusammenfassung der Prognosen für a-Si-Dünnschicht-Photovoltaik-Module

Jahr	2005	2020
angenommenes Produktionsvolumen	200 MW$_P$/a	500 - 1000 MW$_P$/a
Wirkungsgrad (stabilisiert) bei STC	10 %	12 - 15 %
Produktionskosten DM/W$_P$	1,50 - 2,50 DM/W$_P$	1,00 - 1,50 DM/W$_P$

Quellen: [Carlson, Wagner 1993; Wrixon et al. 1993; Mertens et al. 1992; New Sunshine 1993]. Umrechnungsbasis: 1 US$ = 1,70 DM

4.3.3 Solarzellen und Module auf der Basis von CdTe und CuInSe$_2$ (CIS)

Wie bereits unter Abschnitt 2.1.3 angesprochen, weisen Dünnschicht-Solarzellen auf der Basis von CdTe und CIS entscheidende Vorteile gegenüber a-Si auf:

- Die mit CdTe und CIS (hier kann noch Gallium zulegiert werden, um optimale optische Eigenschaften des Materials zu erhalten) theoretisch erreichbaren Umwandlungswirkungsgrade liegen bei ca. 30%, also wesentlich höher als bei a-Si.
- Im Einsatz traten bei CdTe und CIS bisher keine Stabilitätsprobleme auf.
- Die Depositionsraten sind wesentlich höher als bei a-Si-Schichten, was eine effektivere Nutzung der Produktionsanlagen bedeutet.

Im Vergleich zum amorphen Silicium haben die CdTe- und die CIS-Technologien in der Vergangenheit wesentlich weniger finanzielle Mittel für die Forschung und Entwicklung erhalten. Dies mag begründet gewesen sein durch die Attraktivität des Materials Silicium, obwohl die Präparation amorpher Schichten und deren physikalische Eigenschaften sich von denen des kristallinen Siliciums ganz wesentlich unterscheiden. Vielleicht aber auch durch die Komponenten Cadmium (Cd) und Selen (Se), die dazu führen, daß bei CdTe- und CIS-Solarzellen Umweltaspekte besonders zu beachten sind. Während der erstgenannte Grund in Zukunft kein ernsthaftes Hindernis darstellen dürfte - die Modulproduktion könnte sich weg von der "klassischen" Halbleiterindustrie in andere Branchen, z.B. die Glasindustrie, verlagern - , ist das zweite Argument von essentieller Bedeutung. Deshalb wird die Photovoltaik-Industrie die Unbedenklichkeit der neuen Technologie nachweisen bzw. ein Entsorgungskonzept vorlegen müssen. Daß dies möglich ist, haben z.B. [Zweibel, Barnett 1993] aufgezeigt; auch ist ein Recycling-Prozeß dadurch möglich, daß man unbrauchbare Module und Reststoffe aus der Produktion wieder dem der Erzgewinnung nachgeschalteten Reinigungsprozeß zuführt.

Gelegentlich findet man Einwände gegen die CIS- und die CdTe-Technologie wegen einer angeblichen Ressourcenknappheit bei Indium (In) und Tellur (Te). Sie stützen sich auf die gegenwärtigen Produktionsmengen dieser Materialien, die bei 200 bzw. 120 Jahrestonnen liegen. Bisher fallen diese Stoffe jedoch als Nebenprodukte bei der Gewinnung von Kupfer, Zink und Blei an, sind aber für sich gesehen ohne weiteres in zusätzlichen

Quantitäten zu gewinnen. Sie sind in der Erdkruste in genügender Menge vorhanden (In: 0,1 g/t, Te: 0,001 g/t; siehe auch Abschnitt 7.5.6).

Die allgemeine Erwartung, mit CdTe- oder CIS-Dünnschicht-Solarmodulen einen entscheidenden Durchbruch bei den Kosten photovoltaischer Anlagen zu erreichen, konnte bislang noch nicht erfüllt werden. Im Gegensatz zur a-Si-Technologie existieren bisher aber auch noch keine Produktionsanlagen für Durchsätze von 10 MW$_P$ pro Jahr und mehr. Produktionskapazitäten für CdTe-Module von einigen MW$_P$/a sind gegenwärtig in den USA im Aufbau; im Falle des CIS hat man bislang nur Erfahrungen aus einer Pilotfertigung bei Siemens Solar Industries, USA. In Deutschland wird zur Zeit eine Technikumsfertigung von CIS-Modulen mit einer Fläche von 30*30 cm^2 am Zentrum für Sonnenenergie- und Wasserstoff-Forschung Baden-Württemberg (ZSW) in Stuttgart aufgebaut. Dabei sollen Wirkungsgrade über 10% erreicht werden.

Bezüglich der technisch-ökonomischen Entwicklungspotentiale von CdTe und CIS existieren bereits eine Reihe von Abschätzungen. Sie sind in Tabelle 4-5 zusammengefaßt.

Tabelle 4-5   Zusammenfassung der Wirkungsgrad- und Produktionskostenprognosen für CdTe- und CIS-Dünnschicht-Photovoltaik-Module

| Material | CdTe | | CuInSe$_2$ (CIS) | |
Jahr	2005	2020	2005	2020
Wirkungsgrad bei STC %	12-15 %	15-18 %	12-15 %	15-18 %
Produktionskosten 1,50 DM/W$_P$	1,50-2,50 DM/W$_P$	1,00-1,50 DM/W$_P$	2,00-3,00 DM/W$_P$	1,00-1,50 DM/W$_P$
angenommenes Produktionsvolumen	10 - 50 MW$_P$/a	500 - 1000 MW$_P$/a	10 - 50 MW$_P$/a	500 -1000 MW$_P$/a

Quellen: [Bonnet 1992; Kapur 1990; Siemens Solar 1993; Zweibel, Barnett 1993; Wrixon et al. 1993]

Ein Vergleich der Tabellen 4-4 und 4-5 zeigt, daß man allen Dünnschicht-Photovoltaik-Technologien in etwa gleiche Potentiale zuordnet. Bezüglich Wirkungsgrad und Produktionskosten dürften jedoch CdTe und CIS gewisse Vorteile aufweisen, wobei das CdTe aufgrund der gegenwärtig bereits vorliegenden Erfahrungen einen günstigeren Start hat.

Die insgesamt sehr optimistischen Prognosen können nur realisiert werden, wenn Multi-Megawatt-Produktionsanlagen direkt mit der Glasproduktion und ggf. mit der Aufbereitung bzw. Produktion der Beschichtungsmaterialien gekoppelt werden. Denn dies bietet u. a. die Möglichkeit einer effektiven Prozeßwärmenutzung und eines direkten Recyclings von Rest- bzw. Abfallstoffen.

4.3.4 Sonstige Systemkomponenten

Im Gegensatz zu den Solarzellen und Modulen werden im Bereich der Systemtechnik nur selten detaillierte Vorausschauen veröffentlicht. Gegenwärtig betragen die Kosten in Abhängigkeit von der Anlagengröße 6 - 11 DM/W$_P$. In Zukunft müssen diese Werte deutlich sinken, damit bei fallenden Modulkosten die Kosten der übrigen Systemkomponenten nicht zu einem ernsten Problem bei der Reduktion der Stromgestehungskosten photovoltaischer Anlagen werden.

[Mertens et al. 1992] nennen für das Jahr 2000 Systemtechnik-Kosten von 3,60 DM/W_p, im japanischen New Sunshine Project werden für dasselbe Jahr unter 2,00 DM/W_p angegeben [New Sunshine 1993]. Diese Beträge sind für das gegebene Stichdatum sehr ehrgeizige Zielzahlen, die aber zumindest längerfristig durch eine Reihe technologischer und fertigungstechnischer Entwicklungen durchaus erreichbar erscheinen. Eine Übersicht über die Prognosen gibt Tabelle 4-6.

Tabelle 4-6 Prognosen der Systemkosten größerer Photovoltaik-Anlagen (in DM/W_p ohne Module)

	Aktuell	Mertens et al. 2000	New Sunshine Project 2000	Johannson et al. langfristig	Schätzung 2005	Schätzung 2020
Gesamt-Systemkosten	6 - 11	3,6	< 2		2,5 - 3,2	1,7 - 2,7
Wechselrichter	1 - 5,5	1,2	n.a.	0,2	0,8 - 1,0	0,5 - 0,8
Strukturen / Fundamente (feststehend)	1,5 - 2,5	n.a.	n.a.	0,5 - 0,6	0,8 - 1,3	0,6 - 1,0

Quellen: [Mertens et al. 1992; New Sunshine 1993; Johannson et al. 1993]

<u>Wechselrichter</u>
Die Technologie der Wechselrichter, der zentralen leistungselektronischen Komponente in netzgekoppelten Photovoltaik-Anlagen, ist gegenwärtig einer starken Entwicklung unterworfen. Durch die Verfügbarkeit leistungsfähigerer Schaltelemente wird eine Verbesserung der Schaltungstechnik für größere Einheiten möglich, bei gleichzeitig geringeren Kosten. Die Einführung neuer Schaltungskonzepte (z.B. trafolose Wechselrichter) erlaubt eine weitere Verbilligung. Während derzeit je nach Größe Preise von ca. 1,50 DM/W_p bis 3,50 DM/W_p verlangt werden, könnten schon in naher Zukunft Kosten deutlich unterhalb 1 DM/W_p möglich sein. Weitere Einsparungen lassen sich zudem durch eine erhebliche Ausweitung der Produktionszahlen erreichen. Nach einer amerikanischen Studie (siehe [Johannson u.a 1993]) sind dann weniger als 0,20 DM/kW_p möglich.

Eine neue Klasse von Wechselrichtern stellen Klein-Wechselrichter (50W - 250W) dar (Bild 4-2), die direkt am Modul angebracht werden können und Wirkungsgrade um 90% aufweisen [Schekulin 1995]. Sie werden alsbald verfügbar sein und voraussichtlich im Bereich kleiner Photovoltaik-Anlagen einen großen Marktanteil erobern. Ganz wesentliche Vorteile dieser Technik sind die Vereinfachung der Anlagenplanung und Installationstechnik, die sich insbesondere im Gebäudebereich auswirkt, ferner die völlige Modularität und die Möglichkeit der Massenproduktion. Damit dürften auch hier Kosten unter 1 DM/W_p erreichbar sein.

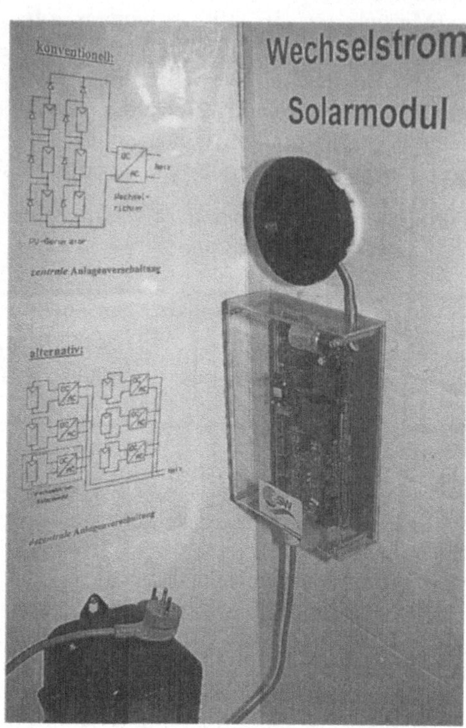

Bild 4-2   Modulintegrierter Wechselrichter

<u>Aufständerung von Photovoltaik-Modulen</u>

Große Kostenreduktionspotentiale liegen in der Standardisierung der Komponenten. Eine kostenoptimierte Serienproduktion von Tragestrukturen und Befestigungen sowie eine effiziente Montage und Lagerhaltung durch die Installationsfirmen setzen eine Vereinheitlichung der Rastermaße von Photovoltaik-Modulen voraus. Zusätzlich lassen sich durch Konstruktionen, die Modul und Tragwerk integrieren, Doppelaufwendungen, beispielsweise für die Steifigkeit der Module, vermeiden. Dies wurde bei der 400 kW$_p$-Anlage des PVUSA-Projektes in Davis/USA (mit Modulen aus amorphem Silizium) durch eine kostensparende, leichtgewichtige Konstruktion demonstriert, für die nur 60 DM/m^2 für Tragestruktur und Fundamente angegeben werden [Candelario 1992]. Das Beispiel zeigt, welche deutlichen Einsparungen bisher schon erreicht werden konnten, denn die frühen, in den Jahren 1981-1983 errichteten Pilotanlagen der Europäischen Gemeinschaft wiesen Gestellkosten bis zu 500 DM/m^2 auf.

Auch bei 1-achsig und 2-achsig nachführenden Tragestrukturen (sog. Heliostaten) ist eine erhebliche Senkung der Kosten absehbar. Bei den beiden einachsig nachgeführten 180 kW$_p$-Anlagen in Davis, die die Kostenreduktionspotentiale noch nicht voll ausschöpfen, wurden bereits Kosten um 200 DM/m^2 realisiert. Auf den Angaben von Heliostaten-Produzenten beruhende Voraussagen (nach [Johannson et al. 1993]) halten bei 2-achsig nachgeführten Tragestrukturen 130 DM/m^2 und bei einachsiger Nachführung

40 DM/m^2 für erreichbar, wenn eine Photovoltaik-Anlagenkapazität von 10 MW$_p$/Jahr realisiert wird, und 30 DM/m^2 bei 100 MW$_p$/Jahr.

Die einachsige Nachführung in Verbindung mit schwacher Konzentration durch ebene Spiegel ("V-Trog", s. Bild 2-9) ist mittelfristig eine günstige Option für mittelgroße Photovoltaik-Anlagen und Photovoltaik-Kraftwerke. Bei hohen Modulflächenkosten (hocheffiziente Solarzellen) ist die Erhöhung der Apertur (lat.=Öffnung) durch Spiegelflächen, also die "künstliche Vergrößerung" der Modulfläche lohnend. Die Verwendung von modernen Dünnspiegeln oder Aluminiumblechen verspricht hier kostengünstige Lösungen. Zur Zeit wird neben fortgeschrittenen Stahltragegestellen auch eine Variante aus geformtem Blech erprobt, die mit wesentlich weniger Material auskommt. Damit erscheinen bei einer Herstellung in großen Stückzahlen Werte um 150 DM/m^2 bezogen auf die Modulfläche erreichbar, möglicherweise auch darunter.

<u>Vormontage und Vorverdrahtung von Photovoltaik-Generatoren</u>
Beim Übergang zu größeren Stückzahlen sowie zu größeren Anlageneinheiten wird die Vormontage und -verdrahtung von Generatoreinheiten beim Modul- oder Systemhersteller zu einem wichtigen Faktor. Eine maschinell unterstützte Montage von transportierbaren Generatorsegmenten (max. 30 - 50 m^2) auf einen Tragrahmen und die Verkabelung der Module kann die Installation vor Ort drastisch verkürzen und verbilligen. Ansätze dazu wurden z.B. bei der österreichischen Photovoltaik-Anlage Seewalchen auf einer Schallschutzmauer demonstriert. In diesem Anwendungsbereich können im übrigen zwei positive Effekte miteinander verknüpft werden: Die Stütz- und Fundamentkosten werden minimiert, andererseits verbessert sich der Schallschutz (Bild 4-3).

Bild 4-3   Beispiel für eine Autobahn-Photovoltaik-Anlage

Die Doppelnutzung von Tragestrukturen ist auch ein wichtiger Aspekt bei der Anwendung von Photovoltaik auf und an Gebäuden: Die Kosten für Fundamente und ggf. Baugrund entfallen, und die Montage auf einem Schrägdach ist mit geringem Aufwand verbunden. Eine echte Doppelfunktion ergibt sich, wenn Photovoltaik-Elemente die Gebäudehülle bilden. Verschiedene Lösungen für den Dacheinbau von Photovoltaik-Modulen oder dachdeckende Photovoltaik-Module sowie für in Vorhang- und Warmfassaden integrierbare Photovoltaik-Elemente werden derzeit entwickelt und in Pilotanwendungen erprobt ([Gay 1992], Bild 4-4). Die Schweiz nimmt dabei eine führende Stellung ein. Gerade in diesem Bereich spielen Standardisierung, integrierte Konstruktionen sowie Vorkonfektionierung eine sehr große Rolle bei der Verringerung der Kosten von Photovoltaik-Systemen.

Bild 4-4   Beispiel für eine vorgehängte Warmfassade

Es sei darauf hingewiesen, daß mit der technischen Weiterentwicklung der Systemkomponeneten nicht nur die Reduktion der Kosten photovoltaischer Systeme angestrebt wird, sondern auch die Erhöhung des Energieertrags. Während in Abschnitt 4.3 nur die Wirkungsgrade von Photovoltaik-Modulen unter Standard-Testbedingungen betrachtet wurden, können auch im Bereich der Systemtechnik Maßnahmen ergriffen werden, die zu einer Verbesserung des Verhaltens während des praktischen Betriebs führen, insbesondere bei den Wechselrichtern. Die für die weiteren Betrachtungen verwendeten Annahmen sind in Tabelle 4-7 aufgeführt.

Tabelle 4-7 Prognose für die Wirkungsgrade der Systemkomponenten (in %)

	Aktuell		2005				2020			
	kleine PV-Anlagen	große PV-Anlagen	kleine	große BRD/Südeuropa/Nordafrika			kleine	große BRD/Südeuropa/Nordafrika		
Wandlung: Reflexion	95-97	95-97	95-97,5	95-97,5	96-98	96-98	95-97,5	95-97,5	96-98	96-98
Spektrum	96,5-98	96,5-98	96,5-98	96,5-98	96,5-98	96,5-98	96,5-98	96,5-98	96,5-98	96,5-98
Temperatureffekt	90-96	91-97	92-96	93-97	87-91	85-89	93-97,5	94-98	89-93	87-91
Leitungen, Dioden, Anpassung	97-98	96-97	97-98	96-97	96-97	96-97	97-98	96-97	96-97	96-97
Gesamter Gleichstromwirkungsgrad	82-90	84-92	83-91	86-94	81-89	76-84	84-92	87-95	83-91	81-89
Wechselrichter unter Nennbedingungen	90-94	92-96	92-96	95-97	95-97	95-97	93-97	96-98	96-98	96-98
Wechselrichter Jahr	80-87	90-93	83-89	92-94	92-94	92-94	86-91	93-95	93-95	93-95
Q-Faktor	70-85	75-90	73-88	78-91	73-87	71-85	75-89	80-93	75-89	73-87

Bei der Modultechnik können leistungsfähigere Antireflex-Schichten zur Verringerung der Reflexion bei Schrägeinfall der Strahlung zur Anwendung kommen. Außerdem sind Maßnahmen zur Reduzierung der Modultemperatur möglich, z.B. Infrarot-Reflektionsschichten und eine bessere Wärmeabfuhr an der Rückseite durch entsprechende Rahmenkonstruktionen und Rückseitenstrukturierungen. Diese Techniken werden allerdings erst mit einer Produktionsausweitung und den entsprechenden Preisreduzierungen größere Marktanteile erzielen können und sind deshalb in Tabelle 4-7 erst für den Zeitraum ab 2005 angenommen.

5 Definition von Referenzsystemen

Für die Abschätzung der technischen Potentiale der photovoltaischen Stromerzeugung in Deutschland und die Diskussion möglicher Ausschöpfungsstrategien (s. Kapitel 6 und 7) ist es sinnvoll, aufbauend auf den Ergebnissen der vorangegangenen Abschnitte, eine einheitliche und repräsentative Datenbasis zu den technisch-ökonomischen Eigenschaften relevanter photovoltaischer Systeme zu definieren. Es werden daher folgende Referenzanlagen festgelegt:

- 3 kW_p-Hausdach-Anlage stellvertretend für die Klasse von 1 - 5 kW_p (Tabelle 5-1)
- 50 kW_p-Freiflächen- oder Flachdach-Anlage stellvertretend für die Klasse von 50 - 150 kW_p (Tabelle 5-2)
- 500 kW_p-Kraftwerk stellvertretend für die Klasse von 300 - 700 kW_p mit
  a) Standard-Solarzellen aus multikristallinem Silicium; Module fest aufgestellt (Tabelle 5-3)
  b) schwach konzentrierendes V-Trog-System (Konzentrationsfaktor c = 2), einachsige Modulnachführung und Solarzellen aus multikristallinem Silicium (ab 2005, Tabelle 5-4)
  c) Solarzellen aus Kupfer-Indium-Selenid (CIS); Module fest aufgestellt (ab 2005, Tabelle 5-5)

Die Referenzsysteme stellen günstige, realisierbare Anlagen dar. Es handelt sich insofern nicht um den zu erwartenden Mittelwert aller Anlagen eines Typs, der durch teilweise nicht optimale Planung und Ausführung etwas ungünstiger sein wird. Die Beschränkung auf fünf Referenzsysteme auf der Basis der beiden Solarzellentypen kristallines Silicium (Standardtechnologie) und CIS erfolgt aus Gründen der Übersichtlichkeit und soll nicht bedeuten, daß nicht auch andere Systeme wie z.B. amorphes Silicium eingesetzt werden können.

Bei den zukünftig realisierbaren Anlagen ist auf zweierlei hinzuweisen: Die Jahre 2005 bzw. 2020 stellen Stützjahre dar, d.h. sie sollen Orientierungsgrößen für die Zeiträume angeben, in denen ein bestimmter Entwicklungsstand der Photovoltaik aus heutiger Sicht durchaus erreicht werden kann. Zugrundegelegt sind dabei die Aussagen und Ergebnisse der vorangegangenen Kapitel. Ob und wann diese Entwicklung tatsächlich stattfinden wird, hängt davon ab, in welchem Maße die Randbedingungen in der Zukunft Bestand haben werden. Besonders groß sind dementsprechend die Unsicherheiten bei der jungen Dünnschicht-Solarzellentechnik auf der Basis von CIS, für die eine sehr dynamische Entwicklung unterstellt wurde.

Für die Einstrahlungsbedingungen wurde in allen Fällen ein Referenzwert von **1000 kWh/m^2** pro Jahr auf die horizontale Fläche zugrundegelegt, der dem Mittelwert Gesamtdeutschlands entspricht (s. Abschnitt 2.3). Die auf eine geneigte (35-40°), nach Süden ausgerichtete Photovoltaik-Modulfläche auftreffende Strahlung, die sog. Totalstrahlung, liegt etwa 12% höher. Da dieser Faktor als grobe Näherung auch für andere Einstrahlungsbedingungen in Deutschland angenommen werden kann, ist eine entsprechende

Umrechnung der Energieerträge und Stromgestehungskosten leicht möglich. In Tabelle 5-6 sind die Totalstrahlungsdaten für die in Bild 2-10 dargestellten Strahlungsklassen angegeben.

Tabelle 5-1 Referenzsystem zu Photovoltaik-Hausdachanlagen (1-5 kW$_P$), Standort Süddeutschland (Solarzellenmaterial multikristallines Silicium)

Globalstrahlung (horizontal)	kWh/(m²a)	1.000		
Totalstrahlung auf Modulfläche	kWh/(m²a)	1.120		
Technik				
Technologischer Status	-	1995	2005	2020
Modulwirkungsgrad unter STC	%	12	15	17
Modulfläche	m²/kWAC	10,8	8,2	6,9
Q$_P$-Faktor	kWAC/kW$_p$DC	0,77	0,81	0,85
Jahresnutzungsgrad	%	8,4	11,2	13,5
spezifischer Energieertrag	kWhAC / (a·kW$_p$DC)	784	836	889
	kWhAC / (a·kWAC)	1018	1032	1046
Kosten				
Abschreibungszeit (techn. Nutzungsdauer)	a	30		
spezifische Investitionskosten	DM/kWAC	22100-27300	10400-16700	6400-8200
	DM/kW$_p$DC,STC	17000-21000	8400-13500	5400-7000
davon Investitionen Module	DM/kW$_p$DC	9000-11000	5500-7500	3200-3700
BOS-Investitionskosten	DM/kW$_p$DC	8000-10000	2900-6000	2200-3300
jährliche Betriebskosten Personal, Wartung und Instandhaltung	% der Investition	0,5		
Stromgestehungskosten (4% Zins)	**DM/kWhAC**	**1,36-1,68**	**0,63-1,01**	**0,38-0,50**
Kapitalkostenanteil	DM/kWhAC	1,25-1,55	0,58-0,93	0,35-0,46
Betriebskostenanteil	DM/kWhAC	0,11-0,13	0,05-0,08	0,03-0,04

Tabelle 5-2 Referenzsystem zu Photovoltaik-Demonstrationsanlagen (50-150 kW$_p$), Standort Süddeutschland (Solarzellenmaterial multikristallines Silicium, Module fest aufgestellt)

		1995	2005	2020
Globalstrahlung (horizontal)	kWh/(m²a)	1000		
Totalstrahlung auf Modulfläche	kWh/(m²a)	1120		
Technik				
Technologischer Status	-	1995	2005	2020
Modulwirkungsgrad unter STC	%	12	15	17
Modulfläche	m²/kWAC	10,0	7,8	6,6
Q$_P$-Faktor	kWAC/kW$_p$DC	0,83	0,85	0,89
Jahresnutzungsgrad	%	9,2	11,9	14,0
spezifischer Energieertrag	kWhAC / (a·kW$_p$DC)	859	889	922
	kWhAC / (a·kWAC)	1035	1045	1036
Kosten				
Abschreibungszeit (techn. Nutzungsdauer)	a	30		
spezifische Investitionskosten	DM/kWAC	17600-22900	9100-12200	5500-7300
	DM/kW$_p$DC,STC	14600-19000	7700-10400	4900-6500
davon Investitionen Module	DM/kW$_p$DC	7300-10000	5000-7000	3000-3500
BOS-Investitionskosten	DM/kW$_p$DC	7300-9000	2700-3400	1900-3000
jährliche Betriebskosten Personal, Wartung und In standhaltung	% der Investition	0,5		
Stromgestehungskosten (4% Zins)	**DM/kWhAC**	**1,07-1,39**	**0,54-0,74**	**0,34-0,45**
Kapitalkostenanteil	DM/kWhAC	0,98-1,28	0,50-0,68	0,31-0,41
Betriebskostenanteil	DM/kWhAC	0,09-0,11	0,04-0,06	0,03-0,04

Tabelle 5-3 Referenzsystem zu Photovoltaik-Kraftwerken (300-700 kW$_p$), Standort Süddeutschland (Solarzellenmaterial multikristallines Silicium, Module fest aufgestellt)

Globalstrahlung (horizontal)	kWh/(m²a)	1000		
Totalstrahlung auf Modulfläche	kWh/(m²a)	1120		
Technik				
Technologischer Status	-	1995	2005	2020
Modulwirkungsgrad unter STC	%	12	15	17
Modulfläche	m²/kWAC	9,9	7,8	6,6
Q$_p$-Faktor	kWAC/kW$_p$DC	0,84	0,86	0,89
Jahresnutzungsgrad	%	9,5	12,2	14,3
spezifischer Energieertrag	kWhAC / (a·kW$_p$DC)	887	911	942
	kWhAC / (a·kWAC)	1056	1059	1059
Kosten				
Abschreibungszeit (techn. Nutzungsdauer)	a	30		
spezifische Investitionskosten	DM/kWAC	15500-17900	8300-10700	5300-7000
	DM/kW$_p$DC,STC	13000-15000	7100-9200	4700-6200
davon Investitionen Module	DM/kW$_p$DC	6500-8000	4600-6000	3000-3500
BOS-Investitionskosten	DM/kW$_p$DC	6500-7000	2500-3200	1700-2700
jährliche Betriebskosten Personal, Wartung und In standhaltung	% der Investition	0,3		
Stromgestehungskosten (4% Zins)	**DM/kWhAC**	**0,89-1,03**	**0,47-0,61**	**0,30-0,40**
Kapitalkostenanteil	DM/kWhAC	0,85-0,98	0,45-0,58	0,29-0,38
Betriebskostenanteil	DM/kWhAC	0,04-0,05	0,02-0,03	0,01-0,02

Tabelle 5-4   Referenzsystem zu Photovoltaik-Kraftwerken (300-700 kW$_P$), Standort Süddeutschland (schwach konzentrierendes System (V-Trog; Konzentrationsfaktor c=2), einachsige Modulnachführung, Solarzellenmaterial multikristallines Silicium)

Globalstrahlung (horizontal)	kWh/(m²a)	1000	
Totalstrahlung auf Modulfläche	kWh/(m²a)	1680	
Technik			
Technologischer Status	-	2005	2020
Modulwirkungsgrad unter STC	%	15	17
Q$_P$-Faktor	kWAC/kW$_P$DC	0,76	0,78
Jahresnutzungsgrad	%	11,8	13,8
spezifischer Energieertrag	kWhAC / (a·kW$_P$DC)	1320	1367
	kWhAC / (a·kWAC)	1737	1753
Kosten			
Abschreibungszeit (techn. Nutzungsdauer)	a	30	
spezifische Investitionskosten	DM/kWAC	11300-15100	7700-10200
	DM/kW$_P$DC,STC	8600-11500	6000-8000
davon Investitionen Module	DM/kW$_P$DC	4600-6000	3000-3500
BOS-Investitionskosten	DM/kW$_P$DC	4000-5500	3000-4500
jährliche Betriebskosten Personal, Wartung und Instandhaltung	% der Investition	0,3	
Stromgestehungskosten (4% Zins)	**DM/kWhAC**	**0,40-0,53**	**0,26-0,36**
Kapitalkostenanteil	DM/kWhAC	0,38-0,50	0,25-0,34
Betriebskostenanteil	DM/kWhAC	0,02-0,03	0,01-0,02

Tabelle 5-5 Referenzsystem zu Photovoltaik-Kraftwerken (300-700 kW$_P$), Standort Süddeutschl. (CuInSe$_2$-Dünnschichttechnologie), Module fest aufgestellt)

Globalstrahlung (horizontal)	kWh/(m²a)	1000	
Totalstrahlung auf Modulfläche	kWh/(m²a)	1120	
Technik			
Technologischer Status	-	2005	2020
Modulwirkungsgrad unter STC	%	14	16
Modulfläche	m²/kWAC	8,3	7,0
Q$_P$-Faktor	kWAC/kW$_P$DC	0,86	0,89
Jahresnutzungsgrad	%	11,4	13,5
spezifischer Energieertrag	kWhAC / (a·kW$_P$DC)	912	945
	kWhAC / (a·kWAC)	1060	1062
Kosten			
Abschreibungszeit (techn. Nutzungsdauer)	a	30	
spezifische Investitionskosten	DM/kWAC	5200-7200	3000-4700
	DM/kW$_P$DC,STC	4500-6200	2700-4200
davon Investitionen Module	DM/kW$_P$DC	2000-3000	1000-1500
BOS-Investitionskosten	DM/kW$_P$DC	2500-3200	1700-2700
jährliche Betriebskosten Personal, Wartung und In standhaltung	% der Investition	0,3	
Stromgestehungskosten (4% Zins)	**DM/kWhAC**	**0,30-0,41**	**0,18-0,27**
Kapitalkostenanteil	DM/kWhAC	0,29-0,39	0,17-0,26
Betriebskostenanteil	DM/kWhAC	0,01-0,02	0,01-0,01

Tabelle 5-6 Näherungswerte der Totalstrahlung auf eine festorientierte, nach Süden ausgerichtete Fläche in Abhängigkeit von der Globalstrahlung

Globalstrahlung auf die horizontale Fläche in kWh/m² pro Jahr	Totalstrahlung auf die geneigte Fläche (35-40° Neigung, Südausrichtung) in kWh/m² pro Jahr
900	1008
950	1064
1000	1120
1050	1176
1100	1232
1150	1288
1200	1344

6 Technisches Potential der Photovoltaik in Deutschland

Wichtigstes Kriterium für die Ermittlung der technisch nutzbaren Stromerzeugungspotentiale der Photovoltaik in Deutschland sind die nutzbare Sonneneinstrahlung in Verbindung mit den zur Verfügung stehenden Aufstellungsflächen sowie den Jahresnutzungsgraden der Anlagen (zur Definition des Jahresnutzungsgrades s. Abschnitt 2.3). Es läßt sich zunächst eine **theoretische Obergrenze** ableiten, wenn der unveränderliche Parameter Sonneneinstrahlung und die Gebietsfläche Deutschlands in Bezug gesetzt werden zu den theoretisch erreichbaren Wirkungsgraden photovoltaischer Systeme. Auch wenn die Abschätzung des theoretischen Potentials, was quasi einer Überdachung des Bundesgebietes gleichkäme, für die Ermittlung möglicher Beiträge der Photovoltaik zur Energieversorgung wenig hilfreich ist, so lassen sich doch einige grundsätzliche Aussagen ableiten, z.B. wieviel Prozent der Fläche einer Region solar genutzt werden müßten, um einen bestimmten Anteil an der Stromversorgung zu erreichen. Daher soll kurz darauf eingegangen werden: Geht man von einer mittleren Einstrahlung in Deutschland von etwa 1000 kWh/m^2 pro Jahr aus (s. Abschnitt 2.3) und multipliziert diesen Wert mit der Gebietsfläche von 357000 km^2, so erhält man eine Einstrahlung von 357000 TWh pro Jahr, bzw. eine maximale solare Leistung von 357 TW (bei 1000 W/m^2). Zur Umrechnung dieses Wertes in elektrische Energieäquivalente muß der Wirkungsgrad photovoltaischer Systeme bekannt sein, insbesondere die theoretische Obergrenze des photovoltaischen Effektes in Halbleiterübergängen. Er beträgt für Einfach-Solarzellen geeigneter Halbleiter ca. 30% [Sze 1985] bei Standard-Testbedingungen (STC) und kann bei Tandem-Solarzellen über 50% erreichen. Folglich sind die Werte für die jährlich eingestrahlte Solarenergie und die maximale Solarleistung mit einem Faktor von 0,3 (bzw. >0,5) zu multiplizieren. Man erhält dann für die theoretische Obergrenze der Stromerzeugung einen Wert von über **100000 TWh pro Jahr**. In Relation zur heutigen Bruttostromerzeugung in Deutschland von 540 TWh (1992) [Elektrizitätswirtschaft 1992] ergibt sich rein rechnerisch ein Faktor von knapp 200. Geht man anstelle des theoretischen Wirkungsgrades von Photovoltaik-Systemen vom Jahresnutzungsgrad von gut 14% aus, der in absehbarer Zeit in praktischen Anwendungen erreicht werden kann (s. Kapitel 5), so reduziert sich der Faktor auf 90. Das heißt, daß theoretisch gut 1% der Fläche Deutschlands mit photovoltaischen Systemen genutzt werden müßte, um ein Stromäquivalent zu erzeugen, das dem aktuellen Strombedarf entspricht.

Für praktische Untersuchungen bzw. für die Entwicklung von Aufbaustrategien für die Nutzung photovoltaischer Systeme ist die Angabe theoretischer Potentiale kaum von Interesse. Im Vordergrund steht vielmehr die Quantifizierung des technischen Potentials, das vor allem danach fragt,

- wie groß das **Flächenpotential** ist, d.h. die zur Verfügung stehenden Flächen, die sinnvollerweise für eine photovoltaische Stromerzeugung genutzt werden können, und

- wie groß das **Einspeisepotential** ist, da möglicherweise ein Ausbau der Photovoltaik durch die bestehende Stromversorgungsinfrastruktur begrenzt wird.

Mit der Bestimmung des technischen Potentials soll also die Frage nach dem **technisch möglichen Beitrag** der Photovoltaik an der (zukünftigen) Stromerzeugung beantwortet werden. Auch wenn der Begriff des technischen Potentials auf den ersten Blick ein relativ objektiv ermittelbares Faktum darstellen mag, so werden die weiteren Ausführungen zeigen, daß eine Reihe von Annahmen getroffen werden müssen, um zu einem "sinnvollen" Ergebnis zu kommen, das als eine Grundlage z.B. für energiepolitische Entscheidungen dienen kann. In diesem Sinne soll weniger Wert auf den detaillierten quantitativen Ausweis des technischen Stromerzeugungspotentials gelegt werden, als vielmehr darauf, in welcher Größenordnung es sich bewegt. Die Formulierung von Annahmen unterliegt der subjektiven Einschätzung des Analysierenden. Ein Beispiel hierfür sind Annahmen über die zugrunde zu legende photovoltaische Wandlungstechnik. Denn die heute verfügbare Technik wird nicht die gleiche sein, die zum Einsatz kommt, wenn die Photovoltaik in Zukunft tatsächlich nennenswerte Beiträge zur Stromversorgung liefern sollte. Weitere Annahmen betreffen die Definition dessen, was als "solar geeignete" Fläche aufgefaßt werden soll: So kann man bei der Definition der Potentiale auf bzw. an Gebäuden Einschränkungen hinsichtlich der Orientierung und Neigung der Modulflächen vornehmen oder aber alle möglichen Fälle zulassen, die dann aber auch eine nördliche Ausrichtung an sehr steilen Dachflächen oder an Gebäudefassaden einschließen, bei denen der Energieertrag nur ein Bruchteil dessen beträgt, was bei optimaler Ausrichtung erreicht werden kann.

In den weiteren Ausführungen wird auf alle getroffenen Annahmen ausdrücklich hingewiesen, um einerseits eine transparente und nachvollziehbare Ermittlung der technischen Stromerzeugungspotentiale zu ermöglichen, aber auch um dem Leser die Möglichkeit zu geben, eigene Annahmen zu formulieren, die dann zu abweichenden Ergebnissen führen. Auf die Ermittlung des Potentials an Gebäudefassaden wird verzichtet, obwohl dies durchaus ein interessanter Anwendungsbereich der Photovoltaik ist. Denn die Eignung von Fassadenflächen ist sehr unterschiedlich, und notwendige Basisinformationen hierzu liegen derzeit nicht vor. Insofern muß diese Option als Erweiterung der im folgenden ermittelten Potentiale gesehen werden.

Die Ermittlung der Potentiale auf Dachflächen wird zunächst exemplarisch für das Bundesland Baden-Württemberg durchgeführt, für das bereits mehrere Untersuchungen vorliegen, deren Ergebnisse verglichen werden sollen. Es handelt sich um die Studien von Räuber, Holland und Holder [ISE 1987] (Fraunhofer-Institut für Solare Energiesysteme ISE, Freiburg; im weiteren mit ISE bezeichnet) und Kaltschmitt und Wiese [IER 1992] (Universität Stuttgart, Institut für Energiewirtschaft und Rationelle Energieanwendung IER; im weiteren mit IER bezeichnet).

6.1 Bestimmung der Flächenpotentiale

Prinzipiell ist es sinnvoll, zwischen Installationen auf Dächern und Freiflächen zu unterscheiden. Dachflächen sind verbrauchernäher (geringe Übertragungsverluste, Einspeisung in das Niederspannungsnetz unter Benutzung bereits vorhandener Leitungen), jedoch sind die Kosten für die Errichtung und Wartung vergleichsweise höher. Freiflächen sind technisch gesehen nicht bebaute Landflächen. Für die Aufstellung auf Freiflächen muß bisher unbebautes Land verwendet werden, für das ggf. Pacht zu zahlen ist oder das erworben werden muß. Im Vergleich zur Montage auf Dächern lassen sich die Module einfacher und besser orientieren.

Die Größe der prinzipiell installierbaren Modulfläche hängt von der Summe der geeigneten Dachflächen und Freiflächen ab, was im Zeitablauf z.B. durch die Ausweitung bzw. Verringerung von Siedlungs- oder Waldflächen veränderbar ist. Auf Annahmen hierüber soll jedoch verzichtet und für die Potentialermittlung von der heutigen Situation ausgegangen werden.

6.1.1 Erläuterung der Methodik zur Bestimmung der Potentiale auf Dachflächen am Beispiel Baden-Württemberg

Im Hinblick auf die Anbringung der Photovoltaik-Module ist die Aufteilung in Flachdächer und geneigte Dächer sinnvoll. Gemäß den Struktur- und Energiedaten der DLR [Nitsch 1986], die vom ISE als Basis herangezogen werden und die sich auf das Jahr 1985 beziehen, sind geneigte Dächer auf Wohngebäuden (WG) und kleinen Nichtwohngebäuden (NWG) zu finden, während sich Flachdächer in der Regel auf NWG und Industriebauten (IB) befinden. Das IER, das seine Auswertung auf die Ergebnisse der Gebäude- und Wohnungszählung im Rahmen der Volkszählung von 1987 [Stat 1990] stützt, geht davon aus, daß auch bei WG Flachdächer vorkommen. Es wird darüberhinaus angenommen, daß kleine NWG mit Schrägdächern, mittlere und große NWG mit Flachdächern und IB mit Scheddächern ausgestattet sind.

Als Basisjahr wird im weiteren 1990 zugrundegelegt. Für 1990 liegt eine Bestandserhebung der WG des Statistischen Landesamts Baden-Württemberg [Stat 1991] vor, die als Datengrundlage für die Dachflächenermittlung[15] der WG dient. Der NWG-Bestand von 1987 wurde durch die damalige Volkszählung [Stat 1990] ermittelt. Mit zusätzlichen Daten über die seit der Volkszählung von 1987 neu errichteten NWG [Stat 1991] kann der NWG-Bestand von 1990 erfaßt werden.

Abweichend von der ISE- und IER-Studie werden andere Anteile der Flachdachbauten angenommen (siehe Tabelle 6-1). Ihnen liegen Auswertungen zu Gebäudestrukturen verschiedener "Modellgemeinden" in Baden-Württemberg zugrunde. WG, NWG und IB können entsprechend ihrer Größe weiter in Einfamilienhäuser (EFH), Zweifamilienhäuser (ZFH), Mehrfamilienhäuser (MFH), kleine NWG, mittlere NWG, große NWG und Industriebauten unterteilt werden. Wegen der Unterschiede in den installierbaren Photovoltaik-Modulflächen pro Quadratmeter Dachfläche, dem sog. "Modulflächenfaktor", auf Schräg- und Flachdächern wird zusätzlich zwischen Gebäuden mit schrägen und flachen Dächern differenziert. Für jede Gebäudeart kann über die durchschnittlichen Stockwerkszahlen, Wohnungszahlen und Gebäudegrundflächen eine mittlere Dachfläche ermittelt werden [Kaltschmitt, Wiese 1993]. Die gesamten Dachflächen erhält man aus der Anzahl der jeweiligen Gebäudeart und ihrer mittleren Dachfläche. Für die Abschätzung der gesamten installierbaren Modulflächen muß dann noch der Modulflächenfaktor angesetzt werden. Dabei werden folgende Annahmen getroffen:

---

[15] Sowohl die Ermittlung der Dachflächen als auch die Ermittlung der potentiellen Modulflächen auf Dächern entspricht der Dach- und Kollektorflächenbestimmung, die 1994 für solarthermische Kollektoranlagen von der DLR [Nast, Nitsch 1994] durchgeführt wurde.

- **Dachneigungen:** In Baden-Württemberg liegt die optimale Ausrichtung (max. Energieertrag) der Photovoltaik-Module bei ca. 35-40° nach Süden. Es wird davon ausgegangen, daß man die Module auf Schrägdächern parallel zur Dachfläche anbringt. Somit entspricht die Elevation der Module der Dachneigung. Weiter wird angenommen, daß die Dachneigungen im wesentlichen zwischen 15 und 65° liegen und statistisch gleichverteilt auftreten (ISE-Studie: WG haben Dachneigungen "im nutzbaren Winkelbereich"; IER-Studie: keine Aussage über Dachneigungen). Die Minderung des Energieertrags beträgt somit maximal 10% (Bild 6-1).

- **Nutzbares Winkelsegment:** Die Dachfirstrichtungen bei geneigten Dächern werden ebenfalls als statistisch gleich verteilt angenommen. Für Flächen mit einer azimutalen Ausrichtung zwischen Südwest und Südost sind die Ertragsverluste im Winter und Sommer gegenüber dem Maximum kleiner als 10% (Bild 6-1). Wird dieser Wert als begrenzendes Kriterium angenommen, kommen nur 25% (90°/360°) der geneigten Dachflächen in Betracht (ISE-Studie: 90°/360°; IER-Studie: 70°/360°).

  Unter den Annahmen über die Dachneigungen und das nutzbare Winkelsegment erhält man gegenüber der optimalen Ausrichtung der Module einen durchschnittlichen Ertragsverlust von ca. 5%.

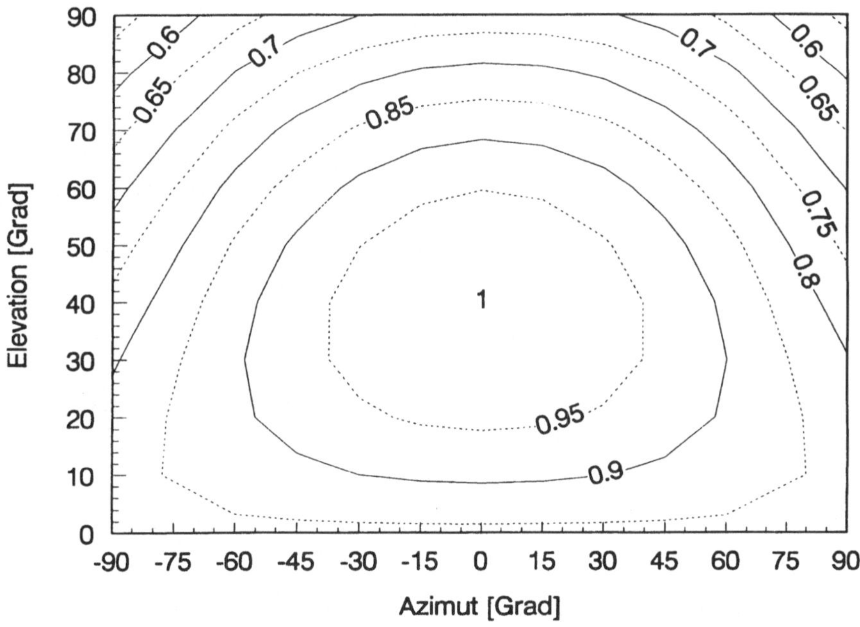

Bild 6-1   Ertragsverluste photovoltaischer Anlagen in Abhängigkeit von der Modulausrichtung und -neigung. Relative Strahlungssummen für den Referenzstandort Stuttgart (1989)

- **Ausnutzung:** Auf Flachdächern sollten die Module mit ca. 40° geneigt werden (Südausrichtung), um einen optimalen Ertrag im Sommer und Winter zu erhalten. Will man auch im Winter bei tiefem Sonnenstand (z.B. 20°) Abschattungseffekte (aufwendigere Regeltechnik) weitgehend verhindern, so darf die Modulfläche zudem nur 1/3 der Dachfläche betragen[16] (ISE- und IER-Studie: 1/3).

- **Dachaufbauten:** Die Bruttofläche der Dächer wird durch andere Aufbauten und die dazu notwendigen Abständen reduziert. Bei geneigten Dächern (Dachfenster, Kamin, Gauben, etc.) und Flachdächern (Dachfenster zur Beleuchtung, Kamine, Lüftungsschächte, Scheddächer, etc.) führt dieser Effekt zu weiteren Reduktionen der Dachflächenpotentiale[17]:
  - um 35% bei WG mit schrägem Dach (ISE: 0%; IER: 20%)
  - um 35% bei kleinen und mittleren NWG mit schrägem Dach (ISE: 0%; IER: 20%)
  - um 25% bei WG, kleinen und mittleren NWG mit flachem Dach (ISE: es gibt keine WG oder kleine NWG mit flachem Dach; IER:25%)
  - um 15% bei großen NWG und IB (ISE: 25%[18]; IER: 36%)

- **Sonstige Annahmen:** Bei WG mit schrägem Dach wird entsprechend der IER-Studie noch ein Abzug von 5% für Gebäude unter Denkmalschutz veranschlagt. Für nicht erfaßte und nicht zu kalkulierende Hinderungsgründe für die photovoltaische Nutzung der Dächer (erhebliche Abschattung durch umliegende Bauten, Bäume oder extreme Nordhanglagen, ungenügende Baustatik, etc.) wird angenommen, daß dies kompensiert wird durch die Fläche auf statistisch nicht erfaßten Gebäuden[19] (ISE-Studie: keine Aussage).

Bild 6-2 faßt die wesentlichen Annahmen und ihre Auswirkung auf die Bestimmung des Potentials photovoltaischer Anlagen exemplarisch für WG mit schrägen Dächern zusammen. Danach entspricht die installierbare Modulfläche 15,4% der Dachfläche.

Bild 6-3 und Tabelle 6-1 zeigen unter "ZSW" die Ergebnisse im Vergleich zu den Studien von ISE und IER (die angegebenen Werte der Spalten 1,4,5,7,8,10,13,14,16,17 sind direkt aus der ISE- bzw. IER-Studie übernommen, wenn nichts anderes in den Fußnoten angegeben ist).

Der Datenvergleich zeigt, daß die Unterschiede zwischen den Studien bei den Gesamtzahlen der Gebäude maximal 4% betragen. Die **Modulflächen** dagegen differieren stärker (ISE: 108 km², IER: 73,5 km², ZSW: **84,8 km²**). Übereinstimmung besteht nur in der Reihenfolge der Gebäudearten nach der Größe ihrer potentiellen Modulflächen: Am

---

[16] Dies kann mit Hilfe geometrischer Überlegungen gezeigt werden. Das Auftreten von Abschattungen bestimmter Module durch "davor" stehende Module ist gravierender bei tiefen Sonnenständen (morgens und abends) und bei Aufstellung sehr langer Modulreihen.

[17] Die Reduktionen entsprechen den Angaben in [Nast, Nitsch 1994].

[18] In der ISE-Studie angegeben ist 1/12. Es handelt sich hierbei vermutlich um einen Rechenfehler, da man mit 1/12 und einem Abschattungsfaktor von 1/3 nicht den angegebenen Flächennutzungsfaktor von 1/4 erhält.

[19] Der Gebäudebestand wird durch das Statistische Landesamt seit der Gebäude- und Wohnungszählung 1987 auf der Basis neuer Baugenehmigungen fortgeschrieben. Durch Baugenehmigungen nicht erfaßt werden NWG unter 350m³ Rauminhalt oder mit veranschlagten Baukosten unter 25000 DM.

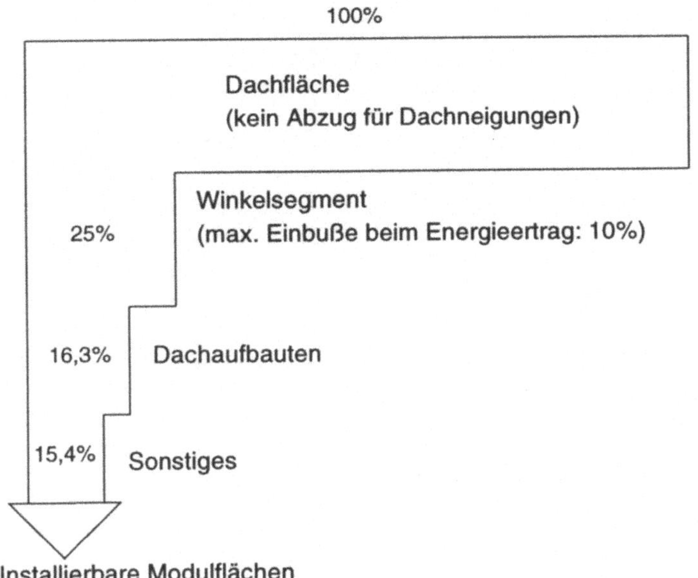

Bild 6-2   Potentialkaskade zu Photovoltaik-Modulflächen auf Wohngebäuden mit schrägen Dächern

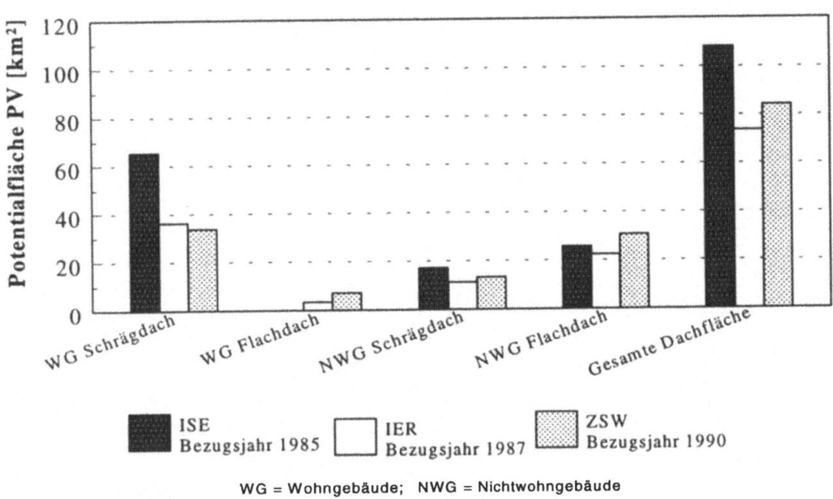

Bild 6-3   Potentielle Photovoltaik-Modulflächen in Baden-Württemberg nach ISE, IER und ZSW

Tabelle 6-1 Daten und Ergebnisse der Ermittlung potentieller Photovoltaik-Modulflächen auf Gebäuden in Baden-Württemberg

		1	2	3	4	5	6	7	8	9
	Gebäudeart	ISE-	IER- 2)	ZSW-	ISE-	IER-	ZSW-	ISE-	IER-	ZSW-
		Anzahl (Mio)			Anteile			mittl. Dachfl. (qm)		
Wohn-gebäude	EFH-schräg	1,014	1,0094	0,9895	1	0,95	0,9	116	111 3)	106,1
	EFH-flach		0,0531	0,1099	0	0,05	0,1		120 3)	132
	ZFH-schräg	0,538	0,4519	0,4485	1	0,98	0,9	146	153	132,7
	ZFH-flach		0,0092	0,0498	0	0,02	0,1		147	146,7
	MFH1-schräg	0,295 1)	0,2151	0,2149	1	0,92	0,9	220	196 3)	188
	MFH1-flach		0,0187	0,0239	0	0,08	0,1		141 3)	148,8
	MFH2-schräg		0,0628	0,0581	1	0,75	0,75		293	244,5
	MFH2-flach		0,0209	0,0194	0	0,25	0,25		176	175,9
	Summe	**1,847**	**1,8411**	**1,914**						
	schräg	1,847	1,7340	1,711						
	flach	0	0,1071	0,203						
Nicht-wohn-gebäude	klein-schräg	0,306	0,3155	0,2948	1	1	0,9	225	225	250,2
	klein-flach			0,0327	0	0	0,1			225
	mittel-schräg			0,0097	1		0,25			741,2
	mittel-flach	0,036	0,0371	0,029	1	1	0,75	640	640	639,8
	groß-flach	0,018	0,0018	0,0194	1	1	1	1280	1280	1280
	Industrie	0,0095	0,0098	0,0103	1	1	1	6000	6000	6000
	Summe	**0,3695**	**0,381**	**0,3958**						
	schräg	0,306	0,3155	0,3045						
	flach	0,0638	0,0655	0,0913						
Gesamtsumme		**2,217**	**2,222**	**2,310**						
	Gesamt-schräg	2,153	2,0495	2,0155						
	Gesamt-flach	0,0635	0,1726	0,2943						

EFH = Einfamilienhaus
ZFH = Zweifamilienhaus
MFH = Mehrfamilienhaus
MFH1 = bis 8 Wohneinheiten
MFH2 = ab 8 Wohneinheiten

1) Die ISE-Studie geht nur von einer MFH-Art aus.

2) In der IER-Studie wird nur die Summe von Gebäuden mit schrägem und flachem Dach angegeben. Die hier berechneten Werte sind aus dieser Studie und den Anteilen von Schräg- bzw.Flachdächern aus Spalte 5 berechnet.

3) Gegenüber den in der IER-Studie verwendeten Werten berichtigt.

Tabelle 6-1   Daten und Ergebnisse der Ermittlung potentieller Photovoltaik-Modulflächen auf Gebäuden in Baden-Württemberg (Fortsetzung)

	Gebäudeart	10	11	12	13	14	15	16	17	18
		ISE-	IER- 5)	ZSW-	ISE-	IER-	ZSW-	ISE-	IER- 8)	ZSW-
		Dachfläche (qkm)			Modulflächenfaktor			Pot. Modulfläche (qkm)		
Wohn-	EFH-schräg	117,6	112	105	0,25	0,15	0,154	29,4	16,8	16,2
gebäude	EFH-flach		6,4	14,5		0,25	0,250		1,6	3,6
	ZFH-schräg	78,6	69,1	59,5	0,25	0,15	0,154	19,4	10,4	9,2
	ZFH-flach		1,4	7,3		0,25	0,250		0,3	1,8
	MFH1-schräg	64,8	42,2	40,4	0,25	0,15	0,154	16,2 6)	6,3	6,2
	MFH1-flach		2,6	3,6		0,25	0,250		0,7	0,9
	MFH2-schräg		18,4	14,2	0,25	0,15	0,154		2,8	2,2
	MFH2-flach		3,7	3,4		0,25	0,250		0,9	0,9
	Summe	**260 4)**	**255,7**	**247,9**				**65 6)**	**39,8**	**41**
	schräg	260	241,7	219,1				65 6)	36,3	33,8
	flach	0	14	28,8				0	3,5	7,2
Nicht-	klein-schräg	69	71	73,8	0,25	0,16	0,163	17,2 6)	11,4	12
wohn-	klein-flach			7,4			0,250			1,8
gebäude	mittel-schräg			7,2			0,163			1,2
	mittel-flach	23	23,8	18,5	0,25	0,21	0,250	5,7	5,0	4,6
	groß-flach	23	23,8	24,8	0,25	0,21	0,280	5,7	5,0	6,9
	Industrie	57	58,8	61,6	0,25	0,21	0,280	14,2	12,3	17,3
	Summe	**172**	**177,3**	**193,2**				**43 6)**	**33,7**	**43,8**
	schräg	69	71	81				17,2	11,4	13,2
	flach	103	106,4	112,2				25,7	22,3	30,6
Gesamtsumme								**108 7)**	**73,5**	**84,8**
	Gesamt-schräg	432	433	441,1				82,2	47,7	47,0
	Gesamt-flach	329	312,7	300,1				25,7	25,8	37,8

4)   Hier wurde in der ISE-Studie abgerundet. Der exakte Wert beträgt 261 km².
5)   Berechnet aus den Spalten 2 und 8.
6)   Berechnet aus den Spalten 10 und 13.
7)   Weicht vom in der ISE-Studie angegebenen Wert (108,2 km²) wegen anderer Teilsummierung und anschließender Rundung ab.
8)   Berechnet aus Spalten 11 und 14. Die in der IER-Studie angegebenen Werte sind teilweise inkonsistent mit den verwendeten Modulfaktoren, Anzahlen der Gebäude und mittleren Dachflächen.

Quellen: [IER 1992; ISE 1987], eigene Berechnungen

größten sind die Potentiale auf WG mit Schrägdächern, danach kommen NWG mit Flachdächern, NWG mit Schrägdächern und zuletzt Flachdach-WG. Die Ursachen für die Unterschiede der Abschätzungen sind vor allem:

a) Für die Modulflächen auf Flachdächern (37,8 km^2) wurden aufgrund der Erfahrungen aus Untersuchungen für verschiedene Kommunen höhere Werte angesetzt als in der Studie von ISE (25,7 km^2) und IER (25,8 km^2).

b) Die Modulflächen auf schrägen Dächern (82,2 km^2) sind nach der ISE-Studie sehr groß. Hauptsächlicher Grund ist der relativ hoch angesetzte Modulflächenfaktor (0,25), der bei der ISE-Studie dem Modulflächenfaktor von Flachdächern entspricht.

6.1.2 Nutzbare Dachflächen im Bundesgebiet

Die Bestimmung der Dachflächenpotentiale für Deutschland wurde z.B. von Kaltschmitt und Wiese durchgeführt [Kaltschmitt, Wiese 1993]. Da die Methodik im wesentlichen mit der unter Abschnitt 6.1.1 dargestellten übereinstimmt, sollen die Ergebnisse übernommen und im folgenden nur die wesentlichen Randbedingungen stichwortartig skizziert werden. Im einzelnen sei auf die Publikation von Kaltschmitt und Wiese verwiesen.

Zur Abschätzung der installierbaren Modulflächen wurden die Ergebnisse der Wohn- und Gebäudezählung im Rahmen der Volkszählung von 1987 zugrunde gelegt und anhand des statistisch erfaßten Gebäudewachstums auf das Jahr 1991 umgerechnet. Unterschieden wird nach Schräg- und Flachdächern bei Wohngebäuden sowie bei Nichtwohngebäuden und zusätzlich nach Scheddächern, die vor allem bei Fabrikgebäuden zur besseren Beleuchtung häufig auftreten. Letztere erlauben eine maximale Ausnutzung der Dachfläche, da die Tragestrukturen der Module an den einzelnen Giebeln befestigt werden können.

Parameter, die eine Errichtung von Photovoltaik-Modulen auf Gebäuden einschränken, werden wie folgt berücksichtigt:

- Das nutzbare Winkelsegment beträgt bei Schrägdächern 90°, d.h die maximal zulässige Abweichung zur Südausrichtung darf 45° nicht überschreiten.
- Aufgrund baulicher Einschränkungen wie Dachausstiege, Lüftungsschächte und Kamine sind 20% der geeigneten Dachflächen nicht nutzbar, bei Flachdächern 25%. Bei Industriebauten wird eine zusätzliche Potentialminderung von 15% angesetzt.
- Durch sonstige Restriktionen wie Abschattungen (10%), Denkmalschutz etc. (5% nur bei Schrägdächern) kommt es zu einer weiteren Verminderung des Potentials.
- Bei Flachdächern wird der Modulflächenfaktor mit 1/3 angesetzt.

Insgesamt verbleibt damit ein solartechnisch nutzbares Dachflächenpotential von rund 16% der Gesamtfläche auf Schrägdächern und 25% auf Flachdächern. Bezogen auf das gesamte Bundesgebiet entspricht dies einer **installierbaren Modulfläche von etwa 800 km²** (Bild 6-4). Der Anteil der Wohngebäude und Nichtwohngebäude ist dabei ungefähr gleich.

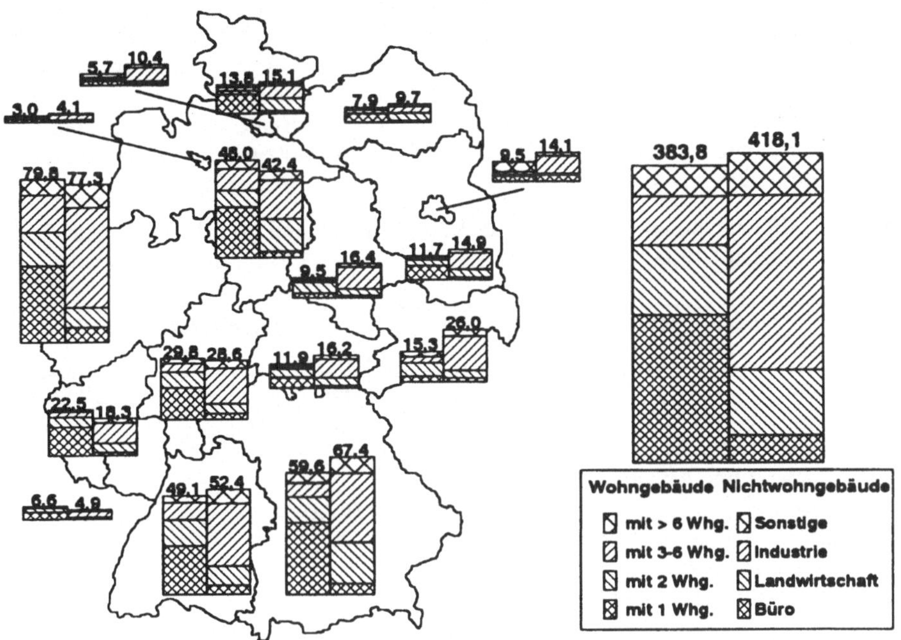

Bild 6-4   Solartechnisch nutzbare Dachflächenpotentiale in Deutschland
[Kaltschmitt, Wiese 1993]; Angaben in km^2

6.1.3 Nutzbare Freiflächen

Die Bestimmung der technischen Potentiale auf Freiflächen ist ungleich schwieriger als
bei Dachflächen, da hier zwei Bedingungen zu Problemen führen können, die bei Ge-
bäudeanwendungen grundsätzlich erfüllt werden. Dies ist zum einen die fehlende oder
unzureichende Einspeisemöglichkeit in das öffentliche Stromnetz, weil Freiflächen sehr
weit abgelegen sein können bzw. die Kapazität des Netzes nicht ausreicht, um die elektrische Leistung zu übertragen. Obwohl mit einem entsprechenden Einsatz finanzieller Mittel in vielen Fällen Abhilfe möglich ist, können aber - vor allem dann, wenn neue Stromleitungen errichtet werden müssen - auch kaum überwindbare rechtlich-organisatorische
Schwierigkeiten auftreten.

Wesentlich schwerwiegender dürfte jedoch der zweite Problemfaktor sein: Während
bei Dachflächen davon ausgegangen werden kann, daß sie nur sehr selten einem anderen
Zweck als dem Witterungsschutz dienen, treten solartechnische Anlagen auf Freiflächen
häufig in **Konkurrenz zu anderen Nutzungsarten** wie Verkehr, Land- und Forstwirt-
schaft, Naturschutz, Erholung etc.. Betrachtet man in Tabelle 6-2 die Angaben zur Flä-
chennutzung in Deutschland, so wird deutlich, daß die größten Potentiale im Bereich der
Landwirtschaftsfläche liegen. Denn nicht nur Wasserflächen scheiden als potentielle
Standorte vollständig aus, auch der nutzbare Anteil der Wald-, Siedlungs-, Betriebs- und
Verkehrflächen sowie des Öd- und Unlandes dürfte, gemessen am Gesamtpotential auf
Freiflächen, sehr gering sein. Denn es ist davon auszugehen, daß die Voraussetzungen für

die Errichtung von größeren Photovoltaik-Anlagen - unbebaut, niedrige Vegetation, möglichst eben, ganzjährig fester Boden, möglichst außerhalb von Wohngebieten, hinreichend große zusammenhängende Flächen - in der Regel nicht oder nur eingeschränkt erfüllt werden können. Die Potentiale sollen daher nicht näher untersucht werden, obwohl es - und darauf sei ausdrücklich hingewiesen - in diesem Bereich sehr interessante Photovoltaik-Anwendungen geben kann, wie etwa auf Schallschutzwänden an Verkehrswegen oder auf Parkplatzüberdachungen.

Tabelle 6-2   Flächennutzung in (Ost- und West-)Deutschland im Jahr 1989 [Stat. Bundesamt 1993]

Nutzungsart	Deutschland	
	1 000 ha	**%**
Gesamtfläche	**35 694,7**	**100**
davon:		
- Gebäude- und Freifläche		
Betriebsfläche (ohne Abbauland)		
Siedlungsfläche	4 362,0	12,2
Verkehrsfläche		
Flächen anderer Nutzung (ohne Umland)		
- Landwirtschaftsfläche (ohne Moor und		
Heide)	19 526,5	54,7
- Waldfläche	10 384,7	29,1
- Wasserfläche	763,7	2,1
- Abbauland	182,4	0,5
- Öd- und Unland (einschl. Moor und		
Heide)	475,4	1,3

Bei der für Photovoltaik-Anwendungen relevanten **Landwirtschaftsfläche** handelt es sich im wesentlichen um Ackerfläche und Dauergrünland, die mit 16,7 Mio ha (1992) 47% der gesamten Fläche im Bundesgebiet ausmachen. In welchem Umfang eine solartechnische Nutzung grundsätzlich möglich ist, läßt sich praktisch jedoch nicht ermitteln. Denn hierbei spielen neben wirtschaftlichen Faktoren zahlreiche rechtliche und politische Aspekte eine Rolle. Offensichtlich können schon aufgrund der Verantwortung des Staates für die Ernährungsvorsorge der Bevölkerung[20] nicht alle Flächen zur Verfügung gestellt werden. Zudem können sich Einschränkungen durch die Belange von Naturschutz, Landschaftsschutz und in Erholungsgebieten ergeben. Eine Diskussion dieser Aspekte, mit dem Ziel, das technische Flächenpotential der Photovoltaik hinreichend quantitativ zu beschreiben, wäre aber auch nicht sinnvoll. Denn wie gezeigt werden wird, sind, auch unter sehr vorsichtigen Annahmen, die nutzbaren Freiflächen so groß, daß die installierbare Photovoltaik-Leistung gößer ist als die Leistung, die auf absehbare Zeit vom Stromversorgungssystem aufgenommen werden kann. Im weiteren soll daher lediglich versucht werden, mit einigen plausiblen Annahmen eine Näherung für die Untergrenze des Freiflächenpotentials anzugeben.

Innerhalb der EU und Deutschlands übersteigt die Produktion vieler Nahrungsmittel die Nachfrage. In Deutschland betrug im Wirtschaftsjahr 1993/1994 der Selbstversorgungsgrad z.B. bei Milch 101%, bei Getreide 112% und bei Zucker 156%. Auch wenn bei anderen Produkten wie Obst (25%), Gemüse (39%) und Fleisch (82%) keine vollständige Selbstversorgung erreicht wird (Selbstversorgungsgrad bei Nahrungsmitteln insgesamt 93%) [Agrarbericht 1995], ist man sich offensichtlich darüber einig, daß die landwirtschaftliche Erzeugung trotz bereits durchgeführter, umfangreicher Maßnahmen zur Flächenstillegung weiter eingeschränkt werden soll.

Die zur Ernte 1994 **stillgelegte Fläche** betrug in Deutschland 1,6 Mio ha. Dies entspricht knapp 9% der landwirtschaftlich genutzten Gesamtfläche[21]. Auch wenn Flächenstillegungen vor allem der Marktstabilisierung dienen und insofern vorübergehender Natur sein können, zeichnet sich eine grundsätzliche Trendwende nicht ab. Langfristig dürften mindestens 3% oder 0,5 Mio ha der landwirtschaftlichen Nutzfläche nicht genutzt werden und somit für andere Zwecke zur Verfügung stehen. Dieser Wert soll einer unteren Abschätzung des technischen Potentials photovoltaischer Anlagen auf Freiflächen zugrunde gelegt werden. Um die installierbare Modulfläche zu ermitteln, sind eine Reihe von weiteren Einschränkungen zu berücksichtigen:

- **Nutzbares Winkelsegment**
  Über das gesamte Bundesgebiet betrachtet, dürfte der größte Teil der in Frage kommenden Flächen nicht so stark geneigt sein, daß man analoge Überlegungen zum nutzbaren Winkelsegment bei Schrägdächern auf Gebäuden (s. Abschnitt 6.1.1) anstellen müßte. Dennoch mag es deutliche regionale Unterschiede geben. Vor allem in bergigen oder hügeligen Regionen ist davon auszugehen, daß vorzugsweise steile, landwirtschaftlich schlecht zu nutzende Flächen stillgelegt werden. Für die Photovoltaik kritisch sind dabei allerdings nur nördlich ausgerichtete Lagen oder Täler und Hanglagen, die sehr stark abgeschattet sind. Für die Bundesländer Bayern und Baden-Württemberg wird dafür pauschal eine Verminderung der geeigneten Flächen um 10% angesetzt, für das Saarland, Rheinland-Pfalz, Nordrhein-Westfalen, Hessen, Thüringen und Sachsen 5%. Für die übrigen Bundesländer spiele dieser Faktor keine Rolle. Bezüglich der Orientierung der Photovoltaik-Module wird weiterhin angenommen, daß auf den verbleibenden Flächen überall eine Südausrichtung möglich ist.

- **Sonstige Einschränkungen**
  Etwaige, nicht zu kalkulierende Hindernisse wie zu kleine zusammenhängende Flächen, unzureichende Netzeinspeisemöglichkeiten, notwendige Abstände zu anderen Bebauungen, Abschattung durch umliegende Gebäude und Bäume usw. dürften maximal eine weitere Minderung des Potentials um 20% verursachen.

- **Ausnutzung**
  Analog den Überlegungen zu Abschattungseffekten bei Flachdächern wird ein Flächennutzungsfaktor von 1/3 angesetzt. Hierin ist auch der Bedarf für Betriebsgebäude, Servicewege und Sonstiges enthalten.

---

[21] Aufgrund unterschiedlicher Begriffsdefinitionen ist die landwirtschaftlich genutzte Fläche im Vergleich zur Landwirtschaftsfläche etwas kleiner.

Bild 6-5 zeigt analog zu Bild 6-2 in Abschnitt 6.1.1 die Potentialkaskade zur Bestimmung der Potentiale auf Freiflächen. Danach entspricht die installierbare Modulfläche 0,77% der landwirtschaftlichen Nutzfläche bzw. 25,5% der zugrunde gelegten Überschußfläche (3% der landwirtschaftlichen Nutzfläche).

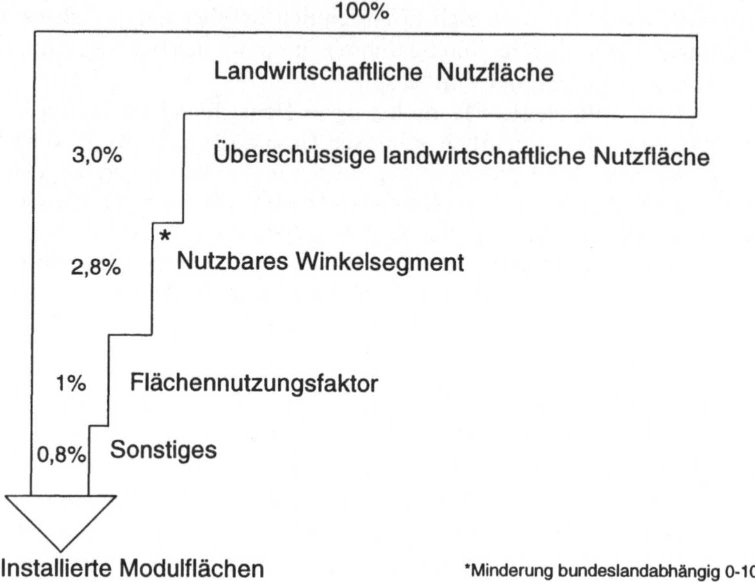

Bild 6-5   Potentialkaskade zu Photovoltaik-Modulflächen auf Freiflächen

Als Absolutwert ergibt sich für Deutschland ein **technisches Potential der Photovoltaik auf Freiflächen von 1300 km²**. Wie Bild 6-6 zeigt, entfallen mehr als ein Drittel auf Bayern und Nordrhein-Westfalen.

Zusammenfassend läßt sich zur Ermittlung des technischen Flächenpotentials der Photovoltaik in Deutschland folgendes festhalten: **Insgesamt** dürfte eine Modulfläche von **mindestens 2000 km²** installiert werden können (rund 800 km² auf Gebäuden, 1300 km² auf Freiflächen). Die zugrunde gelegten Annahmen können dabei als konservativ bezeichnet werden (z.B. maximal zugelassene Einbuße beim Energieertrag gegenüber optimaler Modulausrichtung 10%). Nicht berücksichtigt sind zudem Anwendungen an Gebäudefassaden oder auf Freiflächen im Siedlungs- und Verkehrsbereich. Die Belastbarkeit bzw. die Güte der Ergebnisse ist bei den Potentialen auf Gebäuden deutlich höher als bei den Freiflächen (für die die Ergebnisse eher als qualitative Abschätzung oder als Wenn-Dann-Beziehung zu interpretieren sind) einerseits weil die Datenbasis besser ist, zum anderen weil zwei wichtige Voraussetzungen als gegeben angesehen werden können: Das Vorhandensein von Einrichtungen zur Einspeisung des produzierten Stroms in das öffentliche Netz und keine Konkurrenz solartechnischer Anlagen zu anderen Nutzungsarten.

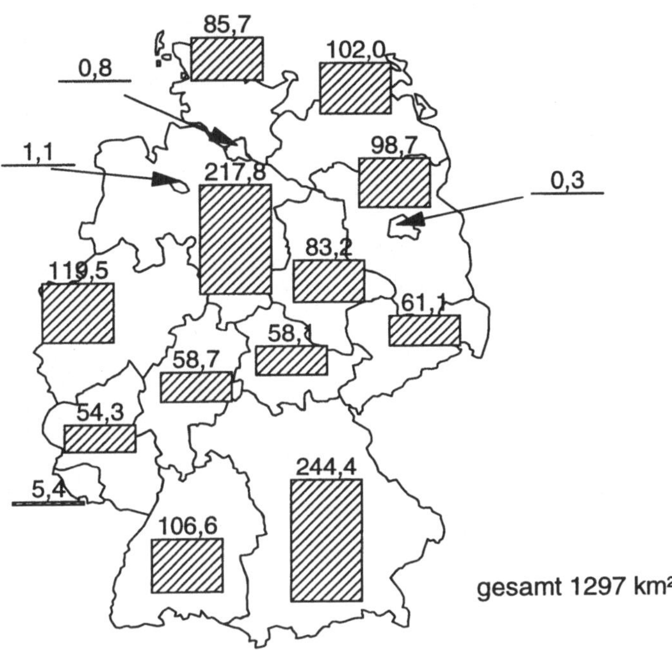

Bild 6-6   Solartechnisch nutzbare Freiflächenpotentiale in Deutschland auf der Basis von 3% der landwirtschaftlich genutzten Fläche (in km²)

6.2 Stromerzeugungspotentiale

Der Ausgangspunkt für die Bestimmung der technischen Stromerzeugungspotentiale der Photovoltaik in Deutschland ist die Annahme, daß die in den vorangegangenen Abschnitten ermittelten Flächenpotentiale vollständig ausgenutzt werden können. Mit Hilfe der in Kapitel 5 definierten Referenzsysteme läßt sich dann die installierbare elektrische Leistung und die Jahresstromproduktion quantifizieren. Aus Vereinfachungsgründen wurden dabei nur Hausdachanlagen (1-5 kW_p) und große Freiflächenanlagen (300-700 kW_p, multikristallines Silicium, feste Aufstellung) berücksichtigt. Weiterhin wurden die Stromerzeugungspotentiale bundeslandweise ermittelt (Bild 6-7), indem die unter Abschnitt 6.1 ausgewiesenen Flächenpotentiale auf Dächern und Freiflächen in Bezug zu dem jeweiligen Mittelwert der Einstrahlung (entsprechend Bild 2-10) gesetzt wurden. Bei der Berechnung wurde eine mittlere Ertragseinbuße in Höhe von 5% aufgrund nicht optimaler Orientierung der Module angesetzt. Die Ergebnisse zeigen, daß unter den getroffenen konservativen Annahmen zu den Flächenpotentialen mit der heute verfügbaren Photovoltaik-Technik pro Jahr etwa **70 TWh Strom auf Dächern und 130 TWh auf Freiflächen** erzeugt werden könnte. Dies entspricht rein rechnerisch knapp der Hälfte[22]

---

[22]   Bei Vernachlässigung von Netzverlusten.

des heutigen Nettostromverbrauches (460 TWh (1993) [Elektrizitätswirtschaft 1993]).
Allein 15% ließen sich über dezentrale Anlagen auf Dachflächen decken.

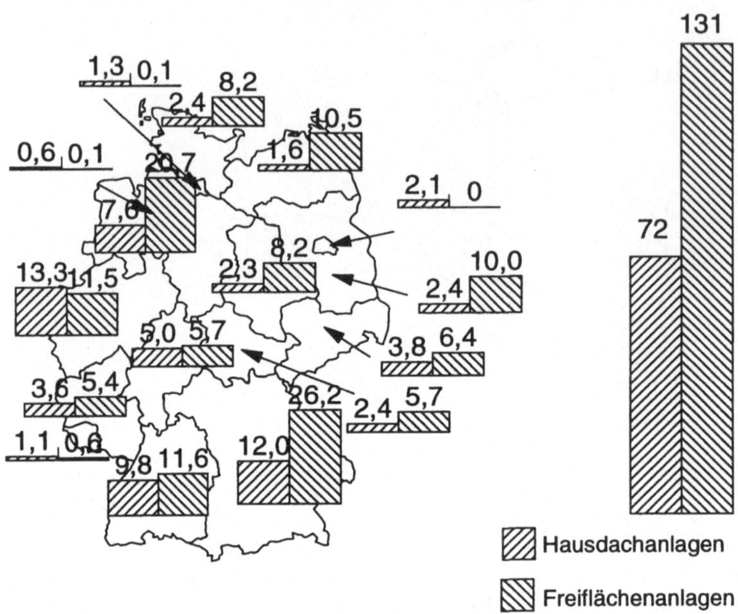

Bild 6-7   Stromerzeugungspotential photovoltaischer Anlagen in Deutschland bei
heutigem Stand der Technik (in TWh pro Jahr)

Da die flächenspezifische elektrische Leistung und der Energieertrag photovoltaischer
Anlagen in Zukunft steigen werden, kann die Abschätzung nicht nur auf der Basis der
heute verfügbaren Technik (untere Abschätzung) erfolgen, sondern auch unter Zugrundelegung des zukünftigen technologischen Stands. Führt man diese Rechnungen mit den
oben genannten Anlagen für das Referenzjahr 2020 durch, so liegt das Gesamtpotential
gegenüber heute mit über 300 TWh pro Jahr um 50% höher. Bei den Dachflächen beträgt
es dann 115 TWh/a, entsprechend 1/4 des heutigen Strombedarfs.

Angesichts dieser sehr hohen Anteile stellt sich die Frage, ob es grundsätzliche Einschränkungen des Potentials aufgrund der Einspeiseleistung gibt, denn anders als bei konventionellen thermischen Kraftwerken, bei denen der Brennstoff lagerbar ist, folgt die
Stromerzeugung aus Photovoltaik-Anlagen direkt dem schwankenden Energieangebot der
Sonne. Energieangebot und Stromnachfrage können deshalb tageszeitlich und saisonal
sehr stark auseinanderfallen. Probleme können sich aber auch durch kurzzeitige Fluktuationen im Stunden- oder Substundenbereich ergeben. Ein Ausgleich muß in beiden Fällen
entweder durch andere Kraftwerke, durch Speichersysteme oder durch die Anpassung der
Stromnachfrage an das solare Energieangebot geschaffen werden.

<u>Netzauswirkungen im Substundenbereich</u>
Schwankungen im solaren Angebot in diesem Zeitbereich (Sekunden- und Minutenbe-
reich) stammen in der Regel von sich mehr oder weniger schnell bewegenden Wolken-
feldern. Wie Bild 6-8 für einen Extremfall zeigt (Einzelstation), kann dies zu Leistungs-
änderungen von bis zu 50% der Spitzenleistung innerhalb einer Minute führen. Bei ent-

sprechend hohen installierten Photovoltaik-Leistungen wäre der Ausgleich eines solchen Leistungsprofiles heute nur mit Pumpspeicherkraftwerken möglich, nicht jedoch durch ein Nachfahren mit thermischen Kraftwerken, deren Leistungsänderungsgeschwindigkeit etwa 8-12% (Öl- und Gasfeuerung) bzw. 4-8% (Kohle) der Nennleistung pro Minute beträgt [DFG 1977]. Größere Photovoltaik-Leistungen können aber wegen der geringen Energiedichte des Energieträgers Sonne nur durch eine flächige Verteilung realisiert werden. Es ist offensichtlich, daß es dadurch sehr schnell zu einem **Ausgleich der Leistungsschwankungen** kommt. In Bild 6-8 wird dies anhand eines Beispiels für fünf parallel geschaltete Stationen veranschaulicht. Gegenüber der Einzelstation reduziert sich die Schwankungsbreite zwischen zwei Zeitschritten auf weniger als die Hälfte. Allgemein kann die Reduktion der Kurzzeitfluktuationen bei N gekoppelten Anlagen (Abstand einige km) nährungsweise mit dem Faktor 1/N berechnet werden [Beyer et al. 1990]. Ein System aus 10000 Anlagen weist somit nur noch 1% der Leistungsschwankungen der Einzelanlage auf.

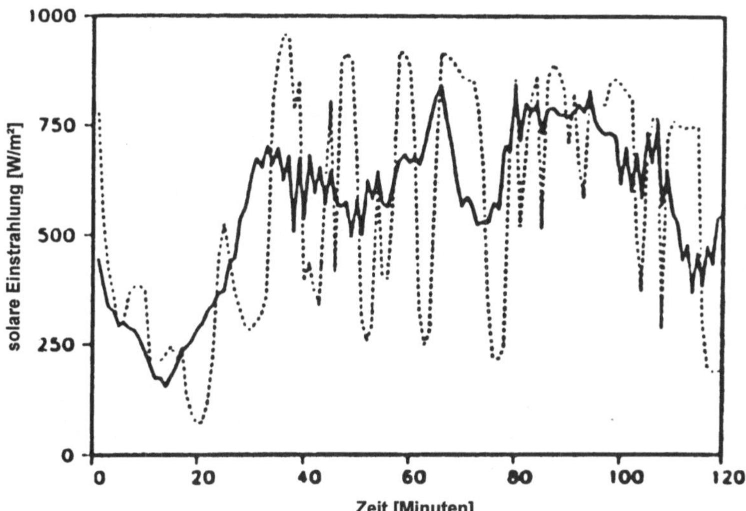

Bild 6-8   Ausgleichseffekte im Strahlungsangebot durch räumliche Aufteilung. Gepunktete Kurve: Einzelstation; durchgezogene Kurve: Mittelwert von fünf Stationen, Abstand jeweils 1200 m [Beyer et al. 1989]

Bei einer großen Anzahl von Photovoltaik-Anlagen ist also die Verbundleistung - vor allem auf der Hochspannungsebene - weitgehend geglättet. Simulationsrechnungen zum Betriebsverhalten von Kraftwerkparks, die einen erheblichen Anteil an Photovoltaik-Anlagen aufweisen, haben gezeigt, daß die Schwankungen vergleichbar mit denen konventioneller Systeme ohne Photovoltaik sind [Beyer u.a 1993]. Daraus folgt, daß sich aus den Fluktuationen der Solarstrahlung im Substundenbereich grundsätzlich keine Beschränkungen für die Integration hoher Photovoltaik-Leistungen in das öffentliche Verbundsystem ableiten lassen[23]

<u>Netzauswirkungen im Stunden- bzw. saisonalen Bereich</u>
Zeitparallele Messungen des Strahlungsangebotes an verschiedenen Standorten in Deutschland über jeweils 1 Jahr zeigen, daß durch eine räumliche Verteilung von Photovoltaik-Anlagen die Strahlungsfluktuationen oberhalb des Stundenbereichs nur in wesentlich geringerem Umfang geglättet werden können. Der Grund ist, daß sie nicht durch die Verteilung und Bewegung von lokalen Wolkenmustern bedingt sind, sondern vielmehr durch das regionale bzw. nationale Wettergeschehen.

Betrachtet man den tageszeitlichen bzw. den saisonalen Verlauf des Strahlungsangebots im Vergleich zur Stromnachfrage (Bild 6-9), so wird deutlich, daß es bei hohen installierten Photovoltaik-Leistungen zu einer **Überschußproduktion** kommen kann, insbesondere an Wochenenden im Sommer. Daß dies für die Photovoltaik von erheblicher Bedeutung ist, zeigt die Gegenüberstellung der installierbaren Leistung bei vollständiger Ausnutzung der vorhandenen Flächenpotentiale und der Jahreshöchstlast im bundesdeutschen Stromnetz. Analog zu der oben durchgeführten Ermittlung des Stromerzeugungspotentials läßt sich die installierbare Photovoltaik-<u>Leistung</u> unter Berücksichtigung der heute verfügbaren Technik auf rund 200000 MW, mit der Technik des Jahres 2020 auf über 300000 MW abschätzen. Sie liegt damit um mindestens den Faktor 3 über der gegenwärtigen Jahreshöchstlast (1993 etwa 70000 MW) [Elektrizitätswirtschaft 1993], so daß bei einer vollständigen Ausschöpfung der Flächenpotentiale ein enormer Speicherbedarf entstünde. Es wäre zwar theoretisch vorstellbar, langfristig entsprechende Speicherkapazitäten zu schaffen (z.B. Wasserstoff oder andere Sekundärenergieträger), dies scheint jedoch wenig sinnvoll, zumindest aus wirtschaftlicher Sicht.

Daher sollen in Anlehnung an Untersuchungen, die 1990 für die Enquete-Kommission des Deutschen Bundestags "Vorsorge zum Schutz der Erdatmosphäre" durchgeführt wurden, zwei Varianten diskutiert werden[24].

<u>Variante 1 "Kein zusätzlicher Speicherbedarf":</u>
Eine Untergrenze für die maximal installierbare Photovoltaik-Leistung ergibt sich aus der Forderung, daß durch die Nutzung von Photovoltaik-Anlagen kein zusätzlicher Speicherbedarf entstehen soll und daß die konventionellen Kraftwerke jederzeit in der Lage sein sollen, die Schwankungen der solaren Erzeugung auszugleichen. Das erste Kriterium begrenzt die installierbare Leistung auf die Höhe der niedrigsten Stromnachfrage in der Zeit des höchsten Solarstromangebotes (etwa zwischen 8 und 16 Uhr). Sie dürfte heute in Deutschland etwas über 40000 MW liegen[25]. Daraus ergibt sich ein Photovoltaik-Anteil an der gesamten Stromerzeu-

---

[23] Im Hinblick auf die fluktuierende Stromerzeugung aus Photovoltaik könnte die Frage auftreten, ob dadurch nicht die Nutzung der ebenfalls fluktuierenden Stromerzeugung aus Windkraft eingeschränkt wird. Dies ist nicht der Fall, im Gegenteil: In einer Reihe von Arbeiten, insbesondere an der Universität Oldenburg, wurde nachgewiesen, daß die Kurzzeitfluktuationen beim Wind- und Strahlungsangebot unabhängig voneinander sind und sich dadurch zusätzliche Ausgleichseffekte in kombinierten Systemen ergeben, die die Regelanforderungen an den konventionellen Kraftwerkspark verringern. Siehe hierzu ausführlich [Steinberger-Willms 1993].

[24] Weitere Varianten sind in [Enquete 1990; Steinberger-Willms 1993; Kaltschmitt, Wiese 1993] beschrieben.

[25] Unter der Annahme, daß die niedrigste Last an einem Wochende im Sommer in der Zeit von 8-16 Uhr 20% unter der Stromnachfrage liegt, die sich als Mittelwert für das ganze Jahr ergibt (s. auch Bild 6-9).

gung in Höhe von 8,7%. Ob dieser Wert weiter reduziert werden muß, hängt davon ab, ob es erforderlich ist, parallel zu den solaren Anlagen stets eine bestimmte Leistung an regelbaren Kraftwerken in Betrieb zu haben. Dies dürfte schon aus Gründen der Aufrechterhaltung der Netzstabilität der Fall sein. Wie groß dieser technisch bedingte Anteil allerdings sein muß, kann hier nicht angegeben werden. Entsprechend [Enquete 1990] soll angenommen werden, daß zu jedem Zeitpunkt mindestens 25% der Stromnachfrage aus regelbaren Kraftwerken bereitgestellt wird. Das Potential der Photovoltaik verringert sich dann entsprechend[26].

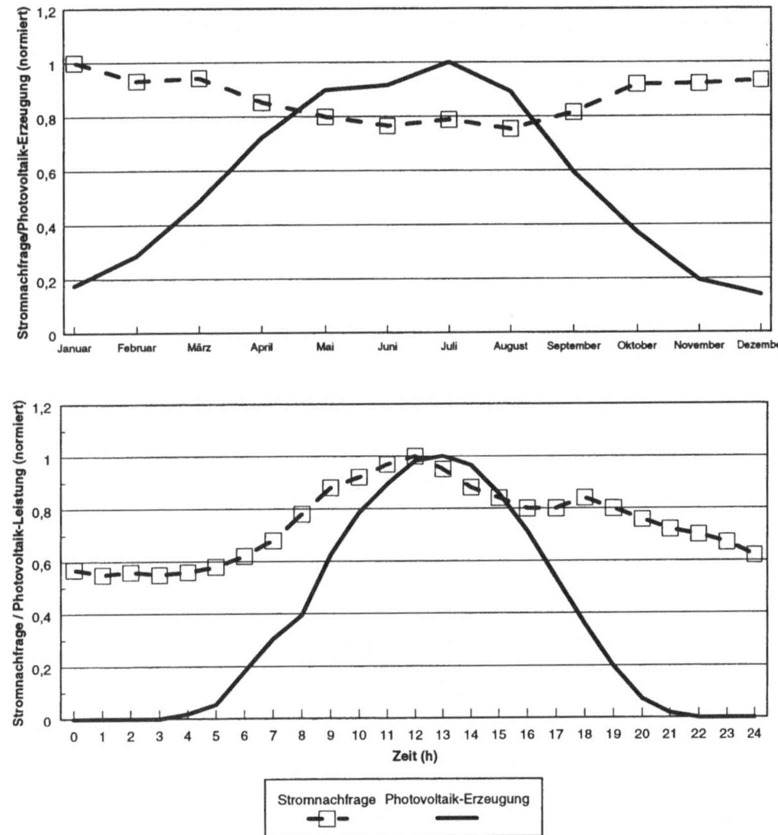

Bild 6-9   Idealisierter Verlauf des tageszeitlichen und jahreszeitlichen Angebots an Photovoltaikstrom und der Stromnachfrage in Deutschland

<u>Variante 2 "kein merklicher Speicherbedarf"</u>:
Modellrechnungen haben ergeben, daß bei der derzeitigen Stromverbrauchsstruktur und einer angenommenen Erzeugung aus konventionellen Kraftwerken von minde-

---

[26] Unter Vernachlässigung der Stromerzeugung aus Laufwasserkraftwerken.

stens 25% merklicher Speicherbedarf erst ab einer 20%-igen Durchdringung[27] mit Photovoltaik-Anlagen auftritt, der dann aber deutlich ansteigt [Beyer et al. 1990] (Bild 6-10 zeigt die Verläufe für 3 verschiedene Mindestanteile einer konventionellen Grunderzeugung). Unter merklichem Speicherbedarf wird dabei verstanden, daß die Energie, die die Speicher jährlich aufnehmen müssen, weniger als 2% der Gesamterzeugung beträgt. Das bedeutet, daß eine Photovoltaik-Leistung von etwa 90000 MW installiert und damit das gesamte Potential der Photovoltaik auf Dachflächen voll genutzt werden könnte. Allerdings ist darauf hinzuweisen, daß die derzeit verfügbare Leistung der Pumpspeicherkraftwerke (2500 MW) nicht ausreicht, um die maximale Überschußleistung der Photovoltaik aufzunehmen. Da die Ausbaumöglichkeiten für Pumpspeicher in Deutschland begrenzt sind, müßten andere Speichersysteme eingesetzt werden (z.B. chemische Energiespeicher wie Wasserstoff).

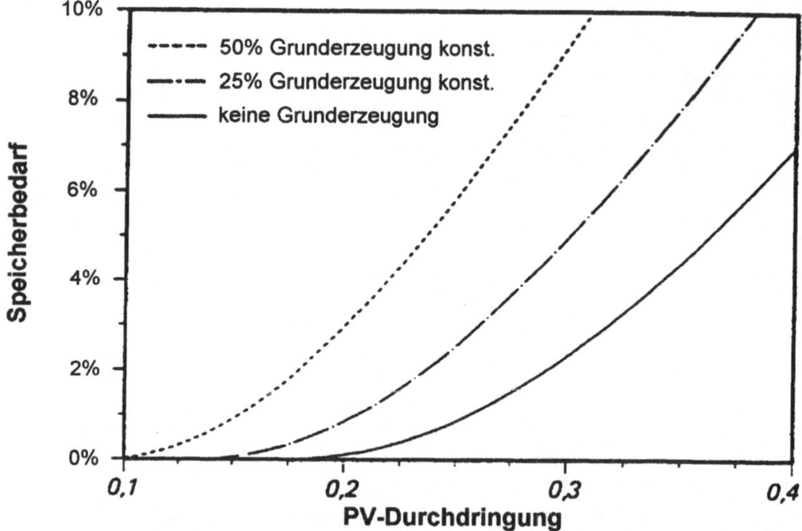

Bild 6-10   Ergebnisse von Modellrechnungen zur Ermittlung des Speicherbedarfs bei hohen installierten Photovoltaik-Durchdringungen. Zugrunde gelegt ist die Last des westdeutschen Verbundnetzes und eines Photovoltaik-Verbundsystems, das durch die meteorologischen Datensätze an sechs verschiedenen Standorten in Westdeutschland abgebildet wird [Beyer et al. 1990]

Zusammenfassend läßt sich zum Stromerzeugungspotential der Photovoltaik in Deutschland feststellen, daß auf den zur Verfügung stehenden Flächen mehr Photovoltaik-Leistung installiert werden könnte, als unter den heutigen netz- und bedarfsseitigen Randbe-

---

[27] Die Durchdringung ist definiert als der Quotient aus dem jährlichen Mittelwert des in das Netz eingespeisten Photovoltaik-Stromes (Jahreserzeugung dividiert durch die 8760 Stunden eines Jahres) und dem jährlichen Mittelwert der Last (1993: ca. 52500 MW).

dingungen aufgenommen werden kann (Tabelle 6-3). Dennoch scheint die **Integration von etwa 30000 MW Photovoltaik-Leistung technisch möglich**, was einem Anteil von 6,5% am Nettostromverbrauch entspricht. Die dafür notwendige Modulfläche liegt bei 320 km^2 (heutiger Stand der Technik) und entspricht 40% der geeigneten Dachflächen bzw. 23% der ausgewiesenen Freiflächen. **Eine Konkurrenz zwischen Photovoltaik-Anlagen und solarthermischen Wärmeerzeugungssystemen um geeignete Aufstellungsflächen ergibt sich deshalb nicht.** Denn einerseits stehen - auch wenn die gesamte Photovoltaik-Modulfläche auf Dachflächen installiert würde - große Dachflächen für die Errichtung solarthermischer Kollektoranlagen zur Verfügung, die ausreichen, um auch hier sehr hohe Anteile des technischen Potentials auszuschöpfen[28]. Andererseits besteht zwischen beiden Technologien nur eine eingeschränkte Konkurrenzsituation auf Freiflächen, da solarthermische Anlagen zur Nahwärmeversorgung aufgrund der wesentlich höheren Verluste bei der Wärmeverteilung sehr viel verbrauchernäher errichtet werden müssen als Photovoltaik-Anlagen.

Tabelle 6-3   Technische Potentiale der Stromerzeugung der Photovoltaik in Deutschland (Werte gerundet)

	vollständige Ausschöpfung des Flächenpotentials		Restriktion: kein Speicherbedarf[1]	Restriktion: kein Speicherbedarf, Grunderzeugung aus konventionellen Kraftwerken: mindestens 25%[1]	Restriktion: Speicherbedarf, maximal 2% Grunderzeugung aus konventianellen Kraftwerken: mindestens 25%[1]
	Technik 1995	**Technik 2020**			
Stromerzeugung (TWhAC/a)	200	300	40	30	90
Nennleistung (MWAC)	200000	300000	40	30	90
Modulfläche (km^2)	2100	2100	420	310	950
Anteil an der Stromver-sor-gung[2]	**44%**	**65%**	**8,7%**	**6,5%**	**20%**

[1]   Bezugsgröße heutiges Elektrizitätsversorgungssystem und Stand der Photovoltaik
[2]   Bezogen auf Nettostromverbrauch

---

[28]   siehe hierzu [Kaltschmitt, Wiese 1993].

6.3 Exkurs: Wirtschaftliche Konkurrenzfähigkeit von Photovoltaik-Anlagen

Die Ausführungen in Abschnitt 6.2 zeigen, daß die solare Erzeugung und die heutige Struktur der Stromnachfrage jahreszeitlich schlecht miteinander harmonieren. Dies wird sich auch in Zukunft nur wenig ändern lassen. Denn der Grund für die geringere Stromnachfrage in den Sommermonaten besteht im wesentlichen darin, daß in dieser Zeit das solare Energieangebot direkt genutzt wird, in Form von Tageslicht und höheren Umgebungstemperaturen. Anders ausgedrückt: In den Wintermonaten wird das geringere Angebot durch künstliche Beleuchtung und in erheblichem Umfang durch elektrische Heizenergie ersetzt (1993 betrug der Stromverbrauch für Raumspeicherheizungen 6,3% der gesamten Stromnachfrage im öffentlichen Netz [VDEW 1993]). Auch wenn es durch veränderte ökonomische Randbedingungen leicht zu erreichen ist, elektrische Heizenergie weitgehend durch die thermische Nutzung von fossilen Energieträgern, Solarenergie oder Biomasse zu substituieren, wird sich ein "solar angepaßter" jahreszeitlicher Verlauf des Stromverbrauchs nicht erreichen lassen[29]. Denn als weiterer Faktor kommt die Haupturlaubszeit im Sommer hinzu, die dazu führt, daß die Stromnachfrage vor allem in der Industrie zurückgeht. Auch auf längere Sicht wird daher der höchste Strombedarf im Winter auftreten.

Für die wirtschaftliche Konkurrenzfähigkeit netzgebundener Photovoltaik-Anlagen ist diese Tatsache von großer Bedeutung: Denn in der Diskussion um diese Technologie wird häufig davon ausgegangen, daß es allein ausreichend ist, die Stromgestehungskosten durch technische Weiterentwicklungen, Ausweitung der Produktionskapazitäten usw. auf einen Wert zu senken, der vergleichbar mit den Kosten konventioneller Kraftwerke ist[30]. Damit wird implizit unterstellt, daß der **wirtschaftliche Wert** der Stromerzeugung gleich ist. Eine Voraussetzung dazu ist aber, daß beide Technologien gleichermaßen in der Lage sind, die Aufgabe der Stromversorgung zu erfüllen, nämlich elektrische Leistung bereitzustellen, wann immer sie nachgefragt wird. Maßgeblich hierfür sind vor allem die Zeiten der höchsten Nachfrage. Aber gerade im Winter muß damit gerechnet werden, daß aufgrund von schlechtem Wetter die Leistungsabgabe von Photovoltaik-Anlagen weit hinter der installierten Leistung zurückbleibt. Sollen keine Versorgungsengpässe auftreten, muß ein Ausgleich entweder durch einen Import von (Solar-) Strom (s. hierzu ausführlich Kapitel 9), saisonale Speicher (mit Ausnahme von Speicherwasser-Kraftwerken, deren Ausbaumöglichkeiten begrenzt sind, sind sie heute noch sehr teuer) oder die Bereitstellung zusätzlicher (Reserve-) Kraftwerksleistung erfolgen. Aus heutiger Sicht bedeutet dies, daß die Photovoltaik nur in geringem Umfang in der Lage ist, konventionelle **elektrische *Leistung*** zu ersetzen (in Höhe weniger Prozent der installierten Photovoltaik-Leistung). Der wirtschaftliche Wert ist daher im Vergleich zu konventionellen Kraftwerken geringer. Er läßt sich aus einem Vergleich der leistungsabhängigen Ko-

---

[29] Da Stromspeicherheizungen vorrangig in der Nacht geladen werden, die höchste Last im Stromnetz aber tagsüber auftritt, ließe sich bei einer Substitution von Stromspeicherheizungen durch die thermische Nutzung von Energieträgern praktisch nur der Bedarf an Systemen zur Speicherung von Photovoltaikstrom vom Tag in die Nacht (bei hohen Durchdringungen) reduzieren.

[30] Dies gilt auch, wenn die Preise für nicht erneuerbare Energieträger parallel angehoben werden.

sten des Kraftwerkssystems ohne und mit Photovoltaik ermitteln. Grundsätzlich gilt, daß der Wert prozentual mit zunehmender installierter Photovoltaik-Leistung fällt, da dann die Auslastung der konventionellen Kraftwerke über das Jahr hinweg betrachtet immer weiter zurückgeht[31]. Dieser Nachteil kann allerdings teilweise kompensiert werden, wenn die fehlende Leistung durch andere erneuerbare Energiesysteme bereitgestellt werden kann, etwa durch Windenergiekonvertersysteme, denn das jahreszeitliche Angebot von Windenergie und Solarstrahlung in Deutschland verhält sich in erster Nährung komplementär.

Die zweite Komponente für die Ermittlung des wirtschaftlichen Wertes von Photovoltaik-Strom ist die Höhe der vermiedenen Brennstoffkosten. Dabei tritt das Problem auf, daß bekannt sein muß, welche Art von konventionell erzeugtem **Strom** substituiert wird. Denn Strom aus Grundlastkraftwerken (z.B. große Kohlekraftwerke, Kernkraftwerke[32]) ist billiger als Strom aus Mittellastkraftwerken (in der Regel kleinere Kohlekraftwerke) und dieser wiederum billiger als Strom aus Spitzenlastkraftwerken (z.B. Pumpspeicherkraftwerke und Gasturbinen). Der Wert einer Solarstromerzeugung ist also umso höher, je mehr Spitzenlast- anstelle von Grundlaststrom subsituiert wird. Betrachtet man den tageszeitlichen Verlauf der Stromnachfrage, so folgt dieser - entsprechend den Lebensgewohnheiten der Bevölkerung - sehr viel stärker dem solaren Energieangebot als es jahreszeitlich der Fall ist. Der Maximalwert tritt in der Regel in der Mittagszeit auf. Photovoltaik-Anlagen ersetzen damit zunächst Spitzenlaststrom (nicht Leistung). Wie Bild 6-11 zeigt, wird mit zunehmender Durchdringung jedoch auch Mittellaststrom und bei sehr hohen Anteilen zusätzlich auch Grundlaststrom ersetzt. Der spezifische Wert des Photovoltaik-Stroms nimmt also mit zunehmender Durchdringung ab (ebenso wie der Wert der substituierten Leistung).

Die Überlegungungen zu den vermeidbaren Brennstoffkosten eine durch Stromerzeugung aus Photovoltaik lassen sich prinzipiell auch auf die **Emissionen von Luftschadstoffen** übertragen. Hier ist jedoch zu beachten, daß die Emissionen einzelner Kraftwerkstypen sehr unterschiedlich sein können. Dies hängt vom Brennstoff, dem Wirkungsgrad der Anlagen und den Maßnahmen zur Rauchgasreinigung ab. Beim CO_2, für das bislang keine geeigneten Rückhaltetechnologien zur Verfügung stehen, spielt nur der eingesetzte Brennstoff und der Kraftwerkswirkungsgrad eine Rolle. Wie Bild 6-12 und Tabelle 6-4 zeigen, beträgt der CO_2-Ausstoß bei Kohlekraftwerken heutiger Technik 0,8 kg (Steinkohle) bis 1 kg (Braunkohle) pro erzeugter Kilowattstunde Strom. Deutlich günstiger sind erdgasbefeuerte Kraftwerke. Bei Pumpspeicher-Kraftwerken ergibt sich der Wert unter Berücksichtigung ihres Wirkungsgrades (70-85%) und der mit dem Pumpstromverbrauch verbundenen Emissionen. Da zum Betrieb in Deutschland üblicherweise Strom aus Kernenergie und Kohlekraftwerken eingesetzt wird, dürfte der CO_2-Emissionsfaktor zwischen dem von Erdgas und Öl liegen (wenn für den Pumpbetrieb gleiche Anteile an Kernenergie- und Kohlestrom eingesetzt werden).

Analog zum CO_2 lassen sich die Werte für SO_2, NO_x und Staub ermitteln, wenn zusätzlich die Minderung der Rohemissionen berücksichtigt wird.

---

31 Die absolute Höhe hängt stark von der Struktur der Stromnachfrage und des Kraftwerksparks ab. S. hierzu ausführlich z.B. Kaltschmitt, Fischedick 1995 und Ritzau 1989.

32 Zu den Grundlastkraftwerken zählen auch Laufwasser-Kraftwerke, die jedoch nicht durch Solarkraftwerke ersetzt werden sollten.

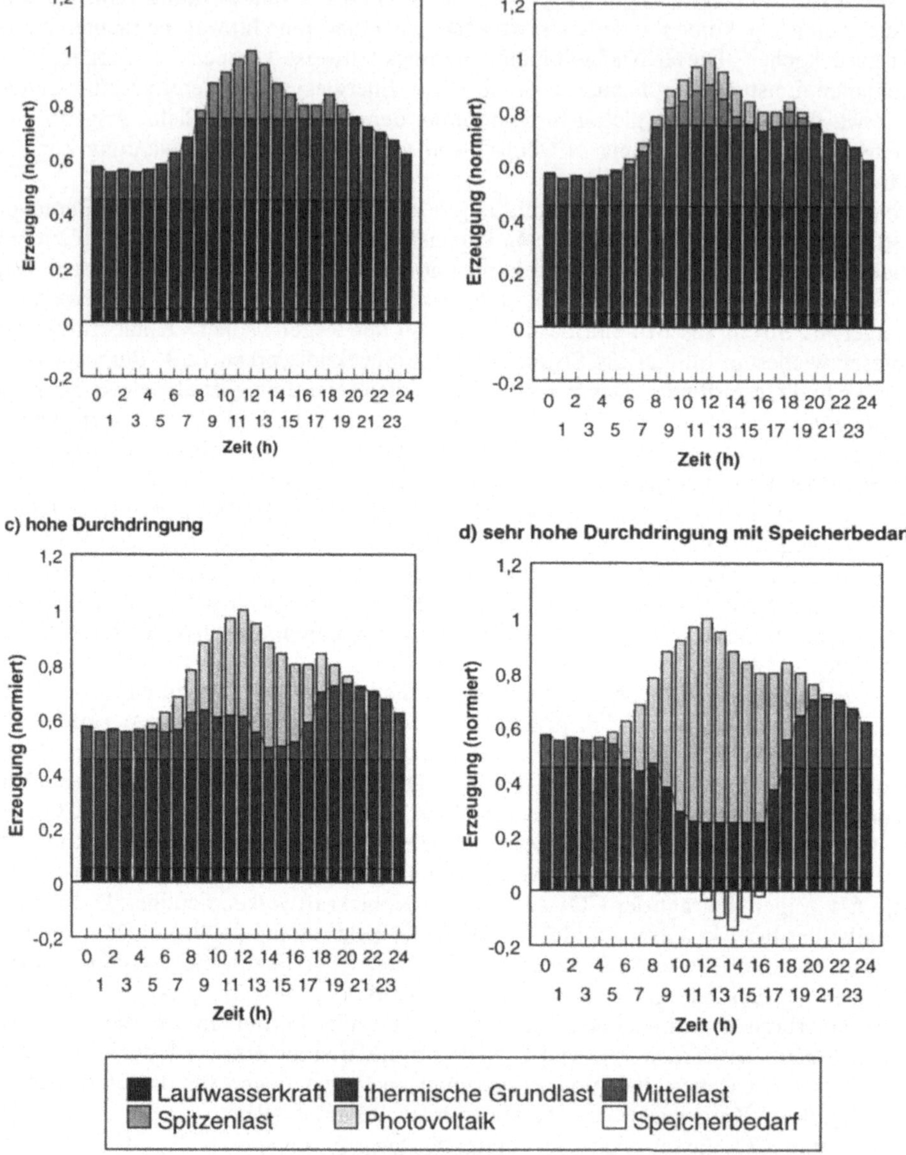

Bild 6-11   Veränderung der Stromerzeugung bei zunehmender Integration von
Photovoltaik-Kraftwerken

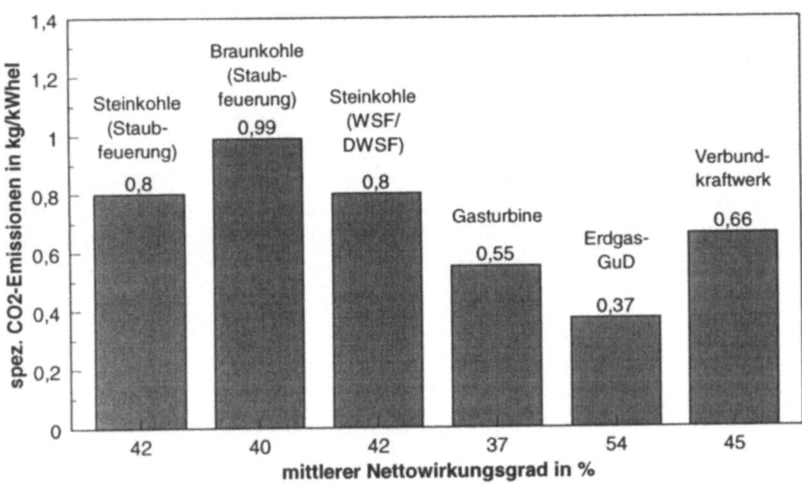

Bild 6-12   Spezifische CO_2-Emissionen heutiger Kraftwerkskonzepte in kg pro Kilowattstunde elektrisch [Kaltschmitt, Fischedick 1995]

Tabelle 6-4   Reingas-Emissionsfaktoren und Minderungsmaßnahmen in Kraftwerken, bezogen auf den Primärenergieeinsatz[1] [GEMIS 1992]

	Dampfturbinen-Kraftwerk						Gasturbinen-Kraftwerk
Reingas-emissionen (kg/TJ_{input})	Vollwert-Steinkohle	Ballast-Steinkohle	rheinische Rohbraun-kohle	Niderlausitzer Rohbraun-kohle	Erdgas	Heizöl S	Erdgas
CO_2	93350	90000	112400	113200	55150	78300	55150
SO_2	92	135	57	107,7	0,3	88	0,3
NOx	94	119	85	71,9	56	86	210
Staub	14,1	16,6	16,3	8,2	1,4	14,4	4,2
Reduktion der Rohemissionen (%)							
CO_2	0	0	0	0	0	0	0
SO_2	85	90	90	85	-	90	-
NOx	70	70	70	65	-	50	50
Staub	99,6	99,5	99,6	99,8	-	90	-

[1]   3,6 TJ entsprechen 1 GWh (Primärenergie)

Für den heutigen Kraftwerksmix in Westdeutschland (Bruttostromerzeugung 1993: Kernenergie 39%, Laufwasser 4%, Erdgas 4%, Heizöl 1%, Pumpspeicher 1%, Steinkohle 30%, Braunkohle 20%, Sonstige 1%) betragen die durchschnittlichen Emissionen 540 g/kWh (CO_2), 0,4 g/kWh (SO_2), 0,5 g/kWh (NO_x) [VDEW 1993]. Da bei einer nennenswerten Stromerzeugung aus Photovoltaik-Anlagen praktisch ausschließlich CO_2-behaftete Energieträger ersetzt werden (vor allem Kohle in der Mittellast), ist der **Beitrag zur Emissionsminderung sehr viel höher als der Beitrag zur Stromerzeugung**. So kommen [Kaltschmitt, Fischedick 1995] in Modellrechnungen zu dem Ergebnis, daß eine Durchdringung mit Photovoltaik-Anlagen von 5% (10%) zu einer Minderung der CO_2-Emissionen um mehr als 10% (20%) führt.

7 Kriterien für eine umfassende Beurteilung der Photovoltaik

Wie das vorangegangene Kapitel zeigt, verfügt die Photovoltaik in Deutschland über erhebliche Potentiale. Bei der Entscheidung darüber, ob bzw. in welchem Umfang sie langfristig erschlossen werden sollten, muß geprüft werden, welchen Beitrag die Photovoltaik zur Erfüllung der Forderungen leisten kann, die heute an Energiesysteme gestellt werden. Dazu zählen nicht nur die Sicherung der Energieversorgung und die ökonomische Nutzung von Ressourcen, sondern auch die Minimierung von Umweltbelastungen und Risiken für die Bevölkerung sowie die Vermeidung gesellschaftlicher Spannungen und die langfristige Sicherung der Lebensbedingungen.

Mit den Ausführungen in diesem Kapitel sollen einige relevante Aspekte skizziert werden, um damit die Diskussion über die Photovoltaik auf eine etwas breitere Basis zu stellen (s. dazu auch die Ausführungen in Kapitel 8). Dazu wird ein Kriterienkatalog verwendet, der von der Akademie für Technikfolgenabschätzung in Baden-Württemberg im Rahmen des Projektes "Klimaverträgliche Energieversorgung in Baden-Württemberg" als allgemeiner Rahmen für die Beurteilung von Energietechnologien entwickelt wurde [AfTA BW 1993]. Er wird, soweit möglich, in den folgenden Abschnitten für die Photovoltaik qualitativ und ggf. quantitativ beschrieben. Dabei sind die Angaben unterschiedlich belastbar, da zu einigen Punkten bislang keine detaillierten Untersuchungen durchgeführt wurden. Hierauf wird an entsprechender Stelle hingewiesen. Die Ergebnisse sind in Tabelle 7-1 zusammengefaßt. Eine Gewichtung der Einzelkriterien und die daraus folgenden Schlußfolgerungen sollen zunächst dem Leser überlassen bleiben. Denn niemand ist in der Lage, die komplex miteinander verwobenen Aspekte zu einer abschließenden Bewertung der Photovoltaik zusammenzuführen. Deshalb soll ein Versuch auch hier nicht unternommen werden.

7.1 Versorgungssicherheit

7.1.1 Verfügbarkeit des Primärenergieträgers sowie der notwendigen Infrastruktureinrichtungen

Reserven: ***unerschöpflich***
Nach menschlichem Ermessen ist der Primärenergieträger "Sonne" unerschöpflich. Die Verfügbarkeit der Sonnenenergie kann nicht durch ihre Nutzung eingeschränkt werden.

Politische Verfügbarkeit: ***uneingeschränkt***
Es besteht keine Abhängigkeit von Import-Brennstoffen, da keine Brennstoffe verbraucht werden. Die eingestrahlte Solarenergie kann als heimischer, kostenloser Brennstoff angesehen werden.

Tabelle 7-1   Kriterienkatalog zur Beurteilung von Energietechnologien [AfTA BW 1993]. Bewertung für Photovoltaik

1	**Versorgungssicherheit**	
1.1	**Verfügbarkeit des Primärenergieträgers sowie der notwendigen Infrastruktureinrichtungen**	
	Reserven	unerschöpflich
	Politische Verfügbarkeit	uneingeschränkt
	Infrastruktureinrichtungen	vorhanden
1.2	**Verfügbarkeit und technische Zuverlässigkeit der Photovoltaik**	
	Verfügbarkeit der Technologie	gegeben
	Technische Zuverlässigkeit	hoch
1.3	**Bedarfsgerechte Bereitstellung der Endenergie**	
	Zeitliche Bereitstellung	eingeschränkt bedarfsgerecht
	Räumliche Bereitstellung	bedarfsgerecht
1.4	**Adaptionsfähigkeit an neue Rahmenbedingungen**	
	CO_2-Reduktion	hoch
	Verteuerung fossiler Brennstoffe	hoch
	Unabhängigkeit der Energieversorgung	unterstützend
1.5	**Sabotageanfälligkeit**	vernachlässigbar
1.6	**Gefährdung der Versorgungssicherheit durch Störereignisse**	vernachlässigbar
2	**Kosten und Wirtschaftlichkeit**	
2.1	**Investitionsaufwand (Investitions-, Transaktions-, Konflikt-, Rückbaukosten)**	
	Investitionskosten	hoch
	Transaktionskosten	gering
	Konfliktkosten	vernachlässigbar
	Rückbaukosten	gering
2.2	**Betriebskosten**	
	Transportkosten	gering
	Verteilungskosten	gering
	Entsorgungskosten	gering
2.3	**Förderungsbedarf durch öffentliche Haushalte (Subventionen), Höhe, Zeitdauer**	hoch
2.4	**Endenergie-Erzeugungskosten (Strom)**	hoch
2.5	**Induktion von Beschäftigung**	vorwiegend mittelgroße und kleine Unternehmen
3	**Umweltauswirkungen**	
3.1	**CO_2-Emission (Systemkette)**	nur indirekt durch Herstellung, Errichtung und Entsorgung, während des Betriebs keine
3.2	**Emissionen anderer Treibhausgase (Systemkette)**	nur indirekt

Tabelle 7-1   (Fortsetzung)

3.3	**Abfälle**	gering
3.4	**Flächenbedarf der Systemkette**	vernachlässigbar (Dachaufstellung)
3.5	**Beeinträchtigung des Mikroklimas**	vernachlässigbar
3.6	**Störfall/Katastrophenpotential, Persistenz der Schadensfolgen**	
	Technischer Störfall	vernachlässigbar
	Katastrophenfall	geringes Risiko, bei Si-Zellen keine Umweltauswirkungen während des Betriebes, bei Cd- und Se-haltigen Zellen geringe Umweltauswirkungen
	Persistenz der Schadensfolgen	insgesamt vernachlässigbar
3.7	**Wasser** Entnahme Wärme Schadstofffracht	nur indirekt durch Herstellung, Errichtung und Entsorgung; während des Betriebes kein Bedarf
3.8	**Umweltauswirkungen der Systemkette außerhalb Deutschlands**	vernachlässigbar
4	**Gesundheitsauswirkungen**	
4.1	**Durch Energiegewinnung Getötete (Systemkette)**	ca. 1 Getöteter pro 100 MWp installierte Leistung
4.2	**Schwere Arbeitsunfälle (Systemkette)**	wie "Werkzeugbau" oder "chemische Industrie"
4.3	**Gesundheitsrisiken für die Bevölkerung**	
	Normalbetrieb	keine
	Katastrophenpotential	keine
5	**Gesellschaftliche Auswirkungen**	
5.1	**Verteilungsgerechtigkeit**	hoch
5.2	**Sozialpolitische Akzeptanz**	
	Konfliktpotential und vorhandene Widerstände	vernachlässigbar
	Informationsdefizite	nicht vernachlässigbar
5.3	**Gestaltungsspielraum der Akteure**	sehr groß
5.4	**Beeinflussung der Wettbewerbsfähigkeit**	mittelfristig keine, langfristig positive Effekte
5.5	**Internationale Verträglichkeit**	
	Internationale Verteilungsgerechtigkeit	hoch
	Proliferationsaspekte	keine
5.6	**Ressourcenschonung**	
	Verbrauch von Primärenergieträgern	gering
	Verbrauch anderer Ressourcen	
	Rezyklierfähigkeit	gute Voraussetzungen

Infrastruktureinrichtungen: *vorhanden*

Da Solarenergie nicht importiert oder zum Kraftwerk transportiert werden muß, benötigt man im Gegensatz zu fossilen und nuklearen Brennstoffen keine Infrastruktureinrichtungen zum Brennstofftransport. Der Anschluß von Photovoltaik-Anlagen an das Elektrizitätsnetz kann problemlos über Trafostationen erfolgen, die allerdings ggf. errichtet werden müssen (bei Freiflächenanlagen). Ansonsten werden infrastrukturelle Einrichtungen nur bei der Installation und Wartung benötigt. Dazu gehören die verkehrstechnische Anbindung zur Anlieferung der Anlagenteile sowie der Zugang zu den Anlagen für Wartungsarbeiten. Beides ist in aller Regel gegeben.

7.1.2 Verfügbarkeit und technische Zuverlässigkeit der Photovoltaik

Verfügbarkeit der Technologie: ***gegeben***
Die Technologie photovoltaischer Anlagen ist verfügbar, jedoch sind die Produktionskapazitäten mit etwa 70 MW_P pro Jahr zur Zeit noch vergleichsweise gering. Die technische Entwicklung konzentriert sich weniger auf die Funktionsfähigkeit als auf die Erhöhung der energetischen Effizienz, die Reduktion der Herstellungskosten sowie die Steigerung der Lebensdauern der einzelnen Komponenten. In diesem Zusammenhang ist die Entwicklung von Dünnschicht-Solarzellen von großer Bedeutung.

Technische Zuverlässigkeit: ***hoch***
Eine der wesentlichen inhärenten Eigenschaften der Photovoltaik ist, daß die Stromerzeugung ohne bewegliche Teile und damit ohne makroskopischen Verschleiß realisiert werden kann. Es verbleiben hauptsächlich die Einflüsse von Solarstrahlung und Witterung, gegen die aber Photovoltaik-Anlagen effektiv geschützt werden können. Ihre technische Zuverlässigkeit wird durch zahlreiche Anlagen demonstriert und kann als hoch eingeschätzt werden. So wurde bei Photovoltaik-Anlagen mit Netzanbindung in den USA beobachtet, daß die Ausfallrate von Photovoltaik-Modulen bei nur 0,2% im Jahr liegt. Die von Herstellern bereits angebotene Garantiezeit für Module von 20 Jahren belegt, daß die technische Lebensdauer bei kristallinen Silicium-Solarzellen deutlich darüber liegt und 30 Jahre durchaus erreichbar erscheinen.
Langzeittests von CdTe- und CIS-Dünnschicht-Solarzellen unter freiem Himmel ergaben Wirkungsgrad-Degradationen von maximal 2% nach 5 Jahren und unterstreichen ihre Stabilität. Die Wirkungsgradverluste sind eher auf technische Mängel bei der Fertigung der Module zurückzuführen (z.B. war die Verkapselung teilweise nicht wasserdicht). Solche Mängel können im Rahmen einer industriellen Produktion behoben werden. Experten rechnen daher mit technischen Lebensdauern von 30 Jahren ohne nennenswerten Wirkungsgradverlust.
Die anderen Photovoltaik-Systemkomponenten stellen weitgehend konventionelle, technisch ausgereifte Produkte dar, die schon seit Jahren Verwendung finden (Gestelle, Kabel, Wechselrichter, etc.). Allerdings waren Wechselrichter in der Praxis bisher häufig die Ursache für Betriebsausfälle. Der augenblickliche technologische Fortschritt verspricht jedoch auch hier eine deutlich verbesserte Zuverlässigkeit.

7.1.3 Bedarfsgerechte Bereitstellung der Endenergie

Zeitliche Bereitstellung: ***eingeschränkt bedarfsgerecht***
Die Stromerzeugung aus Photovoltaik-Anlagen folgt direkt dem solaren Angebot, ohne daß ein interner Speichereffekt besteht. Dadurch ist die zeitliche Bereitstellung zunächst

nur eingeschränkt bedarfsgerecht. Dieser Nachteil kann bei sehr hohen installierten Leistungen zu einer Überschußproduktion führen, die durch den Einsatz von Speichersystemen (z.B. Pumpspeicher, Batterien, chemische Sekundärenergieträger wie Wasserstoff, Methanol u.a.) oder/und durch eine verstärkt an das solare Angebot angepaßte Nachfrage kompensiert werden muß (vgl. Abschnitt 6.2).

Räumliche Bereitstellung: ***bedarfsgerecht***
Durch die dezentrale Aufstellung von Photovoltaik-Anlagen, vor allem auf Dachflächen, können Erzeugung und Verbrauch von Elektrizität räumlich sehr eng zusammengelegt werden. Damit ist die räumliche Bereitstellung überdurchschnittlich gut und bedarfsgerechter als bei der heute bestehenden zentralen Elektrizitätsversorgungsstruktur.

7.1.4 Adaptionsfähigkeit an neue Rahmenbedingungen

CO_2-Reduktion: ***hoch***
Da der Betrieb von Photovoltaik-Anlagen ohne Emission von CO_2 erfolgt, ist die Adaptionsfähigkeit in bezug auf die angestrebte Reduktion der CO_2-Emissionen hoch. Lediglich bei der Herstellung der Komponenten werden über den Verbrauch von Elektrizität, Brennstoffen und nichtenergetischen Stoffen CO_2-Emissionen verursacht. Es gilt heute als gesichert, daß Photovoltaik-Anlagen energetische Erntefaktoren größer als 1 besitzen und somit zur CO_2-Reduktion beitragen (s. hierzu auch Abschnitt 6.3).

Verteuerung fossiler Brennstoffe: ***hoch***
Maßnahmen zum Klimaschutz werden voraussichtlich auch die Verteuerung fossiler Brennstoffe beinhalten. Davon wäre die Photovoltaik nur über eine Anhebung des "fossilen" Teils der Energiekosten zur Herstellung der Komponenten betroffen. Demnach hat die Verteuerung fossiler Brennstoffe einen geringen Einfluß auf die Stromgestehungskosten von Photovoltaik-Anlagen.

Unabhängigkeit der Energieversorgung: ***unterstützend***
Die Gewährleistung einer gesicherten Energieversorgung ist eine der wichtigsten Prämissen der deutschen Energiepolitik. In diesem Zusammenhang wird immer wieder gefordert, daß die deutsche Energiewirtschaft vom Ausland so unabhängig wie möglich sein sollte. Bisher hat man dieses Ziel vor allem durch die Diversifizierung der Energieträger und die Nutzung heimischer Kohle realisiert. Aus zwei Argumenten folgt, daß eine inländische Stromproduktion aus Sonnenenergie hierzu ebenfalls einen Beitrag leisten kann:

1. Photovoltaik-Systeme werden bereits vollständig in der Bundesrepublik produziert.
2. Der Betrieb von Photovoltaik-Anlagen ist von Brennstoffimporten unabhängig.

7.1.5 Sabotageanfälligkeit   ***vernachlässigbar***

Die dezentrale Struktur der Photovoltaik-Stromerzeugung bedingt, daß nennenswerte Störungen der Elektrizitätsversorgung nicht durch die Sabotage einer Anlage erreicht werden können. Größerer Schaden entstünde nur, wenn mehrere Anlagen gleichzeitig außer Betrieb gesetzt würden. Aus Sicht eines Saboteurs dürfte sich daher bei anderen industriellen Einrichtungen eine deutlich größere Wirkung erzielen lassen.

Ebenfalls mindernd auf die Sabotageanfälligkeit wirkt sich die hohe Akzeptanz der Photovoltaik in der Bevölkerung aus. Ferner besitzen Module, die auf Dächern angebracht sind, keinen ungehinderten Zugang. Bei Freiflächenaufstellungen ist die Anfälligkeit für Diebstahl und Vandalismus größer. Allerdings ist der Wert von Photovoltaik-Komponenten, bezogen auf ihr Gewicht und ihre Größe, vergleichsweise gering.

7.1.6 Gefährdung der Versorgungssicherheit durch Störereignisse   *vernachlässigbar*

Die Argumentation ist vergleichbar mit der zur Sabotageanfälligkeit. Die Versorgungssicherheit der Stromkunden könnte nur gravierend gefährdet werden, wenn gleichzeitig eine größere installierte Photovoltaik-Leistung durch ein Störereignis außer Betrieb gesetzt wird. Dies ist wegen der dezentralen Struktur und räumlichen Verteilung der Photovoltaik-Anlagen sehr unwahrscheinlich. Darüber hinaus bedeutet die schon in Abschnitt 7.1.2 erwähnte technische Zuverlässigkeit, daß die Eintrittswahrscheinlichkeit für Störfälle generell sehr niedrig ist.

7.2 Kosten und Wirtschaftlichkeit

7.2.1 Investitionsaufwand (Rückbaukosten)

Investitionskosten: **hoch**
Die Investitionskosten photovoltaischer Systeme sind heute mit 15000-27000 DM/kW_{AC} im Vergleich zu anderen Stromerzeugungsanlagen sehr hoch. Mit der Weiterentwicklung der Technologie und zunehmender Produktion kann jedoch erwartet werden, daß innerhalb der nächsten 20-30 Jahre die Investitionskosten um etwa 2/3 gesenkt werden können (s. Kapitel 5).

Transaktionskosten: **gering**
Analysen zu Transaktionskosten[33] der Photovoltaik wurden bislang nicht durchgeführt. Aus den technischen Gegebenheiten der Photovoltaik lassen sich bestenfalls Vermutungen über prinzipiell auftretende Transaktionskosten anstellen. Zu den relevanten technischen Gegebenheiten zählen die dezentrale Aufstellung der Anlagen primär auf Hausdächern. Dabei müssen verhältnismäßig viele Personen (Hausbesitzer) kontaktiert werden, um die notwendigen rechtlichen Grundlagen für die Errichtung der Photovoltaik-Anlagen zu schaffen (Verträge). Dieser Aufwand wird auf max. 100 DM/kW_p geschätzt.

---

[33] Als Transaktionskosten werden die Kosten zur Umsetzung bzw. Durchführung von Projekten oder Maßnahmen bezeichnet (Such- und Informationskosten, Verhandlungs- und Entscheidungskosten, notwendige Kosten zur Überwachung der Vertragspflichten usw.). Zu den Transaktionskosten können auch die Kosten zur Erhöhung der Akzeptanz von Energietechnologien und der (handlungsrelevanten) Bewußtseinsbildung in der Bevölkerung gezählt werden (z.B. Energieberatung).

Die Praxis hat gezeigt, daß Photovoltaik-Anlagen wegen ihres relativ niedrigen Gewichts die statische Festigkeit eines Daches nicht gefährden. Daher kann man davon ausgehen, daß vor der Installation einer Dachanlage keine Kosten durch statische Gutachten anfallen. Charakteristisch für die Photovoltaik ist auch, daß wegen des geringen Gefahrenpotentials keine wesentlichen Aufwendungen für Gefahrengutachten anfallen.

Konfliktkosten: ***vernachlässigbar***
Aufgrund der hohen gesellschaftlichen Akzeptanz von Photovoltaik [Focus 1993] (s. Abschnitt 7.5.2) sind grundsätzlich - auch bei einer großen Anzahl von Photovoltaik-Anlagen - nur sehr wenige Proteste seitens der Bevölkerung zu erwarten. Teilweise wird behauptet, daß Ablehnung gegen Photovoltaik-Anlagen aus ästhetischen Überlegungen entstehen könnte. Hierzu ist zu sagen, daß schon heute konstruktive Lösungen zur stilvollen Integration von Photovoltaik-Modulen in die Gebäudehülle zur Verfügung stehen, die kaum Anlaß zu Bedenken geben dürften. Bei einer lokal stark konzentrierten Nutzung von Freiflächen mag es in Einzelfällen zu Problemen kommen. Da jedoch die Potentiale in Deutschland relativ gleichmäßig verteilt sind, dürfte auch in diesem Bereich ein verstärkter Ausbau der Photovoltaik keine nennenswerten Konfliktpotentiale und -kosten verursachen.

Rückbaukosten: ***gering***
Da während des Betriebs von Photovoltaik-Anlagen keine Schadstoffe entstehen, die dazu führen, daß Komponenten oder Gebäude besonders entsorgt werden müssen, beschränken sich die Rückbaukosten auf die Demontage der Solargeneratoren und ggf. den Abriß von Betriebsgebäuden.

7.2.2 Betriebskosten

Da der Betrieb ohne Brennstoffe erfolgt, werden Betriebskosten hauptsächlich durch Wartungs- und Überwachungsarbeiten verursacht. Sie sind jedoch mit 0,3-0,5% der gesamten Investitionskosten pro Jahr gering (s. Abschnitt 3.3).

Transportkosten: ***gering***
Es fällt lediglich der Transport der Anlagenteile zur Installation und Entsorgung an. Da prinzipiell alle Anlagenteile in Deutschland produziert (wenn auch zur Zeit nicht mehr der Fall) und entsorgt werden können und Photovoltaik-Anlagen keine Brennstoffe benötigen, sind die Transportkosten sehr niedrig.

Verteilungskosten: ***gering***
Bedingt durch die dezentrale, verbrauchsnahe Erzeugung des Stroms sind die Verteilungskosten grundsätzlich niedriger als bei zentralen Stromerzeugungssystemen. Zusätzliche Investitionen für Stromleitungen fallen bei gebäudeintegrierten Anlagen nicht an. Bei Anlagen auf Freiflächen dürften sich ebenfalls sehr viele Standorte finden lassen, wo ein Zugang zum öffentlichen Stromnetz besteht (s. Abschnitt 6.1.3).

Entsorgungskosten: ***gering***
Wie unter Abschnitt 7.3 weiter ausgeführt wird, sind die Voraussetzungen für einen weitgehend geschlossenen Materialkreislauf, der die unkontrollierte Verunreinigung der

Umweltkompartimente durch Bestandteile von Photovoltaik-Anlagen verhindert, gut. Die schwierigste Aufgabe besteht in der Entsorgung bzw. dem Recycling der Solarmodule und der Elektronikteile. Obwohl zur Zeit noch keine belastbaren Ergebnisse zu den Kosten und zu dem Energiebedarf möglicher Recyclingprozesse für die verschiedenen Zellentypen vorliegen, kann davon ausgegangen werden, daß die meisten Photovoltaik-Anlagenteile als sekundäre Rohstoffquelle dienen können. In erster Näherung kann vermutet werden, daß die Entsorgungskosten zumindest teilweise durch die Vergütung für das rezyklierte Material gedeckt werden können.

7.2.3 Förderungsbedarf durch öffentliche Haushalte (Subventionen), Höhe, Zeitdauer *hoch*

Der Förderungsbedarf ist direkt an Ausbaustrategien gekoppelt und wird in Kapitel 8 behandelt. Dort wird davon ausgegangen, daß bis zum Jahr 2010 50% der Investitionskosten von Photovoltaik-Anlagen durch Subventionen getragen werden müssen.

7.2.4 Endenergie-Erzeugungskosten (Strom) *hoch*

Der größte Teil der Stromgestehungskosten von Photovoltaik-Anlagen wird durch die Investitionskosten bestimmt. Daher ist auch die Entwicklung der Stromgestehungskosten an die Entwicklung der Investitionskosten gekoppelt. Da bei der Stromerzeugung keine Brennstoffkosten anfallen, ist die Stabilität der Strompreise gewährleistet. Aus Kapitel 5 folgt, daß sich derzeit die Stromgestehungskosten je nach Anlagentyp und Einstrahlung auf etwa 1,00 - 1,70 DM/kWh belaufen. Für das Jahr 2005 bzw. 2020 kann von 0,30 - 1,00 DM/kWh bzw. 0,20 - 0,50 DM/kWh ausgegangen werden (s. Kapitel 5). Damit können die Stromgestehungskosten (bei steigenden Energiepreisen für fossile Energieträger) langfristig durchaus in den Bereich konventioneller Kraftwerke kommen. Berücksichtigt werden muß dabei allerdings, daß aufgrund des schwankenden Angebots der Solarstrahlung und dem zeitlichen Auseinanderfallen von Solarstromerzeugung und Nachfrage bei nennenswerten Anteilen der Photovoltaik an der Stromerzeugung ein Bedarf an Reserveleistung entsteht, der zusätzliche (indirekte) Kosten verursacht (s. Abschnitt 6.3).

7.2.5 Induktion von Beschäftigung *vorwiegend mittelgroße und kleine Unternehmen*

In Tabelle 7-2 sind die Kostenfaktoren photovoltaischer Anlagen heutiger Technik (entsprechend Kapitel 5) der Größe der beteiligten Unternehmen zugeordnet.

Die Posten "Fundamente, Tragestrukturen, Modulmontage, Verkabelung" stellen weitgehend konventionelle Technik bzw. elektrotechnische Arbeiten dar. Positive Beschäftigungsauswirkungen ergeben sich vor allem bei Klein- und Mittelbetrieben.

Neue Technologien entstehen durch die Weiterentwicklung und den Ausbau der Photovoltaik-Modulfertigung sowie im Bereich der Wechselrichterherstellung, die von Mittel-

und Großbetrieben aus den Sektoren Halbleitertechnik, Beschichtungstechnik und eventuell Glasindustrie getragen werden.

Tabelle 7-2 Durchschnittliche Investitionskostenanteile heutiger Photovoltaik-Anlagen und Größe der beteiligten Unternehmen

Anlagenteil	Hausdachanlage (1-5 kW$_p$)	Freiflächenanlage (300-700 kW$_p$)	Betriebsgröße
Photovoltaik-Module	53%	61%	mittel - groß
Fundamente und Tragestruktur	6%	12%	mittel
Modulmontage	12%	8%	klein - mittel
Verkabelung	6%	6%	klein - mittel
Wechselrichter	22%	7%	mittel
Infrastruktur	1%	6%	klein - mittel
Gesamt	17000-21000 DM/kW$_p$	13000-15000 DM/kW$_p$	

Setzt man zur Abschätzung der Beschäftigungseffekte einen Wert von etwa 200000 DM Umsatz p.a. pro Beschäftigten in den beiden Bereichen Maschinenbau und Elektrotechnik an[34], so lassen sich pro Megawatt (peak) installierter Photovoltaik-Leistung pro Jahr etwa 65-100 Arbeitsplätze schaffen. Die erreichbaren Beschäftigungswirkungen insgesamt lassen sich dann anhand der unter Abschnitt 8.3 skizzierten Aufbaustrategien abschätzen. Neben den positiven Beschäftigungseffekten durch einen Ausbau der Photovoltaik müssen bei einer Gesamtbetrachtung auch die ggf. aufgrund höherer Strompreise entstehenden negativen Beschäftigungseffekte berücksichtigt werden. Siehe hierzu ausführlicher [Greenpeace 1994, Gruppe Energie 2010, 1995, Enquete 1994].

7.3 Umweltauswirkungen

Einer der entscheidenden Vorteile von Photovoltaik ist, daß während des Betriebes weder Stoffe (Brennstoffe, Hilfsstoffe) verbraucht werden, noch andere Einsatzstoffe sich in einem Kreislauf befinden. Die Umwandlung von Solarenergie in elektrische Energie vollzieht sich sozusagen ausschließlich auf der elektronischen Ebene.

Dieser bedeutsame Vorteil hat zwei weitreichende Konsequenzen, die die Umweltauswirkungen einer Photovoltaik-Anlage während ihres Lebenszyklus überschaubar und kleiner als bei konventionellen Energiesystemen machen. (1) Während der Nutzung von Photovoltaik-Anlagen - also bei Stromerzeugung - werden keinerlei Emissionen oder sonstige Schadstoffe freigesetzt. (2) Der Verschleiß der Photovoltaik-Komponenten ist verhältnismäßig gering und praktisch ausschließlich eine Folge von Witterungseinflüssen, gegen die man die Komponenten wirksam schützen kann. Aus dem geringen Verschleiß folgen grundsätzlich eine lange Lebensdauer und angemessene Erntefaktoren, aus dem

---

[34] Nach [Stat Bundesamt 1993]

Verzicht auf Stoffverbräuche während des Betriebs die Möglichkeit eines weitgehend geschlossenen Materialkreislaufs[35]. Gerade diese Faktoren stellen die Grundpfeiler ökologischen Wirtschaftens dar.

Treibhausgase, Luftschadstoffe, radioaktive Substanzen, Abfälle und sonstige Schadstoffe werden jedoch über den Verbrauch von Energie, Einsatz- und Hilfsmitteln bei der Herstellung und Entsorgung der Komponenten freigesetzt. Für eine Quantifizierung der Umweltauswirkungen sind also zunächst Energie- und Stoffbilanzen der gesamten Systemkette über den gesamten Lebenszyklus zu erstellen. Detaillierte Untersuchungen hierzu existieren bis dato für Photovoltaik-Systeme mit Silicium-Modulen (FfE-KFA, Hagedorn). Analysen für Dünnschicht-Solarzellen sind bisher eher als Abschätzungen einzustufen, da sie aufgrund mangelnder Produktionserfahrung bisher noch nicht umfassend durchgeführt werden konnten. Einige Zusammenfassungen (z.B. [Bloss, Pfisterer 1992, Wagner 1992]) zum Thema "Umweltrelevanz von Photovoltaik-Anlagen" kommen zu dem Schluß, daß der Einsatz von Photovoltaik-Anlagen als Maßnahme zur CO_2-Reduktion sehr sinnvoll ist. Darüberhinausreichende Angaben, z.B. zu anderen Schadstoffen als CO_2, standen bisher noch nicht im Mittelpunkt des Interesses. Möglichkeiten des Recycling werden derzeit erst erörtert, so daß hierzu noch keine belastbaren Ergebnisse vorliegen.

7.3.1 CO_2-Emission (Systemkette)   *nur indirekt*

Da CO_2 nur indirekt durch den Verbrauch fossiler Energieträger zur Herstellung von Komponenten sowie zur Errichtung und Entsorgung/Rezyklierung der Anlagen emittiert wird, ist es typisch für Photovoltaik-Systeme, daß die Energiebilanz bzw. der Erntefaktor (s. Abschnitt 2.3) ganz entscheidend das Potential zur CO_2-Reduktion bestimmt.

Die zur Herstellung benötigten Energieformen sind Strom, Brennstoffe und nicht energetische Verbräuche (NEV). Die verbundenen CO_2-Emissionen richten sich nach den eingesetzten Energieträgern und Umwandlungstechniken. Beide Faktoren sind im Zeitablauf veränderbar und werden zukünftig vermutlich zu geringeren energiebedingten Schadstoffemissionen führen (z.B. durch die Substitution von Kohle durch Erdgas und die Erhöhung der Umwandlungseffizienz). Anhand des heute bestehenden Energiemixes ergibt sich für die Photovoltaik eine relativ ungünstige Bilanz, die auf den starken Einsatz fossiler Brennstoffe zurückzuführen ist.

Über CO_2-Emissionen bei der Entsorgung von Solarmodulen verschiedenen Typs liegen noch keine Erkenntnisse vor. Man kann jedoch davon ausgehen, daß auch hier die CO_2-Emissionen im wesentlichen durch den notwendigen Energiebedarf entstehen. Im Falle einer möglichen Rezyklierung mit anschließender Wiederverwendung einzelner Materialien dürften die Emissionen im Bereich dessen liegen, was durch die Herstellung dieser Materialien entsteht.

Im folgenden werden die spezifischen CO_2-Emissionen (t/GWh) von Photovoltaik-Anlagen einschließlich der vorgelagerten Systemkette und der Anlagenherstellung angegeben (Tabelle 7-3). Die Angaben spiegeln die verhältnismäßig große Bandbreite von Einschätzungen zum kumulierten Energieverbrauch von Photovoltaik-Anlagen wider. Die

---

[35] Bei der Herstellung und Entsorgung werden teilweise Hilfsstoffe verbraucht, weswegen ein vollständig geschlossener Materialkreislauf nicht möglich bzw. nur unter sehr hohem Aufwand erreicht werden kann.

höchsten Energieverbräuche und damit CO_2-Emissionen wurden für die Anlagen mit multikristallinen Silicium-Solarzellen ermittelt[36]. Die niedrigsten Werte werden für Anlagen mit Dünnschicht-Solarzellen (CIS, CdTe) prognostiziert. Nach eigenen Abschätzungen auf der Basis einer technischer Lebensdauer von 30 Jahren ergeben sich für Dünnschicht-Systeme spezifische CO_2-Emissionen von 30 t/GWh bei Ansatz des heutigen Primärenergiemixes.

Tabelle 7-3 Spezifische CO_2-Emissionen von Photovoltaik-Anlagen zur Strombereitstellung (einschließlich vorgelagerter Prozeßkette und Anlagenherstellung)

Quelle	Solarzellentyp der PV-Anlage	Angesetzte technische Lebensdauer (Jahre)	Spezifische CO_2-Emissionen (t/GWh_{el})
Voß 1993	-	-	206 - 318
Gemis 1992	CdTe	-	51,7
Zittel 1992	CIS	20	15
Hagedorn 1990	amorphes Si	20	100 - 170
Hagedorn 1990	multikristallines Si	20	110 - 250
eigene Abschätzung	CdTe, CIS	30	30

Bei der Ermittlung des möglichen Beitrags der Photovoltaik zur Reduktion der Gesamtemissionen in der Stromerzeugung muß beachtet werden, welche Primärenergieträger eingespart werden können. Entsprechend den Ausführungen in Abschnitt 6.3 hat dabei auch der Anteil der Photovoltaik an der gesamten installierten Kraftwerksleistung einen großen Einfluß. Da bei der heutigen Kraftwerksstruktur (bei nennenswerten Anteilen) vor allem Kohle in der Mittellast mit einem spezifischen Emissionsfaktor von etwa 800 t CO_2/GWh elektrisch ersetzt werden würde, sind die vermiedenen CO_2-Emissionen pro GWh elektrisch im Kraftwerkspark um etwa den Faktor 4 höher als die CO_2-Emissionen der Photovoltaik-Systemkette[37]. Besonders günstig (Faktor >20) ist das Verhältnis bei Anlagen auf der Basis von CIS- oder CdTe-Dünnschicht-Solarzellen.

7.3.2 Emissionen anderer Treibhausgase (Systemkette)   *nur indirekt*

Nach [IKARUS 1992] und [Aulich et al. 1985] werden für die Herstellung von Silicium-Modulen Lösungsmittel (0,007 kg/MWh [Zittel 1992]) verwendet, die FCKW enthalten. Prinzipiell ist es möglich, daß diese an die Atmosphäre abgegeben werden (vermutlich werden sie aber rezykliert). Die absoluten Mengen sind dann zwar marginal, jedoch kann man sie wegen der über 10000fach größeren Klimawirksamkeit des FCKW im Vergleich zu CO_2 nicht vernachlässigen.

Wie beim CO_2 resultieren die Emissionen anderer Treibhausgase (CH_4, O_3, N_2O), Schadstoffe und radioaktive Emissionen nur über den Verbrauch von Energie (Strom,

---

[36] Der spezifische Energieverbrauch für monokristalline Silicium-Solarzellen ist in der Zusammenstellung nicht enthalten. Er liegt jedoch deutlich höher (s. Abschnitt 2.3).

[37] Zu den in Zukunft erreichbaren Anteilen an der Stromerzeugung siehe Kapitel 8 und 10.

Brennstoffe und NEV) während der Herstellung, der Errichtung und Entsorgung bzw. Rezyklierung der Anlagen. Eine analoge Quantifizierung stößt derzeit jedoch auf die Schwierigkeit, daß zur Berechnung der Gesamtemissionen die Emissionsfaktoren getrennt nach den drei verschiedenen Energieverbräuchen Strom, Brennstoffe und NEV bekannt sein müssen. Um diese Schwierigkeiten zu umgehen, wird vereinfachend folgende Vorgehensweise gewählt: Ausgehend von den in Tabelle 7-3 aufgelisteten CO_2-Emissionen von Photovoltaik-Anlagen wird angenommen, daß sie allein aus dem Verbrauch von Strom bei der Herstellung stammen. In Tabelle 7-4 sind die Schadstoffemissionen in Relation zu den CO_2-Emissionen angegeben. Da - vor allem primärenergetisch bewertet - Strom die hauptsächliche Energieform darstellt, die zur Herstellung von Solarzellen benötigt wird, ist der Fehler, z.B. die Überbewertung der radioaktiven Emissionen, relativ gering.

Tabelle 7-4 Mengenverhältnisse (kg/kg) emittierter Stoffe, bezogen auf die CO_2-Emissionen des westdeutschen Strom-Mixes

Treib-hausgase			Luftschad-stoffe				Radio-aktivität	
CH_4[2]	O_3	N_2O[5]	SO_2[1]	NO_x[1]	C_mH_n[6]	Staub[1]	Edelgase[3]	Jod[4]
0,0024	-	0,00004	0,00093	0,00112	0,000016	0,00008	0,001	50

[1] Ermittlelt auf der Basis der Emssionen der westdeutschen Kraftwerke für das Jahr 1990 nach [VDEW 1992].

[2] Angaben für die Kraftwerke und vorgelagerter Prozesse (Bergbau) nach [Fritsche 1989].

[3] Angaben für den westdeutschen Kraftwerkspark 1987 nach [Borsch, Wagner 1992].

[4] Angaben für J131 für die Kernkraftwerke Baden-Württembergs 1990 nach [LfU-BW 1992].

[5] Angaben für die öffentlichen Kraft- und Fernheizwerke Gesamt-Deutschlands 1990 nach [BMU-1993].

[6] Angaben für Kohle- und Kernkraftwerke nach [Zittel 1992].

Auf der Basis der Angaben in Tabelle 7-4 lassen sich damit die Emissionen pro erzeugter GWh Strom aus Photovoltaik-Anlagen berechnen. Sie sind für die Klimagase CH_4 (Methan) und N_2O (Lachgas) in Tabelle 7-5 zusammengestellt.

Tabelle 7-5 Spezifische CH4- und N2O-Emissionen von multikristallinen Silicium-Photovoltaik-Anlagen und polykristallinen Dünnschicht-Photovoltaik-Anlagen

Solarzellentyp der PV-Anlage	Spezifische CH_4-Emissionen (t/GWh)	Spezifische N_2O-Emissionen (t/GWh)
CIS, CdTe - polykristallin	0,072	0,0012
Si - multikristallin	0,432	0,0072

Für die möglichen Beiträge zur Minderung der Schadstoffemissionen durch eine photovoltaische Stromerzeugung gelten die Aussagen unter Abschnitt 7.3.1 entsprechend.

Ozon wird im wesentlichen photochemisch aus den Stickoxiden und Kohlenwasserstoffen in der Atmosphäre gebildet und ist daher schwer spezifisch beziehbar auf den Energieverbrauch. Geht man von einer linearen Beziehung zwischen Energieverbrauch und Ozon-Bildung aus, so können die relativen Reduktionen vom CO_2 übernommen werden. Der Großteil der Ozonproduktion wird durch den Fahrzeugverkehr ausgelöst. Da der Transportaufwand (keine Brennstoffe) für Photovoltaik-Anlagen eher gering ist (s. Abschnitt 7.2.2), ergibt sich ein zusätzlicher positiver Effekt für die Ozonbilanz aus dem Gebrauch von Photovoltaik-Anlagen gegenüber brennstoffbefeuerten Kraftwerken.

7.3.3 Abfälle   *gering*

Hochradioaktive Abfälle, Schlacken und Asche fallen hauptsächlich indirekt über die Deckung des kumulierten Energiebedarfs von Photovoltaik-Anlagen an. Direkte, aus dem Herstellungsprozeß austretende Stoffmengen wurden für kristalline Silicium- und amorphe-Silicium-Photovoltaik-Kraftwerke ermittelt [FfE-KFA]. Ohne auf die einzelnen Substanzen einzugehen, kann man davon ausgehen, daß die als Sondermüll zu entsorgenden Mengen zwischen 1,3 t/GWh auf der Basis multikristalliner Silicium-Solarzellen und 0,03 t/GWh bei amorphem Silicium liegen. Diese Angaben sind als obere Abschätzung anzusehen. Mit einem größeren Produktionsvolumen wird auch die Effektivität des Verbrauchs aller Materialien zu- und damit die anfallenden Abfälle abnehmen. An Industriemüll fällt maximal, ebenfalls bei multi-c-Silicium-Photovoltaik-Kraftwerken, 1 t/GWh an. Angaben über Photovoltaik-Kraftwerke auf der Basis von CdTe- und CIS-Dünnschicht-Solarzellen liegen derzeit noch nicht vor.

7.3.4 Flächenbedarf der Systemkette   *vernachlässigbar*
(Dachaufstellung)

Der Flächenbedarf der vorgelagerten Systemkette kann als sehr klein gegenüber dem Flächenbedarf der installierten Anlagen angesehen werden. Hierzu kann bemerkt werden, daß sich ein geringer Materialeinsatz (Dünnschicht-Solarzellen) positiv auf den Flächenbedarf der Systemkette zur Herstellung der Ausgangsmaterialien auswirkt. Ein Flächenbedarf für die Photovoltaik-Anlagen selbst entsteht nicht, wenn sie auf Gebäuden errichtet werden. Auf Freiflächen ist er mit etwa 20-30 m^2 pro Kilowatt installierter Modulleistung (s. Abschnitt 6.1.3) im Vergleich zu anderen Technologien sehr hoch. Allerdings ist darauf hinzuweisen, daß die Potentiale auf Dachflächen sehr groß sind und ausreichen, etwa 15% des gesamten Strombedarfs zu decken (s. Abschnitt 6.2).

7.3.5 Beeinträchtigung des Mikroklimas   *vernachlässigbar*

Photovoltaik-Anlagen auf Dächern sind dem Absorptions- und Reflexionsverhalten der Dächer relativ ähnlich, so daß keine Beeinträchtigungen des lokalen Klimas auftreten. Auch bei Großanlagen auf Freiflächen findet keine "Flächenversiegelung" statt. Aufgrund der größeren überdeckten Fläche und des im Vergleich zum überdeckten Boden stärker abweichenden Absorptions- und Reflexionsverhaltens sind die Wirkungen auf das Mikroklima prinzipiell größer als bei Dachanlagen. Insgesamt sind jedoch die für eine Ausschöpfung des technischen Potentials benötigten Flächen im Vergleich zur gesamten Gebietsfläche Deutschlands sehr gering (s. Abschnitt 6.2).

7.3.6 Störfall/Katastrophenpotential, Persistenz der Schadensfolgen

Technischer Störfall: *vernachlässigbar*

Das physikalische Prinzip der direkten Umwandlung von Sonnenlicht in Strom vollzieht sich ausschließlich auf elektronischer Ebene. Ein erheblicher technischer Defekt führt in der Regel lediglich zu Stromausfällen. Schlimmstenfalls können Brände durch schmorende Kontakte oder Lichtbögen bei Leitungsunterbrechungen auf der Gleichstromseite entstehen.

Katastrophenfall: *gering*

Das Katastrophenpotential bei der Herstellung und Entsorgung der Komponenten kann zwischen dem der industriellen Produktion in den Sektoren "Werkzeugbau" und "chemische Industrie" eingestuft werden. Es sollte daher überschaubar und handhabbar sein. Nach bisherigen Erfahrungen wird die Erfüllung hoher Umweltstandards keine Schwierigkeiten bereiten. Die einzige potentielle Umweltgefahr beim Betrieb könnte darin bestehen, daß Stoffe der Photovoltaik-Anlage in die Umwelt gelangen und auch gleichzeitig umweltschädlich sind. Dies kann nur eintreten, wenn sie ihren festen Aggregatzustand (z.B. bei Bränden) ändern oder permanenten Kontakt zur Hydrosphäre (bei unsachgemäßer Entsorgung, wenn Module in einen Fluß oder See geworfen werden) haben. Der Brand von Freiflächen-Photovoltaik-Anlagen kann praktisch ausgeschlossen werden. Beim Brand einer Hausdach-Photovoltaik-Anlage muß differenziert werden. Dabei zeigt sich, daß nur Cadmium und Selen (bei CdTe- und CIS-Dünnschicht-Solarzellen) ein nennenswertes Umweltgefährdungspotential besitzen.

US-amerikanische Studien haben jedoch gezeigt, daß im Falle von CdTe-Modulen selbst bei Annahme einer 100%igen Freisetzung des Cd-Inventars erst ab Anlagengrößen von 100 kW_p eine gesundheitsgefährdende Cd-Konzentration in den umliegenden Luftschichten entstehen kann [Moskowitz, Fthenakis] (s. Abschnitt 7.4.3). Eine solche Größe (ca. 1000 m^2) werden Dachanlagen jedoch kaum erreichen. Der mögliche Austritt von Cd muß ferner mit dem Ausstoß von Cd bei der Kohleverbrennung verglichen werden. Quantitative Vergleiche hierzu ergeben, daß der Cd-Ausstoß pro kWh eines Kohlekraftwerks in etwa dem Cd-Gehalt einer CdTe-Dünnschicht-Solarzelle entspricht, die während ihrer technischen Lebensdauer 1 kWh Strom erzeugt hat.

Zusammenfassend kann festgestellt werden, daß der Eintritt eines Katastrophenfalls verhältnismäßig unwahrscheinlich ist und negative Umweltauswirkungen äußerst gering sind (CdTe- und CIS-Module) bzw. nicht auftreten (Silicium-Module).

Persistenz der Schadenfolgen: *insgesamt vernachlässigbar*

Nur bei Cadmium enthaltenden Solarzellen kann bei unsachgerechter Entsorgung über den Wasserkontakt eine persistente Umweltgefahr entstehen.

7.3.7 Wasser   *nur indirekt durch Herstellung, Errichtung und Entsorgung, während des Betriebes kein Bedarf*

Entnahme: *gering*

Angaben in [Zittel 1992] zufolge fallen, bezogen auf 1 MWh Stromerzeugung, aus Photovoltaik-Anlagen 100 kg Wasser bei der Produktion der Zellen an. In einer anderen Untersuchung [FfE-KFA] werden 15000kg/MWh an Kühl- und Waschwasser für multi-kristalline Silicium-Zellen angegeben, bzw. 42 kg/MWh bei amorphen-Silicium-Zellen. Bevor man diese Wassermengen als Verbräuche ausweist, wäre zu bedenken, daß man einen geschlossenen Kühlwasserkreislauf betreiben könnte. Die Wasserverbräuche können sich also noch erheblich reduzieren. Als grobe Abschätzung der oberen bzw. unteren Grenze kann eine Wasserentnahme von 100 (multikristallines Silicium) bzw. 10 kg/MWh (amorphes Silicium) angegeben werden.

Wärmefracht: ***vernachlässigbar***
Die Wärmefracht über das für die Herstellung notwendige Kühlwasser kann als vernachlässigbar angesehen werden.

Schadstofffracht: ***gering, kontrollierbar***
Wiederum kommt lediglich die Herstellung der Photovoltaik-Anlagenteile in Betracht. Hierzu liegen Daten aus [FfE-KFA] vor. Demzufolge werden alle Abwässer einer chemisch-mechanischen Abwasserreinigung am Produktionsstandort zugeführt, wo das Abwasser gefällt und neutralisiert wird. Das gereinigte Abwasser wird in die Hydrosphäre geleitet, die gefällten Sedimente nach Aufbereitung als Sondermüll deponiert. Somit wird eine nennenswerte Schadstofffracht über das Abwasser ausgeschlossen.

7.3.8 Umweltauswirkungen der Systemkette außerhalb Deutschlands   ***vernachlässigbar***

Aus der Gesamtheit des in diesem Abschnitt 7.3 Gesagten folgt, daß durch den Betrieb von Photovoltaik-Anlagen keine Umweltauswirkungen außerhalb Deutschlands entstehen, mit Ausnahme der Umweltauswirkungen, die mit dem Verbrauch von Energie während Herstellung, Errichtung und Entsorgung/Rezyklierung der Anlagen verbunden sind. Dies ist aber vor allem eine Folge der nuklearen und fossilen Energieträger, die z.Zt. den weitaus größten Anteil am Energiemix ausmachen.

7.4 Gesundheitsauswirkungen

7.4.1 Durch Energiegewinnung Getötete (Systemkette)   ***ca. 1 Getöteter pro 100 MW$_P$***

Schon 1984 hat eine Studie über Risiken von Arbeitsunfällen [Hubert 1984] festgestellt, daß im Falle photovoltaischer Anlagen 97% des Risikos der Produktion der Anlagen zuzurechnen ist. Allerdings existieren statistische Erhebungen über Gefahrenpotentiale der einzelnen Produktionsabschnitte sowie Erfahrungen aus einer Massenfertigung bisher noch nicht. Es kann angenommen werden, daß sehr viele Abschnitte der Systemkette Prozesse enthalten, wie sie bei anderen industriellen Verfahren bereits seit Jahren existieren. Außerhalb der Abschnitte Produktion und Entsorgung/Rezyklierung besteht das Gefahrenpotential der Photovoltaik nur bei Installation und Wartung. Hier kommen höhere elektrische Spannungen zwischen den elektrischen Anschlüssen als Gefahrenquelle in Betracht. Von einem zusätzlichen Risiko ist bei Dachanlagen auszugehen, das etwa vergleichbar mit dem Berufsrisiko von Dachdeckern sein dürfte. Nimmt man an, daß pro 50 000 Dachanlagen ungefähr ein tödlicher Arbeitsunfall passiert, dann entspricht das Risiko ungefähr 1 getöteten Person pro 100 MW_p installierter Photovoltaik-Leistung.

7.4.2 Schwere Arbeitsunfälle (Systemkette)   *wie "Werkzeugbau"*

Die Folgen von Arbeitsunfällen des Wartungspersonals in der Stromwirtschaft wurden 1987 zu 1524,6 verlorene Personenstunden und 0,03 tödlichen Unfällen pro GWh erzeugte Elektrizität geschätzt [Jochem 1987]. Da bisher keine nennenswerte Produktion von Photovoltaik-Anlagen stattgefunden hat, kann nicht auf eine statistisch fundierte Untersuchung zu Arbeitsunfällen in der Systemkette zurückgegriffen werden. Die Risiken und das Ausmaß von Arbeitsunfällen während Herstellung bzw. Entsorgung/Rezyklierung von Photovoltaik-Anlagen dürfte vergleichbar zu den Branchen "Werkzeugbau" bzw. "chemische Industrie" sein.

7.4.3 Gesundheitsrisiken für die Bevölkerung

Normalbetrieb: *keine*

Außer durch den Verbrauch von konventionellen Energien bei Herstellung und Entsorgung entstehen grundsätzlich keine Risiken für die Bevölkerung. Ein Restrisiko verbleibt durch das Herabfallen unsachgemäß montierter Photovoltaik-Module auf Dachflächen und an Fassaden. Ansonsten könnten einzig höhere elektrische Spannungen zwischen den elektrischen Anschlüssen (bei einer großen Anzahl von in Reihe geschalteten Modulen) als Gefahrenquelle in Betracht kommen, falls die Anlagen für die Bevölkerung (besonders Kinder) leicht zugänglich sind. Dachanlagen sind diesbezüglich jedoch relativ unkritisch. Bei Anlagen auf Freiflächen sind geeignete Sicherheitsvorkehrungen zu treffen (z.B. Zäune).

Katastrophenpotential: *keine*

Ein Risiko für die Bevölkerung besteht praktisch nicht. Wie schon in Abschnitt 7.3.6 erläutert, könnten lediglich bei großen Photovoltaik-Anlagen, die mit Dünnschicht-Solarzellen ausgestattet sind, bei einem Brand gefährliche Konzentrationen (>MAK-Wert) toxischer Stoffe (z.B. Cd, Se) in der Emissionswolke auftreten. Bleiben diese Photovoltaik-Anlagen unter einer Maximalgröße von 0,1 - 1 MW_p, so besteht kein nennenswertes Risiko. Abgesehen davon, daß aus bereits in Abschnitt 7.3.6 besprochenen Gründen die Eintrittswahrscheinlichkeit für einen solchen Brand ausgesprochen klein ist, besteht eine gesundheitliche Gefahr für die Bevölkerung nur in der nächsten Umgebung.

7.5 Gesellschaftliche Auswirkungen

7.5.1 Verteilungsgerechtigkeit   *hoch*

Wie bereits in Abschnitt 7.4 erläutert, ist das Gefährdungspotential für die Bevölkerung vernachlässigbar und durch die dezentrale Nutzungsstruktur photovoltaischer Anlagen gleichmäßig verteilt. Das gesundheitliche Risiko bei der Herstellung und Entsorgung liegt nicht über den in der Industrie tolerierten Risiken.

Die Kosten der am Anfang notwendigen Subventionierung von Anlagen sollten von der Allgemeinheit getragen werden, da die Allgemeinheit vor allem von den positiven Umwelteffekten profitiert.

7.5.2 Sozialpolitische Akzeptanz

Konfliktpotential und vorhandene Widerstände: *vernachlässigbar*
Eine Umfrage zur Bedeutung verschiedener Energieträger im nächsten Jahrtausend [Allensbach 1991] ergab folgende Rangfolge:

    1. Photovoltaik
    2. Wind
    3. Wasserkraft
    4. Kernkraft
    5. Öl und Gas
    6. Kohle.

Daraus läßt sich grundsätzlich eine hohe Akzeptanz der Photovoltaik-Technologie in der Bevölkerung ableiten. Allerdings dürften die auf absehbare Zeit hohen Kosten photovoltaischer Systeme bei einem starken Ausbau der Technologie zu Widerständen in der Wirtschaft führen. Bei privaten Haushalten dürfte diesem Argument geringere Bedeutung zukommen, da hier zum Teil eine hohe Bereitschaft besteht, höhere Kosten in Verbindung mit einer umweltverträglichen Energieversorgung in Kauf zu nehmen.

Informationsdefizite: ***nicht vernachlässigbar***
Es bestehen heute große Informationsdefizite, die in Abschitt 8.4 ausführlich diskutiert werden.

7.5.3 Gestaltungsspielraum der Akteure   *sehr groß*

Aufgrund der modularen Struktur, den vielfältigen Einsatzmöglichkeiten und der hohen Akzeptanz von Photovoltaik-Anlagen in der Bevölkerung läßt sich schließen, daß der Gestaltungsspielraum der Akteure verglichen mit anderen, vor allem zentralen Versorgungssystemen, sehr groß ist.

7.5.4 Beeinflussung der
Wettbewerbsfähigkeit   *mittelfristig keine, langfristig positive Effekte*

Allgemein wird die Photovoltaik als internationaler Wachstumsmarkt eingeschätzt. Als Photovoltaik-Anlagenhersteller und -exporteur eignet sich die hochindustrialisierte deutsche Wirtschaft sehr gut. In diesem Zusammenhang ist ein frühes Engagement, unterstützt durch den heimischen Ausbau der Photovoltaik, von großer Bedeutung für die technologische Innovations- und Wettbewerbsfähigkeit.

Von einem Ausbau der heimischen Nutzung der Photovoltaik, der mittelfristig tendenziell zu einer Verteuerung der Strompreise führt, gehen andererseits keine nachteiligen Effekte aus, da der Anteil an der Stromerzeugung bis zum Jahr 2010 0,1% (s. Abschnitt 8.2) kaum überschreiten wird und damit keine meßbare Erhöhung der Produktionskosten verursacht. Dies dürfte auch im Falle eines langfristig deutlich verstärkten Ausbaus der Fall sein, da dann von einer entsprechenden Reduktion der Stromgestehungskosten photovoltaischer Anlagen auszugehen ist (s. Kapitel 5).

7.5.5 Internationale Verträglichkeit

Internationale Verteilungsgerechtigkeit: ***hoch***
Die Herstellung von Photovoltaik-Modulen verlangt einen verhältnismäßig hohen technologischen Status der industriellen Produktion, weswegen hier auf absehbare Zeit ein größerer Nutzen bei den Industrieländern liegen wird. Die Errichtung und der Betrieb von Anlagen sind dafür relativ unkompliziert. Im besonderen bietet sie sich in sonnenreichen Ländern an und kann in Entwicklungsländern zu einer Verbesserung der Lebensverhältnisse der Bevölkerung beitragen (dezentrale Stromversorgung, Wasserbereitstellung, Kommunikation etc.). Langfristig ist auch ein Stromexport aus sonnenreichen (heutigen) Entwicklungsländern in sonnenärmere Industrieländer vorstellbar (z.B. von Nordafrika nach Mitteleuropa, s. Kapitel 9). Herstellung und Anwendung binden also sowohl Industrieländer als auch Entwicklungsländer in einen internationalen Markt ein.

Proliferationsaspekte: ***keine***
Aus keiner technologischen oder physikalischen Erkenntnis und aus keinen Anlagenteilen, die in Verbindung mit der Entwicklung und Herstellung photovoltaischer Systeme gewonnen werden, können Waffen oder sonstige gefährliche Güter entwickelt werden.

7.5.6 Ressourcenschonung

Verbrauch von Primärenergieträgern   ***gering***
Der Verbrauch konventioneller Energieträger resultiert im wesentlichen aus dem Herstellungsprozeß, der Errichtung und Entsorgung/Rezyklierung der Anlagenteile. Die Ausführungen über die energetischen Erntefaktoren in Abschnitt 2.3 zeigen jedoch, daß während der gesamten Lebensdauer ein Vielfaches in Form von Solarenergie "gewonnen" wird.

Verbrauch von Rohstoffen

In Tabelle 7-6 ist der spezifische Ressoucenverzehr für Photovoltaik-Anlagen auf der Basis von kristallinen Silicium [Hagedorn 1992] und Dünnschicht-Solarzellen (CIS) angegeben. Sie sind als konservative Abschätzung anzusehen. Die Verbräuche "Beton, Stahl, Kupfer und Gummi" fallen in beiden Fällen an. Der Bedarf an Beton und Stahl ist jedoch bei einer Freiflächen-Aufstellung deutlich höher als bei einer Anbringung auf oder an Gebäuden.

Tabelle 7-6 Spezifische Verbräuche ausgewählter Rohstoffe und Materialien für Photovoltaik-Anlagen (Freiflächen-Aufstellung)

Material		Spezifischer Rohstoffverbrauch (t/MWp)
Beton		1193, 0
Stahl		270, 5
Kupfer		38, 6
Gummi		7, 8
(1)	Quarzkies (SiO_2)	361, 3
	Holzschnitzel	186, 9
	Glasscheiben	101, 4
	Kohle (LAC)	74, 7
	Holzkohle	49, 8
	Petrolkoks	49, 8
	HCl (100 %ig)	485, 5
	H_2	16, 7
	SiC	11, 3
	N_2	930, 1
	O_2	38, 7
	Argon	16, 2
(2)	Molybdän	0, 2
	Kupfer	0, 0435
	Indium	0, 0785
	Selen	0, 325
	Aluminium	0, 054

Die Verfügbarkeit der Basismaterialien von Solarzellen muß differenziert betrachtet werden. Derzeit haben Silicium-Zellen den mit Abstand größten Marktanteil. Hauptbestandteil dieser Zellen ist Silicium, das das häufigste Element in der Erdrinde ist. Einschränkungen bei der Verfügbarkeit dieses Basismaterials bestehen also nicht.

Dünnschicht-Solarzellen (CIS, CdTe) bestehen aus Cu, In, Ga, S, Se, Cd, Te, Mo, Al. Die geringste Verfügbarkeit dieser Materialien in der Erdrinde hat Tellur mit einer Konzentration von 0,001 g/t [Hubmann 1983]. Die meisten Materialien werden jedoch nicht direkt, sondern als Begleitmetalle von Gebrauchsmetallen abgebaut. Betrachtet man die Verfügbarkeit auf der Basis des weltweiten Umsatzes, so würde man bei Indium (Weltproduktion: 200 Tonnen (1987)) wohl am frühesten auf Engpäße stoßen. Allerdings besteht zwischen den derzeit umgesetzten Mengen und den Konzentrationen in der Erdrinde kein direkter Zusammenhang. Z.B. wird rund 60 mal mehr Te als Ga gefördert, obwohl die Ga-Konzentration in der Erdrinde rund 15 000 mal höher ist als die von Te. Es besteht also durchaus die Möglichkeit, daß alle genannten Materialien in größerem Umfang unter "wirtschaftlichen" Bedingungen gefördert werden können[38].

Rezyklierfähigkeit: ***gute Voraussetzungen***
Mit zunehmendem Photovoltaik-Ausbau nimmt die Notwendigkeit der Rezyklierung zu. Heute kann noch nicht entschieden werden, bis zu welchem Grad und zu welchen Kosten eine Rezyklierung von Photovoltaik-Modulen durchführbar ist. Wie bereits erwähnt, besteht die Möglichkeit eines geschlossenen Materialkreislaufs. Der kritische Punkt bei der Rezyklierung dürfte die Trennung der Halbleiter- und Metallschichten von den Glasscheiben sein, da zur Zeit diese Schichten in der Regel von vernetzenden Kunstoffen fest umschlossen sind, um eine gute Witterungsbeständigkeit der Module zu gewährleisten. Alternativen zu diesem Verfahren sind jedoch möglich.

---

[38] Dies ist von Fall zu Fall zu untersuchen und abhängig von der Lage der Lagerstätten und den verfügbaren Abbautechnologien.

8 Perspektiven der Photovoltaik-Nutzung in Deutschland bis zum Jahr 2010

Betrachtet man die Ergebnisse der vorangegangenen Kapitel, so wird deutlich, daß die Photovoltaik langfristig in erheblichem Umfang zur Stromerzeugung in Deutschland beitragen kann. Selbst unter vorsichtigen Annahmen reichen die Potentiale aus, um ein Äquivalent von etwa 50% der heutigen Stromnachfrage zu decken. Für die Zukunft ist davon auszugehen, daß sich dieser Prozentsatz eher noch erhöht, wenn z.B. als Folge einer Klimaschutzpolitik Maßnahmen zur rationellen Energieverwendung in erheblichem Umfang eingeführt werden. Um nennenswerte Anteile des Potentials ausschöpfen zu können, müssen allerdings die Voraussetzungen für effiziente und kostengünstige Energiespeicher geschaffen werden, um die zeitlichen Unterschiede zwischen Stromnachfrage und solarem Energieangebot ausgleichen zu können.

Da die Sonne ein unerschöpflicher (und freier) Energieträger ist und die Basismaterialien (zumindest bei der Siliciumtechnik) für die Anlagen in hohem Umfang verfügbar sind, kann die Nutzung der Photovoltaik praktisch nicht durch politische Krisen beschränkt werden. Sie kann daher einen wichtigen Beitrag zu einer sicheren Energieversorgung leisten. Auch die Akzeptanz in der Bevölkerung ist im Vergleich zu anderen - auch anderen erneuerbaren - Energiesystemen außerordentlich hoch: Denn für die Errichtung der Anlagen auf oder an Gebäuden werden keine zusätzlichen Flächen benötigt, während des Betriebes entstehen keinerlei gefährliche Stoffe, Lärm oder Luftschadstoffe, und die Energiebilanz ist, über die gesamte Systemkette betrachtet, eindeutig positiv. Hinzu kommt, daß es sich bei der Photovoltaik um eine überschaubare Technik handelt. Ihr dezentraler Charakter und das Funktionsprinzip schließen größere Störfälle oder Katastrophen, die die Gesundheit der Bevölkerung gefährden können, aus. Ein verstärkter Ausbau der Photovoltaik in Deutschland induziert positive Beschäftigungseffekte, vor allem in kleinen und mittelgroßen Unternehmen, da die Systeme vollständig im Inland produziert werden können. Auch sind die Möglichkeiten des Exports langfristig nicht zu unterschätzen, denn unter dem zunehmenden Druck ökologischer Probleme und des rasch wachsenden Energiebedarfs in den Schwellen- und Entwicklungsländern kann die Nutzung der Sonnenenergie weltweit einen erheblichen Wachstumsmarkt darstellen.

Diesen sehr positiven Effekten steht jedoch ein enormes Hemmnis gegenüber: die hohen Kosten. Mit Stromgestehungskosten von deutlich über 1 DM/kWh (unter den Einstrahlungsbedingungen in Deutschland) ist die Photovoltaik heute unter allen gängigen Technologien zur Stromerzeugung aus erneuerbaren Energiequellen mit großem Abstand die teuerste. Daran wird sich auch in den nächsten 10-20 Jahren grundsätzlich nichts ändern. Selbst wenn es gelingt, die Kosten zu halbieren oder sogar auf ein Drittel zu senken, wird die wirtschaftliche Konkurrenzfähigkeit zu etablierten Technologien bei den (ohne staatliche Eingriffe) zu erwartenden Preisen für konventionelle Energieträger innerhalb dieses Zeitrahmens nicht erreicht. Damit befindet sich die Photovoltaik in dem gleichen Dilemma, in dem viele Umwelttechnologien stecken: Der scheinbaren Unvereinbarkeit zwischen Ökologie und Ökonomie. Dementsprechend finden sich auch in der Bevölkerung und Politik sehr starke Anhänger, aber auch große Skeptiker. Die einen geben einer stark ökologisch orientierten Energiepolitik den Vorrang, die anderen sehen dadurch den Wirtschaftsstandort Deutschland gefährdet. In bezug auf die Photovoltaik besteht aber im wesentlichen Konsens darüber, daß es sich langfristig um eine der vielversprechendsten Optionen zur Nutzung erneuerbarer Energiequellen handelt. Die einen fordern daher - in dem Wissen, daß die Umgestaltung von Energiesystemen mehrere Jahrzehnte in Anspruch nimmt -, daß die Photovoltaik mit großem Aufwand, vergleichbar der Nutzung der Kernenergie oder der Raumfahrt, technologisch vorangetrieben und in den Energiemarkt eingeführt werden muß, damit möglichst rasch ein nennenswerter Anteil an der Energieversorgung erreicht werden kann. Die anderen vertreten die Auffassung, daß die vorhandenen Budgets zur Forschung, Entwicklung und Demonstration im Grunde ausreichen und erst dann mit der Markteinführung begonnen werden sollte, wenn die Technologie an der Schwelle zur Wirtschaftlichkeit steht. Der Unterschied zwischen diesen beiden (extremen) Positionen liegt also vorrangig in der Geschwindigkeit, mit der die Entwicklung der Photovoltaik vorangetrieben werden soll.

8.1 Programme und Initiativen zur Photovoltaik-Förderung

Bevor mögliche Aufbaustrategien der Photovoltaik in Deutschland beschrieben werden, sollen zunächst die derzeit bestehenden Förderinitiativen skizziert werden, ohne die die Photovoltaik auf absehbare Zeit nicht auskommen wird. Sie stellen einen wichtigen Indikator dafür dar, inwieweit man bereit ist, die solare Stromerzeugung auch künftig zu unterstützen.

8.1.1 Förderung auf Bundesebene

Auf Bundesebene wurden und werden vor allem durch das Bundesministerium für Forschung und Technologie BMFT - seit 1994 **Bundesministerium für Bildung, Wissenschaft, Forschung und Technologie BMBF -** finanzielle Mittel bereitgestellt; das Ministerium setzt bei der Photovoltaik einen langfristigen Forschungsschwerpunkt [Rüttgers 1995]. Insgesamt beliefen sich die Zuwendungen in der Zeit von 1985 bis 1994 auf fast 600 Mio DM. Für 1995 ist ein Budget von 75 Mio DM vorgesehen, was einem Anteil von 30% des Gesamtvolumens im Bereich erneuerbarer Energiequellen und rationeller Energieverwendung entspricht [Hauerstein u.a 1995]. Gefördert wird die gesamte Bandbreite der Technik, von der Entwicklung neuer Solarzellen bis hin zu Demonstrationsvorhaben. Als besonders zukunftsträchtig wird dabei die Förderung von Kupfer-Indium-Diselenid (CIS)-Solarzellen angesehen.

Im Bereich der Demonstration von Photovoltaik-Anlagen wurden in der Vergangenheit mit Unterstützung des BMBF insgesamt sechs größere Anlagen im Leistungsbereich von 200 bis 600 kW$_P$ auf Freiflächen errichtet. Die größte befindet sich auf der Insel Pellworm. Daneben beteiligte sich das BMBF 1994 gemeinsam mit der EU an dem 1 MW$_P$-Kraftwerk in Toledo/Spanien, das nach Serre in Italien (3,3 MW$_P$) das zweitgrößte in Europa ist. Besonders bekannt geworden ist das "Bund-Länder-1000-Dächer-Photovoltaik-Programm", in dem 2250 Anlagen zwischen 1 und 5 kW$_P$ auf Hausdächern errichtet wurden (das Programm lief zum 30.6.93 aus). Der Förderanteil des Bundes lag bei 50%

der Investitionskosten. Zusammen mit der Länderförderung von nochmals etwa 20% betrug das Fördervolumen 80 Mio DM [Guthermuth 1994][39].

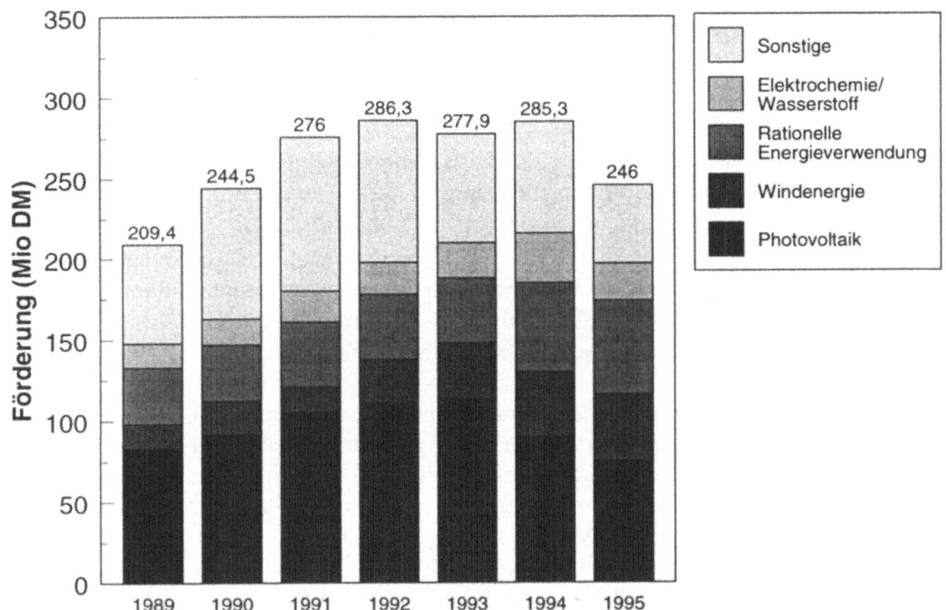

Bild 8-1   Verlauf der Förderung der Photovoltaik durch das BMFT/BMBF 1989-1995 [BEO 1994b; Hauerstein et al. 1995]

Bei der direkten Förderung erneuerbarer Energien durch das **Bundeswirtschaftsministerium** spielte die Photovoltaik bislang keine Rolle. Im Rahmen eines Marktanreiz-Programms Erneuerbare Energien, das 1994 mit einem Budget von insgesamt 10 Mio DM ausgestattet war, wurden nur Solarkollektoren, Wind- und Wasserkraftwerke sowie geothermische Heizzentralen gefördert. Dies mag sich jedoch in Zukunft ändern, da dieses Programm finanziell besser ausgestattet werden soll (100 Mio DM für den Zeitraum 1995-1998 [Hauerstein 1995]).

Neben den genannten Programmen wurden auf Bundesebene einige Maßnahmen ergriffen, die vor allem der Verbesserung der ökonomischen und administrativ-rechtlichen Rahmenbedingungen dienten. Hierzu zählt das 1991 in Kraft getretene Stromeinspeisungsgesetz[40], das die Abnahmepflicht und eine Mindestvergütung für Strom aus erneuerbaren Energiequellen regelt, der in das öffentliche Stromnetz eingespeist wird. Die Vergütung für Strom aus Photovoltaik-Anlagen (ebenso Windenergie) beträgt 90% der

---

[39]   Daneben gab und gibt es einige kleinere Aktivitäten, wie etwa das Programm für die Nutzung erneuerbarer Energien in südlichen Klimazonen und Entwicklungsländern.

[40]   Gesetz über die Einspeisung von Strom aus erneuerbaren Energien in das öffentliche Netz vom 7.12.1990.

Durchschnittserlöse der Elektrizitätsversorgungsunternehmen an alle Letztverbraucher (seit 1.1.95 17,28 Pf/kWh)[41].

8.1.2 Förderung auf Landesebene und in den Kommunen

Auch auf Landes- und kommunaler Ebene existieren zahlreiche Initiativen zur Förderung der Photovoltaik. Dabei handelt es sich in den Ländern um die Forschung und Entwicklung an Universitäten und Instituten, die Unterstützung von Aus- und Weiterbildungsmaßnahmen sowie um Beratungsleistungen. Hinzu kommen Investitionshilfen für die Errichtung von Anlagen, die praktisch von allen Bundesländern gewährt werden. Sie betragen max. 30-70% der Gesamtkosten. Gefördert werden private Anlagen mit Leistungen zwischen etwa 1 und 5 KW_P, aber auch größere Pilotanlagen. Die wichtigsten Programme in diesem Bereich sind in Tabelle 8-1 auf der Basis von Informationen der Bürgerinformation Neue Energietechniken, Nachwachsende Rohstoffe, Umwelt BINE zusammengestellt[42].

Bemerkenswert ist auch, daß einige Bundesländer im Rahmen der Genehmigung von Stromtarifen Aufwendungen von Elektrizitätsversorgungungsunternehmen für Maßnahmen zur Förderung der Stromerzeugung aus erneuerbaren Energien anerkennen (z.B. in Baden-Württemberg bis zu einer Obergrenze von 3% der Strombereitstellungskosten für den Tarifabnehmerbereich [WiMi BW 1995]).

Parallel zur Landesförderung haben viele Kommunen und Elektrizitätsversorgungsunternehmen eigene Programme etabliert. Auch hier werden Beratungsleistungen angeboten und Zuschüsse, zinsverbilligte Darlehen und dergleichen gewährt. Besonders bemerkenswert ist, daß einige Kommunen (mit zunehmender Anzahl) eine **kostendeckende Vergütung** für Strom aus erneuerbaren Energiequellen gewähren (Aachen, Eschweiler, Freising, Hammelburg) [BINE 1995]. Das heißt, für Strom aus Photovoltaik-Anlagen werden bis zu 2 DM/kWh gezahlt.

In **Saarbrücken** wurde darüberhinaus ein Förderprogramm "1000 kW Sonnenstrom von Saarbrücker Dächern" aufgelegt. Wird dieses Ziel erreicht, so beträgt die installierte Leistung, bezogen auf die Saarbrücker Bevölkerung, über **5 W_P pro Kopf**.

8.1.3 Private Initiativen

Das Interesse bei **Unternehmen**, heute in Photovoltaik-Anlagen zu investieren, ist aufgrund der hohen Kosten noch sehr gering. Dennoch gibt es einige erste Projekte, die allerdings häufig, vor allem bei großen Anlagen, nur mit staatlicher Unterstützung realisiert wurden. So betreiben praktisch alle großen deutschen (Verbund-) Elektrizitätsversorgungsunternehmen eigene, kleinere Demonstrations- und Testanlagen.

---

[41] Informationen zu weiteren Maßnahmen finden sich z.B. in [BINE 1995].

[42] Zuständig für die Programme sind in der Regel die Wirtschaftsministerien. Weiterführende Informationen (auch zu kommunalen Förderprogrammen) können über BINE bezogen werden.

Tabelle 8-1 Förderprogramme der Bundesländer für photovoltaische Anlagen, Stand 1993/94 [BINE 1995]

BUNDESLAND	FÖRDERSUMME	RANDBEDINGUNGEN
Baden-Württemberg	max. 35% bei Einzelanlagen	Mindestleistung 1 kWp sowie Anteile ab 300 Wp bei Gemeinschaftsanlagen mit mind. 20 kWp, Gesamtzuschuß max. 30000 DM
Berlin	70%	Mindestleistung 500 Wp Anlagenkosten max. 23000 DM/kWp
Brandenburg	max. 50% bzw. 30% Anlagenkosten max. 20000 DM/kWp	Zuschuß: 50% für Anlagen bis 5 kWp 30% für Anlagen über 5 kWp
Bremen	max. 50%	Zuschuß nur für Pilotanlagen zur Erprobung neuer Technologien, Anlagenkosten max. 300000 DM
Hamburg	Einspeisevergütung 27 Pf/kWh Zuschuß 11000 DM/kWp	Nur netzgekoppelte Anlagen zwischen 1-3 kWp
Hessen	30 %	Förderung von Solar-Autos, max. 5000 DM
Mecklenburg-Vorpommern	max. 40%	Anlagenkosten max 27000 DM/kWp
Niedersachsen	max. 40%	max. 10000 DM/kWp bei Netzkopplung max. 20000 DM/kWp bei Inselbetrieb
Nordrhein-Westfalen	10000DM/kWp	Leistung 1-5kWp
Rheinland-Pfalz	max. 10800DM/kWp	Leistung 1-5 kWp (Stand 1993, Richtlinien inzwischen geändert)
Saarland	max. 9000DM/kWp	Leistung > 1kWp max. Zuschuß: 45000 DM
Sachsen	10%	Fortführung der Landesförderung aus dem 1000-Dächer-Programm
Sachsen-Anhalt	40%	Zuschuß für land- und forstwirtschaftliche Betriebe. Zusätzlich Förderung privater Anlagen
Schleswig-Holstein	max. 70%	Zuschuß nur für Pilotanlagen
Thüringen	max. 70%	Zuschuß für Pilotanlagen

Hervorzuheben sind die großen Anlagen Kobern-Gondorf und Neurather See der RWE, die insgesamt eine installierte Leistung von etwa 700 kW$_P$ aufweisen. Auch einige Unternehmen, die nicht im Energiebereich tätig sind, haben bereits in Solarsysteme investiert. Eines der bekanntesten Projekte ist die im Mai 1994 in Betrieb gegangene Anlage des Brausen- und Armaturenherstellers Hansgrohe in Offenburg. Dort sind 97 kW$_P$ auf dem Sheddach eines Fabrikgebäudes installiert. Hinzu kommen weitere 7 kW$_P$ auf dem "Solarturm", der als Informationszentrum dient (Bild 8-2).

Bild 8-2   Photovoltaik-Anlage der Fa. Hansgrohe in Offenburg. Installierte Leistung 104 kW$_P$, davon 97 kW$_P$ auf einem Fabrikdach und 7 kW$_P$ auf einem Informationszentrum

Das mit Abstand größte beschlossene Vorhaben ist zur Zeit eine 435 kW$_P$-Anlage, die bis Ende 1996 auf dem Dach des neuen Motorenwerks von Mercedes Benz in Stuttgart errichtet werden wird. In einer ersten Phase werden zunächst rund 5000 m^2 Module aus kristallinen Silicium-Solarzellen installiert. In einer zweiten Phase sollen später auch neue Dünnschicht-Solarzellen zum Einsatz kommen.

Obwohl es einige positive Ansätze bei den Unternehmen gibt, liegt nach wie vor das größte Engagement für die Photovoltaik bei den **privaten Haushalten**. Neben den über 2000 Anlagen, die im Rahmen des 1000-Dächer-Programms oder mit Länderförderung errichtet wurden, haben sich in letzter Zeit auch eine Reihe von Gemeinschaftsprojekten entwickelt, u.a. mit dem Ziel, die Finanzierung zu erleichtern, aber auch um jedem Bürger die Möglichkeit zu geben, sich an Solarprojekten zu beteiligen. Eines davon ist die **Freiburger "Regio-Solarstromanlage"**, ein Projekt, bei dem eine Gemeinschaftsanlage mit 100 kW_P entstehen soll. Interessenten können daran Anteile zu je 500 W_P (10000 DM) erwerben. Die Gemeinschaftsanlage wird auf Flachdächern errichtet, die von Gewerbebetrieben zur Verfügung gestellt werden. Diese nehmen auch den produzierten Strom ab. Gezahlt werden je nach Tageszeit zwischen 26 und 46 Pf/kWh. Darüberhinaus gewähren die Freiburger Elektrizitätswerke eine zusätzliche Vergütung von 2 DM/kWh für einen Zeitraum von 2 Jahren. Auf diese Weise kann für die Anteilseigner immerhin eine Rendite von über 3% erwirtschaftet werden.

Ein anderes interessantes Projekt ist der **Aachener "Sonnenfonds"** zur Markteinführung der Photovoltaik. Ziel ist dabei monatlich eine Photovoltaik-Anlage von je 7 kW_P zu errichten. Zur Finanzierung wurde eine Projektgesellschaft gegründet und von einer Bank ein Fond mit einem Volumen von 2 Mio DM aufgelegt, in dem stille Gesellschafter zeichnen sollen. Die Erträge werden aus dem in Aachen eingeführten Modell der kostendeckenden Vergütung erwirtschaftet. Aufgrund der hohen Verlustzuweisungen und der erwarteten Ausschüttungen ist das Projekt auch für jene Kapitalanleger attraktiv, die sich vorrangig für die Rendite interessieren.

8.2 Aufbauszenarien für die nächsten 20 Jahre

Die im letzten Abschnitt beschriebenen Initiativen zur Weiterentwicklung und Markteinführung der Photovoltaik unterstreichen, daß die Technologie als eine wichtige Option für die zukünftige Energieversorgung anerkannt wird und es gilt, sie verstärkt weiterzuentwickeln und zu nutzen. Vor diesem Hintergrund sollen mögliche Ausbaustrategien für die nächsten 10-20 Jahre diskutiert werden. Da bislang von der Politik **in Deutschland keine quantitativen Ziele festgelegt wurden**, welchen Beitrag die Photovoltaik künftig zur Stromversorgung leisten soll, kann die Beschreibung nur in Form von Szenarien erfolgen. Dies kann jedoch nicht losgelöst von den Veränderungen in der gesamten Energieversorgung geschehen, so daß es notwendig ist, sich mit den Szenarien für die gesamte Energieversorgung in Deutschland zu befassen.

Energieszenarien dienen dazu, mögliche, in sich konsistente Wege aufzuzeigen, wie sich die Energieversorgung in Zukunft entwickeln kann. Grundlage sind dabei stets mögliche oder erwünschte Zustände in der Zukunft, die prinzipiell willkürlich definiert werden können. Szenarien stellen also keine Prognose der zu erwartenden Entwicklung dar, sondern Alternativen zum Trend, die durch eine Reihe von zumeist politischen Eingriffen erreicht werden können. Dennoch sind Aussagen über die Trendentwicklung fester Bestandteil des Szenarienprozesses, schon allein um zu verdeutlichen, welchen Einfluß verschiedene Parameter auf die Struktur der Energieversorgung haben. Szenarien müssen sich immer am Istzustand der Energieversorgung und den Möglichkeiten orientieren, Maßnahmen zur Änderung des Energiesystems zu ergreifen und umzusetzen.

Insofern ist der Gestaltungsspielraum um so größer, je länger der Zeithorizont und je höher die politische oder gesellschaftliche Handlungsebene ist.

Spätestens seitdem die Bundesregierung 1991 beschlossen hat, die CO_2-Emissionen bis zum Jahr 2005 um 25-30% gegenüber dem Jahr 1987 zu senken[43], stand und steht dieses Ziel in praktisch allen Energieszenarien für Deutschland im Vordergrund. Der Grund dafür, daß in den vergangenen 5 Jahren vermutlich einige Dutzend Untersuchungen für verschiedene Bundesländer, für West- und Ostdeutschland oder Gesamtdeutschland durchgeführt wurden, besteht darin, daß unterschiedliche Auffassungen darüber bestehen, wie die CO_2-Minderung möglichst sinnvoll, d.h. unter Berücksichtigung der vielen anderen energiepolitischen Ziele wie langfristige Sicherung der Energieversorgung, Erhöhung der gesellschaftlichen Akzeptanz, Schaffung von Beschäftigung, Verbesserung der Wettbewerbsfähigkeit etc. erreicht werden kann (s. z.B. [Enquete 1990], [Enquete 1994], [Gruppe Energie 2010, 1995]).

In der jüngsten vorliegenden Untersuchung [Gruppe Energie 2010, 1995], die sich auf die Arbeiten der Enquete-Kommission "Schutz der Erdatmosphäre" des Deutschen Bundestags stützt [Enquete 1994], wird davon ausgegangen, daß sich bei einer trendgemäßen Entwicklung, also ohne eine verstärkte Umweltschutzpolitik, die wichtigsten **Kenngrößen des Energiesektors in Deutschland bis zum Jahr 2010** wie folgt verhalten (Basisjahr 1990):

- Nahezu konstante Bevölkerung.
- Wachstum des Bruttoinlandsprodukts um 60%.
- Vergrößerung der Wohnflächen um 20% und der beheizten Nutzflächen um 15%.
- Wachstum der Zahl der PKW um 30%.
- Zunahme der Personenverkehrsleistung um 37% und der Güterverkehrsleistung um 44%.
- Steigerung der Einfuhrpreise für Rohöl und Erdgas um real 25-30%, konstante Preise für Importkohle.
- Die Preise der Sekundärenergien verhalten sich, unter Berücksichtigung der Verbrauchssteuern, ähnlich. Allerdings sinken die Preise für Strom um etwa 10-15%.

In Verbindung mit Strukturveränderungen, technischem Fortschritt und einem trendgemäßen Wachstum der Investitionen in Energieeinspartechnologien ergibt sich daraus eine leichte Abnahme des Primärenergieverbrauchs bis zum Jahr 2010 (4% gegenüber 1990). Die damit verbundenen CO_2-Emissionen gehen um rund 10% zurück, bedingt vor allem durch die Umstrukturierung der sehr stark kohleorientierten Energieversorgung in Ostdeutschland (Reduktion um 35%). Für Westdeutschland wird keine nennenswerte CO_2-Minderung erwartet. Im Trendszenario wird also das von der Bundesregierung gesetzte Ziel der deutlichen Absenkung nicht erreicht!

---

[43] Beschluß der Bundesregierung vom 11. Dezember 1991 [BMU 1993]. Der Beschluß wurde anläßlich des Klimagipfels im Frühjahr 1995 in Berlin bekräftigt.

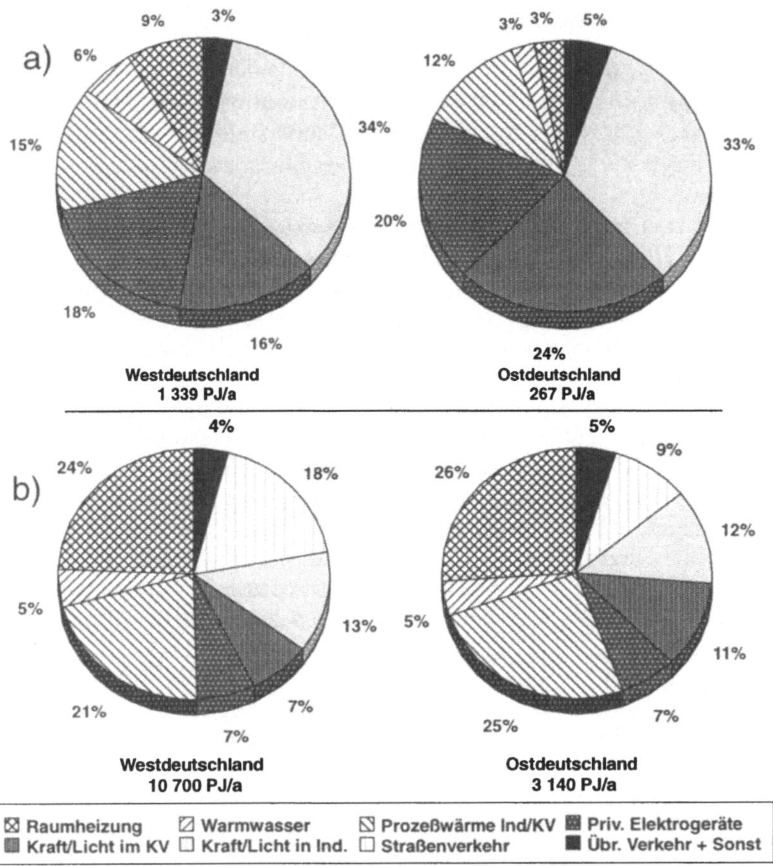

Bild 8-3   Struktur der Energienutzung in West- und Ostdeutschland im Jahr 1990
[Gruppe Energie 2010, 1995].
a) Anteile am Primärenergieverbrauch,
b) Anteile am Endenergieverbrauch von Strom

Betrachtet man die heutige **Struktur der Energienutzung** in West- und Ostdeutschland
(Bild 8-3), so wird klar, wo in den nächsten Jahren anzusetzen ist, damit der CO_2-Ausstoß
deutlich reduziert wird:

- Im Verkehr, durch den 16% der Primärenergie in Gesamtdeutschland verbraucht
  und in dem die Energie nur zu etwa 18% (Nutzungsgrad Endenergie) ausgenutzt
  wird.
- Im Gebäudebereich, insbesondere bei der Wärmedämmung und der Verbesserung von Heizanlagen.
- Im Stromsektor, vor allem durch den Ausbau der Kraft-Wärme-Kopplung und
  die Erhöhung der Wirkungsgrade der Kraftwerke.

- In der Industrie, wo größere Einsparpotentiale auch zu sehr niedrigen Kosten realisiert werden können.

Durch verstärkte Maßnahmen in diesem Bereich könnte der Primärenergiebedarf bis zum Jahr 2010 gegenüber der unterstellten Referenzentwicklung um etwa 16-23% (entsprechend 2300-3300 PJ/a) gesenkt werden. Damit stellt der sparsame und effiziente Umgang mit Energie kurz- bis mittelfristig den vernünftigsten Weg dar, den Ausstoß an CO_2 zu senken.

Parallel sollte aber auch die **Nutzung erneuerbarer Energiequellen** verstärkt vorangetrieben werden. Nur wenn damit heute begonnen wird, können sie in 10 oder 20 Jahren in der Lage sein, mit konventionellen Alternativen zu konkurrieren und langfristig zu einer tragenden Säule der Energieversorgung zu werden. Ohne die Verbesserungen der existierenden Randbedingungen, insbesondere durch energiepolitische Maßnahmen, die zu deutlichen Zuwachsraten, stabilen Märkten und damit zur Ausschöpfung der technischen Verbesserungs- und Kostenreduktionspotentiale führen, werden sie jedoch ihren Versorgungsbeitrag von gut 2% am heutigen Primärenergieverbrauch auch langfristig nicht nennenswert erhöhen können. Grundsätzlich gilt, daß die Markteinführung einer Technologie kurz- bis mittelfristig um so stärker unterstützt werden sollte, je marktnäher sie ist. Technologien, die auf absehbare Zeit noch nicht konkurrenzfähig sein werden, aber im Sinne einer langfristigen Vorsorgepolitik zu den Leit- und Schlüsseltechnologien zählen, sollten mit dem Schwerpunkt der Kostenreduktion weiterentwickelt werden. Andererseits kann auf eine praktische Anwendung auch hier nicht vollständig verzichtet werden, da sich aus der Rückkopplung mit der Praxis wichtige Impulse für die Forschung und Entwicklung ergeben.

Die Photovoltaik zählt zur zweiten Gruppe von Technologien, denn sie wird auf absehbare Zeit nicht wirtschaftlich sein. Selbst dann nicht, wenn tatsächlich eine CO_2 und/oder Energiesteuer für konventionelle, nicht erneuerbare Energiequellen eingeführt werden sollte und sich dadurch die Strompreise auf über 30 Pf/kWh erhöhen würden (s. Abschnitt 8.3).

Anders stellt sich die Situation für die Nutzung von Wasserkraft, Windenergie und Biomasse dar, die innerhalb der nächsten 10 Jahre konkurrenzfähig werden können bzw. heute in Teilbereichen schon sind. Folgerichtig ist es daher, daß diesen Techniken im Rahmen mittelfristiger Ausbaustrategien Vorrang eingeräumt wird. In [Gruppe Energie 2010, 1995] wurde ein entsprechender Vorschlag für die **Aufteilung finanzieller Anschubhilfen** im Bereich der erneuerbaren Energiequellen bis zum Jahr 2010 ausgearbeitet (Bild 8-4). Über einen Zeitraum von knapp 10 Jahren sollen kontinuierlich steigende Beträge dafür sorgen, daß eine sich selbst tragende Marktentwicklung angestoßen wird. Anschließend kann dann die Unterstützung nach und nach abgebaut werden. Zu Beginn steht vor allem die Nutzung von solarthermischen Kollektorsystemen, der Windenergie und der Biomasse im Vordergrund. Die Mittel für den Aufbau der Wasserkraft sind vergleichsweise niedrig, da diese häufig fast wirtschaftlich genutzt werden kann und die Potentiale bereits weitgehend ausgeschöpft sind. Die Photovoltaik gewinnt erst zum Ende dieses Jahrzehnts an Bedeutung und muß über das Jahr 2010 hinaus Unterstützung erfahren.

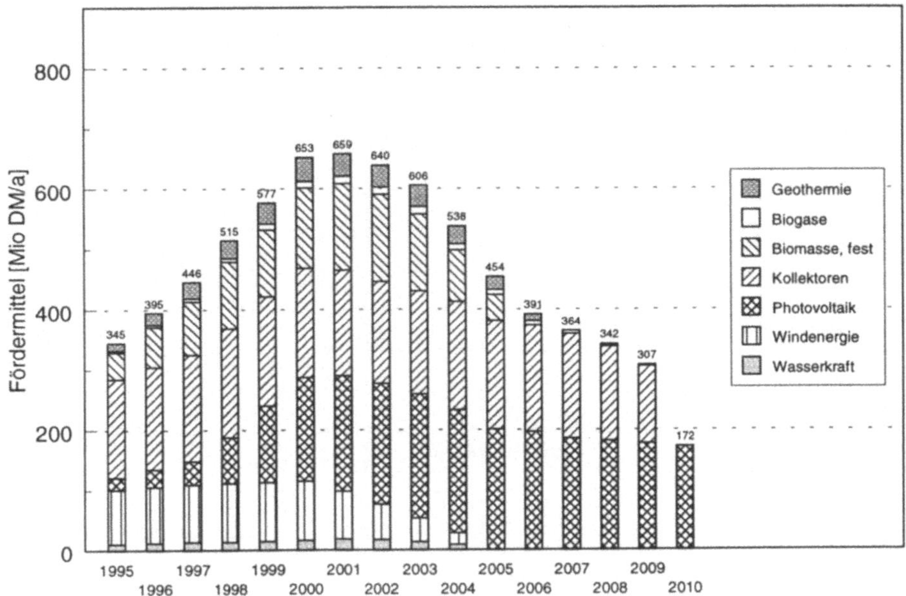

Bild 8-4   Verlauf der Anschubfinanzierung für regenerative Energien bis 2010.
Anteil am Primärenergiebedarf in Deutschland 4,8% [Gruppe Energie
2010, 1995]

Insgesamt tragen die erneuerbaren Energien in diesem Szenario, bezogen auf den
Primäreinergieverbrauch von heute (!), mit 4,8% zur Deckung bei (1994: 2,2%). Der
Anteil zur Stromerzeugung beträgt 10% (1994: 4,4%). Der Beitrag der Photovoltaik
bleibt jedoch mit 0,1% marginal, obwohl die installierte Leistung bis zum Jahr 2010 auf
500 MW$_P$ ausgebaut und damit verdreißigfacht wird. Damit wird deutlich, welche Rolle
die erneuerbaren Energiequellen kurz- bis mittelfristig (nicht langfristig!) in der Energieversorgung spielen können: In dem Gesamtszenario, aus dem die Daten in Bild 8-4
entnommen sind, wird eine CO_2-Minderung von 27% bis zum Jahr 2010 im Vergleich
zum Jahr 1990 erreicht. Dazu leisten Maßnahmen zur rationellen Energieverwendung
einen Beitrag von 80%, die Energieträgersubstitution 15% und erneuerbare Energiequellen 5%.

Neben diesem Szenario wurden in einer Reihe von Untersuchungen weitere **Ausbau-
varianten für die Photovoltaik** innerhalb der nächsten knapp 20 Jahre betrachtet. Bild 8-
5 zeigt, daß sich die Studien in ihren Empfehlungen sehr deutlich unterscheiden, sie aber
alle um ein Vielfaches über die erwartete Trendentwicklung hinausgehen. Dies un-
terstreicht noch einmal die Bedeutung, die der Photovoltaik als langfristiger Option für
eine klimaverträgliche Energieversorgung beigemessen wird.

Neben den zitierten Untersuchungen wurden in Bild 8-5 zwei Werte eingetragen, die
sich an den in Abschnitt 4.3 beschriebenen Erwartungen über die weltweite Entwicklung
des Photovoltaik-Marktes orientieren. Dort wurde die Einschätzung der deutschen
Photovoltaik-Industrie widergegeben, die erwartet, daß bis zum Jahr 2005 die weltweite

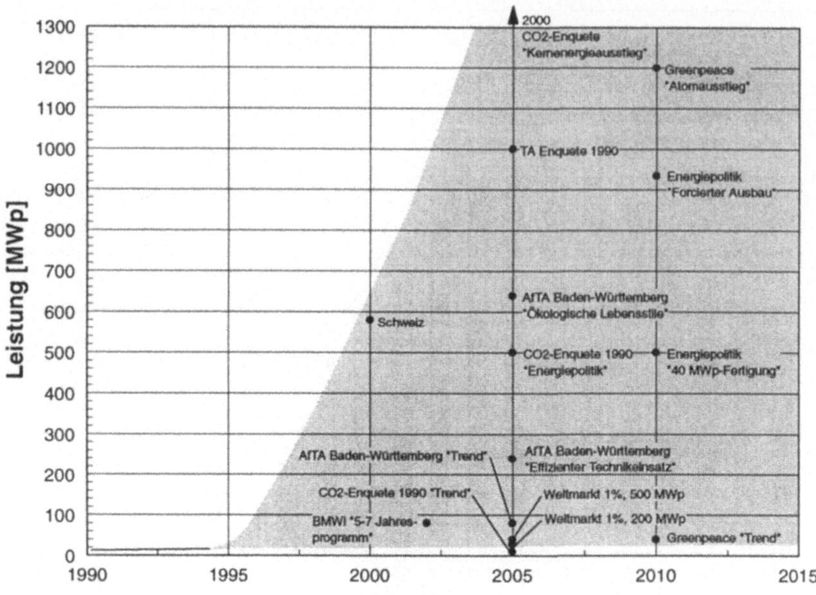

Greenpeace "Trend"	=	Greenpeace-Studie "Was kostet der Atomausstieg", 1994, "Trendentwicklung" [Greenpeace 1994].
Greenpeace "Atomausstieg"	=	Greenpeace-Studie "Was kostet der Atomausstieg", 1994, Szenario "Atomausstieg" [Greenpeace 1994].
Energiepolitik "40 MWp-Fertigung"	=	Studie zukünftige Energiepolitik, 1995 Zielwert I "40 MWp-Fertigung" [Gruppe Energie 2010 1995].
Energiepolitik "Forcierter Ausbau"	=	Studie zukünftige Energiepolitik, 1995 Zielwert II "Forcierter Ausbau" [Gruppe Energie 2010 1995].
AfTA BaWü "Trend"	=	Studie "Klimaverträgliche Energieversorgung für Baden-Württemberg" der Akademie für Technikfolgenabschätzung in Baden-Württemberg, 1995 "Trendszenario". Umrechnung auf der Basis von Pro-Kopf-Werten [AfTA BaWü 1995].
AfTA BaWü "Effizienter Technikeinsatz"	=	Studie "Klimaverträgliche Energieversorgung für Baden-Württemberg" Szenario "Ökonomisch-effizienter Technikeinsatz" [AfTA BaWü 1995].
AfTA BaWü "Ökologische Lebensstile"	=	Studie "Klimaverträgliche Energieversorgung für Baden-Württemberg" Szenario "Verhaltensorientierung an ökologischen Lebensstilen" [AfTA BaWü 1995].
BMWI "5-7 Jahresprogramm"	=	Gesprächszirkel im Bundeswirtschaftsministerium 1994 [BMWI 1994].
Schweiz	=	Schweizer Energie Programm 2000, umgerechnet entsprechend Zielwert von 7,2 Wp pro Kopf [Schweiz 1992].
CO_2-Enquete 1990 "Trend"	=	Enquete-Kommission "Vorsorge zum Schutz der Erdatmosphäre" 1990, "Trendentwicklung" (nur Westdeutschland) [Enquete 1990].
CO_2-Enquete 1990 "Energiepolitik"	=	Enquete-Kommission "Vorsorge zum Schutz der Erdatmosphäre" 1990, CO_2-Reduktionsszenario "Energiepolitik" [Enquete 1990].
CO_2-Enquete 1990 "Kernenergieausstieg"	=	Enquete-Kommission "Vorsorge zum Schutz der Erdatmosphäre" 1990, Szenario "Kernenergieausstieg" [Enquete 1990].
TA-Enquete 1990	=	Enquete-Kommission "Bedingungen und Folgen von Aufbaustrategien für eine solare Wasserstoffwirtschaft" [Enquete 1990a].
Weltmarkt 1%, 200 MW	=	Unter der Annahme, daß künftig etwa 1% der weltweiten PV-Modulproduktion in netzgekoppelten Systemen in Deutschland eingesetzt wird und der Weltmarkt im Jahr 2005 200 MWp beträgt.
Weltmarkt 1%, 500 MW	=	Unter der Annahme, daß künftig etwa 1% der weltweiten PV-Modulproduktion in netzgekoppelten Systemen in Deutschland eingesetzt wird und der Weltmarkt im Jahr 2005 500 MWp beträgt.

Bild 8-5   Ergebnisse verschiedener Studien zum möglichen Ausbau der Photovoltaik in Deutschland bis zum Jahr 2010

Modulproduktion auf insgesamt 200 MW$_P$ pro Jahr anwächst. Dies entspricht einem mittleren Wachstum von etwa 10% pro Jahr in den nächsten 10 Jahren. Bei erfolgreicher Entwicklung von Dünnschicht-Solarzellen kann davon ausgegangen werden, daß der Markt deutlich schneller wächst und daß bis zum Jahr 2005 der Aufbau von Produktionskapazitäten für insgesamt 500 MW$_P$ erreicht werden kann. Nimmt man an, daß davon ein Anteil von etwa 1% in Form netzgekoppelter Photovoltaik-Systeme in der Bundesrepublik eingesetzt wird, so ergibt sich unter Berücksichtigung der bereits bestehenden Anlagen (ca. 8 MW$_P$) eine gesamte installierte Leistung von etwa 30 MW$_P$ bzw. 40 MW$_P$ bis zum Jahr 2005. Der Wert von 1% erscheint insofern sinnvoll, als die installierte Leistung heute in Deutschland etwa 2% der bislang weltweit produzierten Modulkapazität (über 400 MW$_P$) beträgt, allerdings vor allem bedingt durch die in den vergangenen Jahren mit staatlicher Unterstützung errichteten Freiflächenanlagen und durch die Anlagen aus dem 1000-Dächer-Photovoltaik-Programm. Da zur Zeit eine Fortsetzung dieser Programme nicht absehbar ist und die kurz- bis mittelfristigen Hauptanwendungspotentiale der Photovoltaik in den einstrahlungsreichen Ländern liegen, dürfte der Anteil in den nächsten Jahren zurückgehen. Betrachtet man im Zusammenhang mit der erwarteten Trendentwicklung des Photovoltaik-Weltmarktes (200 MW$_P$ pro Jahr im Jahr 2005) die Empfehlungen der angegeben Studien, so bedeutete ein Aufbau von beispielsweise 500 MW$_P$ Photovoltaik-Leistung in Deutschland, daß die Nachfrage nach Photovoltaik-Modulen am Weltmarkt um 35% Prozent erhöht würde. Ein solcher Nachfrageschub scheint aber notwendig, damit nennenswerte Kostenreduktionen durch den Aufbau größerer Produktionsanlagen (ab 30 MW$_P$) realisiert werden können.

Es bleibt die Frage, ob die Umsetzung der empfohlenen Programme zum Ausbau der Photovoltaik bzw. der erneuerbaren Energiequellen allgemein als nationaler Alleingang überhaupt sinnvoll ist. Bei einer langfristigen Betrachtung muß dies sicher verneint werden, denn es ist nicht möglich und auch nicht wünschenswert, daß ein einzelnes Land die finanziellen Lasten der Markteinführung einer oder mehrerer neuer Technologien in hohem Maße allein trägt. Daraus aber abzuleiten, daß gewartet werden sollte, bis sich die internationale Staatengemeinschaft auf konkrete Maßnahmen geeinigt hat, wäre jedoch falsch. Im Gegenteil, nur dann, wenn die Industrieländer damit beginnen, ihre Energieversorgung umzugestalten, wird es zu den notwendigen internationalen Vereinbarungen zum Klimaschutz kommen. Die Schweiz ist mit ihrem ehrgeizigen Programm Energie 2000, mit dem die installierte Photovoltaik-Leistung pro Kopf bis zum Jahr 2000 auf 7 W$_P$ erhöht werden soll, dieser Vorreiterrolle gerecht geworden. Es wäre wünschenswert, wenn auch in Deutschland diesem Beispiel gefolgt würde.

8.3 Notwendige Investitionen und Förderbedarf

Um den Investitions- bzw. Förderbedarf in Verbindung mit einem verstärkten Ausbau der Photovoltaik in Deutschland abschätzen zu können, muß zunächst geklärt werden, in welchen Anwendungsbereichen die Anlagen vorrangig errichtet werden sollen. Die Erfahrungen aus den letzten Jahren zeigen, daß die Investitionsbereitschaft vor allem bei privaten Hauhalten sehr groß ist und Energiekosten akzeptiert werden, die deutlich über den heutigen Strompreisen liegen. Eine mittelfristige Strategie sollte daher primär im

Gebäudebereich ansetzen, auch wenn die Investitionkosten .im Vergleich zu größeren Anlagen auf Freiflächen deutlich höher sind.

In Bild 8-6 ist der Investitionsbedarf für den Aufbau einer Photovoltaik-Leistung von 500 MW$_P$ bis zum Jahr 2010 dargestellt. Zugrundegelegt sind dabei die Kosten für Hausdachanlagen auf der Basis von Modulen aus kristallinem Silizium, die entsprechend den Angaben in Kapitel 5 von heute etwa 19000 DM/W$_P$ auf 8000 DM/W$_P$ im Jahr 2010 fallen. Die jährliche installierte Leistung wächst kontinuierlich auf 8 MW$_P$ im Jahr 2000, etwa 20 MW$_P$ im Jahr 2005 und 100 MW$_P$ im Jahr 2010. Die gesamten Investitionskosten belaufen sich dann auf 5 Mrd DM.

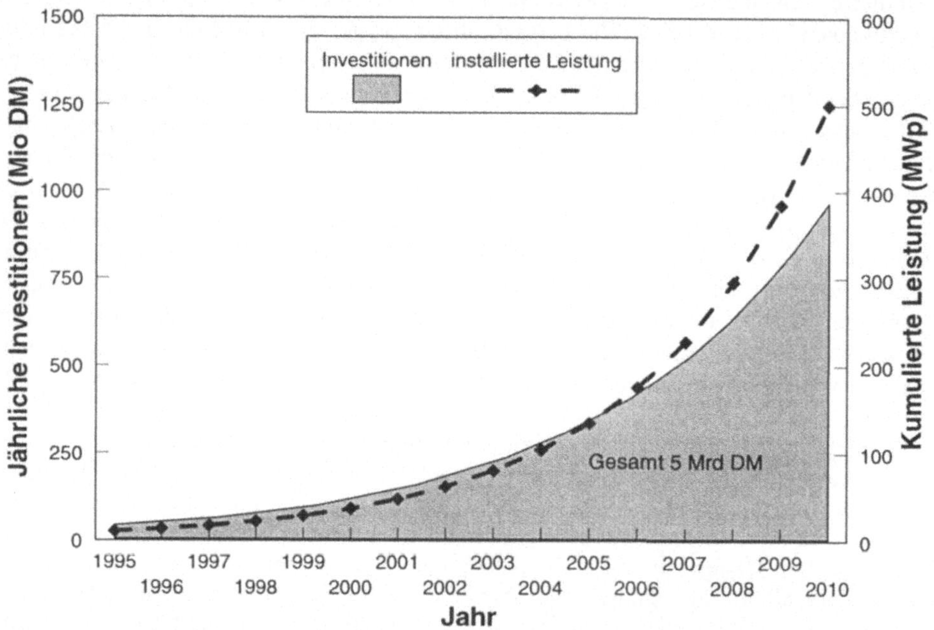

Bild 8-6   Investitionsbedarf für den Aufbau einer Photovoltaik-Leistung von
                    500 MW$_P$ bis zum Jahr 2010

Wie groß dabei der Anteil an öffentlichen Fördermitteln sein muß, hängt davon ab, in welchem Umfang die privaten Investoren bereit sind, Eigenmittel einzusetzen. Die Erfahrungen aus dem 1000-Dächer-Programm zeigen, daß die Zuschüsse heute 50%-70% der Investitionskosten betragen sollten, damit sich eine hinreichende Zahl an Investoren finden läßt. In diesem Fall liegen die Stromgestehungskosten etwa beim Dreifachen der Strompreise für private Haushalte. Geht man davon aus, daß die Stromgestehungskosten der Anlagen bis zum Jahr 2010 auf 60-80 Pf/kWh fallen, so hieße das bei gleichzeitig moderat steigenden Strompreisen, daß bei einer 50%-Förderung nur noch der Preisfaktor 1,5 in Kauf genommen werden muß. Aufgrund eines steigenden Umweltbewußtseins der privaten Haushalte kann davon ausgegangen werden, daß dies von vielen akzeptiert wird und sich im Jahr 2010 die notwendigen 50000 Anlagen (100 MW$_P$) installieren lassen. Für den gesamten Zeitraum ergibt sich dann ein **Zuschußbedarf von etwa 2,5 Mrd. DM.**

Die Frage lautet nun, aus welchem Fond die Fördermittel bereitgestellt werden sollen. Ein wesentliches Mittel zur Umsetzung von Klimaschutzmaßnahmen stellt die Erhöhung der Kosten konventioneller Energieträger durch Abgaben dar. Dazu zählen neben den Abgaben auf die Energieträger selbst auch CO_2-Steuern bzw. -Abgaben. Die Begründung für diese zentrale Maßnahme zur Umstrukturierung des Energiesystems liegt darin, daß die gegenwärtigen Energiepreise nur in unzureichender Weise die sog. externen Kosten der Energieversorgung berücksichtigen. Darunter versteht man Kosten, die der Volkswirtschaft entstehen und die nicht vom Verursacher getragen werden, d.h. insbesondere die Schäden durch Schadstoffe in der Luft, im Wasser und im Boden[44].

Die "richtige" Höhe einer **Energiesteuer** läßt sich nicht ohne weiteres festlegen, da sie von der Ausgangssituation (z.B. Effizienz bei der Nutzung fossiler Energieträger) und dem zu erreichenden Ziel (z.B. der angestrebten CO_2-Reduktion) abhängt, aber auch von der Reaktion der Verbraucher auf eine Verteuerung von Energie. Einige der zur Zeit diskutierten Vorschläge für Energiesteuern/-abgaben sind in Tabelle 8-2 zusammengestellt. Sie zeigen, daß man sich auch auf europäischer Ebene (seit mehreren Jahren) mit der Einführung einer Energie-/CO_2-Steuer befaßt. Allerdings sind einige Untersuchungen zu diesem Thema zu dem Ergebnis gekommen, daß die dort genannten Beträge deutlich

Tabelle 8-2 Vergleich verschiedener Vorschläge für Energiesteuern/-abgaben [Gruppe Energie 2010, 1995]

Steuermodell	Bemessungsgrundlage/ Hebesatz		Mineralöl DPf/l	Kohle DM/t	Strom DPf/kWh	Kompensation	Ausnahmebereiche	Einführung/ Intenationale Koordination
EU-Modell	Brennstoffe:	2,81 ECU/t CO_2* + 0,21 ECU/GJ* Summe	1,43 1,46 2,89	15,18 12,19 27,37		Aufkommensneutralität Form: offen	Befreiung energieintensiver Branchen möglich	Einführung abhängig von ähnlichen Maßnahmen anderer OECD-Länder
	Strom:	2,1 ECU/MWh*			0,41			
Schweiz	Brennstoffe:	12 SFr/t CO_2*	3,71	39,39		Teilzweckbindung; Lump-Sum Kompensation der Bevölkerung Senkung der Arbeitgeberbeiträge	Teilrückerstattung an energieintensive Branchen	Möglicherweise nationaler Alleingang
Schweden		21-81 DM/t CO_2	5,5-21,3	59-226		?	keine	01.01.1991
Norwegen		3-35 DM/t CO_2	0,8-9,2	8-98		?	keine	01.01.1991
Dänemark		3-28 DM/t CO_2	0,8-7,4	8-78			Teilrückerstattung an energieintensive Branchen	15.05.1992
Niederlande		4,7 hfl/t CO_2	1,1	11,68				
Enquete-Kommission	Brennstoffe: Strom:	0,42 ECU/GJ* 2,1 ECU/MWh*	2,93	24,39	0,41	Aufkommensneutralität Form: offen	Befreiung energieintensiver Branchen vorgesehen	Nationaler Alleingang möglich
DIW	Brennstoffe: 1 Jahr 10 Jahre Strom: 1 Jahr 10 Jahre	0,83 DM/GJ 8,76 DM/GJ 1,66 DM/GJ 22,91 DM/GJ			0,6 8,25			

*) Stufenweise Erhöhung

heraufgesetzt werden müssen, um eine wesentliche Emissionsreduktion zu erreichen [Kohlhaas, Welsch 1994].

---

44 Zur Problematik der externen Kosten siehe ausführlich z.B. [Hohmeyer 1989] und [Prognos 1992].

Die Wirkungen von Energiesteuern auf die Preise zeigt Tabelle 8-3 für zwei Beispiele. Würde eine Steuer entsprechend der von der Enquete-Kommission "Schutz der Erdatmosphäre" diskutierten Variante eingeführt; fielen die Strompreise trotz Steuer. Der Grund liegt in der deutlichen Abnahme der Preise in der Referenzentwicklung ohne Energiesteuer. Das vom Deutschen Institut für Wirtschaftsforschung (DIW) entwickelte Modell, das als Obergrenze einer Energiesteuer aufgefaßt werden kann, führt ungefähr zu einer Verdoppelung der Strom- und Treibstoffpreise und zu einer Verdreifachung der Brennstoffpreise.

Tabelle 8-3 Erzeuger- und Verbraucherpreise von Energieträgern im Jahr 2010 bei Einführung von Energiesteuern im Vergleich zur Referenzentwicklung [Gruppe Energie 2010, 1995]

Preise		1992	ohne Energiesteuer Referenz 2010	mit Energiesteuer (Beispiele) Klima-Enq. 2010[2]	DIW 2010[3]
Erzeugerpreise (ohne MWSt.) [1]					
Steinkohle, Ruhr	DM/GJ	9,0	8,2	12,3	25
HS, gewerbl. Verbr.	DM/GJ	4,6	8,1	12,2	25
Erdgas, Industrie	DM/GJ	7,6	10,5	14,6	27
Erdgas, Kraftwerke	DM/GJ	6,2	9,1	13,2	25
Strom Ind., HS	Dpf/kWh	12,4	10,3	11,7	27
Strom Ind., NS	Dpf/kWh	20,9	18,7	20,2	35
Verbraucherpreise (mit MWSt.) [1]					
HEL, Haushalte	DM/GJ	12,3	17,2	21,3	38
Erdgas, Haushalte	DM/GJ	17,0	22,8	26,9	43
Strom, Haushalte	Dpf/kWh	27,0	25,2	26,6	45
Benzin	DM/l	1,24	1,45	1,71	2,0
Diesel	DM/l	1,00	1,25	1,43	1,8

[1]   einschl. Verbrauchssteuern; in Preisen von 1990

[2]   realer Zuschlag ab 1996 (0,88 DM/GJ = 3 US\$/bbl) bis 2030 (5,37 DM/JG = 19,5 US\$/bbl); in 2010 = 4,1 DM/GJ bzw. 14,5 US\$/bbl; nach [Enquete 1994];

[3]   Annahme der DIW/Greenpeace-Studie; Steigerung gegenüber Referenzentwicklung für 2010.

Auch wenn deren Höhe umstritten ist, besteht grundsätzlich Einigkeit darüber, daß es sinnvoll ist, Energiesteuern zeitlich gestaffelt einzuführen. Dabei muß den Energieverbrauchern die zukünftige Entwicklung bekannt sein, damit sie genügend Zeit finden, sich an die sich verändernden Rahmenbedingungen anzupassen. Der Zeitraum sollte so bemessen sein, daß die notwendigen Investitionen im Rahmen des normalen Investitionszyklus erfolgen können.

Energiesteuern sollen nicht als zusätzliche Einnahmequelle des Staates dienen. Vielmehr ist eine sogenannte **"aufkommensneutrale Kompensation"** vorzusehen, damit die

Steuerlast für alle Steuerpflichtigen insgesamt gleich bleibt. Dies schließt nicht aus, daß einzelne stärker betroffen sein werden, dies ist jedoch im Sinne der Lenkungswirkung der Steuer erwünscht. Zur Kompensation können verschiedene Maßnahmen ergriffen werden, z.B. die Senkung der Lohnnebenkosten, damit Unternehmen nicht in ihrer Wettbewerbsfähigkeit beeinträchtigt werden[45]. Eine weitere wichtige Maßnahme zur Umschichtung der Mittel ist aber auch die Finanzierung der Weiterentwicklung und die Anschubfinanzierung der Markteinführung von Techniken zur rationellen Energieverwendung und der Nutzung erneuerbarer Energiequellen.

8.4 Hemmnisse und Maßnahmen zu ihrer Überwindung

In den vorangegangenen Abschnitten wurde bereits mehrfach das gegenwärtige **Haupthemmnis** der Photovoltaik angesprochen, ihre gegenwärtig sehr hohen **Kosten** im Vergleich zu konventionellen Stromerzeugungssystemen. In diesem Zusammenhang wurde auch beschrieben, durch welche Maßnahmen beide Seiten der Kostenrelation verändert werden können: durch langfristig angelegte Programme zur Weiterentwicklung und Markteinführung der Photovoltaik und andererseits durch die Verteuerung konventioneller Energieträger. Probates Mittel hierfür ist die gestaffelte Einführung einer aufkommensneutralen Energie-/CO_2-Steuer.

Über dieses Problem hinaus existieren jedoch eine Reihe von Hemmnissen im Bereich der rechtlichen, organisatorischen und strukturellen Rahmenbedingungen, die die Ausschöpfung der Potentiale der Photovoltaik bzw. der erneuerbaren Energien allgemein behindern. Einige davon sollen im folgenden erläutert und Maßnahmen zu ihrer Beseitigung beschrieben werden. Sie sind in Tabelle 8-4 zusammengestellt. Es ist darauf hinzuweisen, daß die Problematik der Hemmnisse und insbesondere die Formulierung geeigneter Abhilfemaßnahmen eine komplexe Materie darstellt, die hier nicht aufgearbeitet werden kann. Zur Vertiefung sei daher auf die umfangreiche Literatur zu diesem Thema hingewiesen[46].

Hemmnis: **Zentrales Energieversorgungssystem**

Die Stromversorgung in Deutschland ist heute durch ein starkes räumliches Auseinanderfallen der Erzeugung (zentral) und des Verbrauchs (dezentral) elektrischer Energie geprägt. Die Nutzung der Photovoltaik erfolgt hingegen weitgehend dezentral. Als Betreiber von Photovoltaik-Anlagen kommen deshalb weniger die großen Elektrizitätsversorgungsunternehmen[47] in Frage, deren Handlungsweise aus wirtschaftlichen Gründen

---

[45] Zum Themenkomplex Energiesteuer siehe z.B. auch [Gruppe Energie 2010, 1995].

[46] Z.B. [Enquete 1990], [Gruppe Energie 2010, 1995].

[47] Die neun großen Verbund-EVU verfügen allein über rund 80 % der Kraftwerksleistung der öffentlichen Versorgung in der Bundesrepublik.

Tabelle 8-4 Zusammenstellung einiger Hemmnisse, die eine verstärkte Nutzung der Photovoltaik behindern

Hemmnis	Maßnahmen
Hohe Stromgestehungskosten photovoltaischer Anlagen	Erhöhung der Mittel für Forschung und Entwicklung, parallele Unterstützung der Markteinführung
Niedrige Kosten konventioneller Energieträger	Kontinuierliche Verteuerung über eine Energie-/CO_2-Steuer bzw. -Abgabe
Kostenstruktur der Photovoltaik	Verbesserung der Finanzierungsbedingungen
Zentrales Stromversorgungssystem	• Einbindung erneuerbarer Energiequellen in die langfristige Planung im Stromsektor • Stärkung kommunaler Versorgungsstrukturen
Mangelnde Planungssicherheit bei Herstellern	Schaffung klarer, langfristiger Zielvorgaben durch die Politik
Informations- und Kenntnisdefizite	• Verbindliche Erstellung von Energiekonzepten auf kommunaler Ebene • Verbesserung der Ausbildung insbes. von Architekten und Handwerkern
Rechtliche Rahmenbedingungen der Energiewirtschaft	• Novellierung des Energiewirtschaftsgesetzes • Novellierung der Bundestarifordnung Elektrizität

an zentralen Systemen zur Energieumwandlung orientiert ist, als vielmehr Stadtwerke, bei denen jedoch nicht selten ein Informationsdefizit über die Möglichkeiten besteht, regenerative Energiequellen zu nutzen. Besondere Probleme ergeben sich in ländlichen Regionen, wo häufig keine Stadtwerke existieren.

Maßnahmen:

- Regenerative Energiequellen sollten als fester Bestandteil in die Planungen im Stromsektor einbezogen werden, damit parallel zur Erschließung ihrer Potentiale sukzessive die Umstrukturierung des Versorgungssystems vollzogen werden kann. Voraussetzung dafür ist jedoch, daß die Politik langfristige Zielwerte für die Nutzung regenerativer Energiequellen definiert.

- Um eine stärker dezentrale Energieversorgungsstruktur zu entwickeln, sollten zunehmend kommunale Elektrizitätsversorgungsunternehmen gegründet bzw. gestärkt werden. Dies gilt besonders für ländliche Regionen.

Hemmnis: Finanzierung

Die Kosten fossiler Energieanlagen werden zu einem erheblichen Teil durch die Brennstoffkosten bestimmt (z.B. Kohle-Grundlastkraftwerk ca. 70%). Photovoltaik-Anlagen weisen eine grundsätzlich andere Kostenstruktur auf: Die Gesamtkosten werden nahezu vollständig durch die Kapitalkosten bestimmt.

Im Stromsektor werden Investitionen heute vorrangig durch die großen Elektrizitätsversorgungsunternehmen getätigt (1992 4 Mrd DM [VDEW 1993]). Die Refinanzierung erfolgt weitgehend über den Verkauf der Elektrizität an die Verbraucher, entsprechend der von den Preisbehörden genehmigten Tarife. Da der Anwendungsbereich von Photovoltaik-Systemen primär in der dezentralen Stromversorgung mit kleinen Einheiten liegt, ergeben sich hier eine Reihe von Abweichungen. Die bislang gängige Aufteilung zwischen Anbieter und Nutzer von Elektrizität wird bei privaten, industriellen oder kommunalen Betreibern durchbrochen. Der Investor ist gleichzeitig Nutzer, dessen Finanzierungsmöglichkeiten in aller Regel deutlich schlechter sind als die der Elektrizitätsversorgungsunternehmen, deren Investitionstätigkeit auch rechtlich besser abgesichert ist: So können sie im Zeitablauf auftretende Kostensteigerungen beispielsweise über eine (genehmigte) Anpassung der Strompreise kompensieren.

Elektrizitätsversorgungsunternehmen gehen bei ihren Investitionsentscheidungen in Erzeugungsanlagen zum Teil von Amortisationszeiten von über 15 Jahren aus. Private Investoren, insbesondere Unternehmen, kalkulieren häufig mit deutlich kürzeren Zeiträumen (kleiner als fünf Jahre).

<u>Maßnahmen:</u>
Als Ergänzung zu öffentlichen Investitionshilfen sollten folgende Maßnahmen ergriffen werden:

- Elektrizitätsversorgungsunternehmen sollten sich verstärkt an der Finanzierung und am Bau regenerativer Energiesysteme beteiligen. Würden die Elektrizitätsversorgungsunternehmen von ihren Gesamtinvestitionen in Erzeugungsanlagen hierfür nur 3% ansetzen, so würden allein in Westdeutschland jährlich rund 100 Mio DM zur Verfügung stehen. Diese Mittel könnten für die Erschließung erneuerbarer Energiequellen eingesetzt werden. Hierzu bestehen vielfältige Möglichkeiten, z.B.:
  - Die Finanzierung erfolgt ganz oder teilweise durch das Elektrizitätsversorgungsunternehmen, der Betrieb der Anlagen wird vom Betreiber sichergestellt.
  - Die Anlagen werden vom Elektrizitätsversorgungsunternehmen vorfinanziert und vom Nutzer geleast oder gemietet.
  - Das Planungs- und Projektmanagement wird vom Elektrizitätsversorgungsunternehmen übernommen, der Bau und der Betrieb der Anlagen erfolgt durch den Betreiber.

- Um die Amortisationszeiten für regenerative Energiesysteme bei privaten Betreibern zu verkürzen, könnten im Rahmen der Möglichkeiten des Steuerrechts
  - erhöhte Abschreibungen in den ersten Betriebsjahren oder
  - Abschreibungen von über 100% der Investitionskosten zugelassen werden.

Hemmnis: Mangelnde Planungssicherheit bei Herstellern

Neben der erwarteten Preisentwicklung für konventionelle Energiesysteme werden Investitionsentscheidungen der Industrie im Bereich der Photovoltaik durch die Verläßlichkeit und Kontinuität der öffentlichen Förderung beeinflußt. Nur wenn hier eine Langfristperspektive geschaffen wird, wird in den Aufbau einer Massenproduktion investiert, Innovationen in marktfähige Produkte umgesetzt und langfristige Strategien zur Marktentwicklung und -erschließung entwickelt.

Die derzeitige Situation in Deutschland ist dadurch gekennzeichnet, daß die Politik bislang keine klaren, langfristigen Ziele gesetzt hat. Zwar wird die Photovoltaik als wichtige Option für die zukünftige Energieversorgung immer wieder hervorgehoben, eine belastbare Planungsgrundlage für Unternehmen bieten solche qualitativen Aussagen jedoch nicht. Die einzige langfristig orientierte Maßnahme ist zur Zeit das seit 1990 gültige Stromeinspeisungsgesetz, nach dem Strom aus Photovoltaik- und Windkraftanlagen, der in das öffentliche Netz eingespeist wird, mit einem Wert von 90% des "Durchschnittserlöses je Kilowattstunde aus der Stromabgabe von Elektrizitätsversorgungsunternehmen an alle Letztverbraucher" vom aufnehmenden Elektrizitätsversorgungsunternehmen vergütet werden muß (zur Zeit 17 Pf/kWh). Das Gesetz hat zwar maßgeblich zum Ausbau der Windenergie-Nutzung in Deutschland beigetragen, für die Photovoltaik brachte es jedoch keinerlei Effekte.

<u>Maßnahmen:</u>

Von politischer Seite müssen klare Ziele vorgegeben werden, wie sich die Photovoltaik in Deutschland entwickeln soll. Sie sollten eine Langfristperspektive beinhalten, mittelfristig aber konkrete Zahlen festschreiben (z.B. entsprechend dem Schweizer Energie Programm 2000, in dem bis zum Jahr 2000 die installierte Leistung pro Kopf auf 7 W_P erhöht wird). Darüberhinaus müssen die entsprechenden Maßnahmen ergriffen werden. Wichtig ist dabei, daß die quantitativen Ziele eine kritische Grenze überschreiten. So sollte mittelfristig der Absatz ausreichen, damit die Industrie eine Fertigungskapazität in der Größenordnung von 30-40 MW_P aufbauen kann, um auf diese Weise die Kostenreduktionspotentiale bei der Fertigung weitgehend ausschöpfen zu können

Hemmnis: Informations- und Kenntnisdefizite

Die Photovoltaik ist eine relativ neue Technologie. Bei den meisten Kommunen und privaten Betreibern besteht ein erhebliches Informationsdefizit über die Potentiale und Nutzungsmöglichkeiten sowie über sinnvolle Wege zu ihrer Erschließung. Neben einer planmäßigen Erfassung und Aufbereitung relevanter Daten mangelt es an Energiefachleuten, die auch über entsprechende Entscheidungsbefugnisse verfügen. Gebäudeplaner und ausführende Gewerbebetriebe verfügen oft nicht über ausreichende Vorkenntnisse und Erfahrungen hinsichtlich der baulichen Integration und energetischen Optimierung von Photovoltaik-Anlagen. Darüberhinaus bestehen Unsicherheiten über die technische Leistungsfähigkeit der Anlagen, über Kosten und Finanzierungs-/Fördermöglichkeiten und über rechtliche Aspekte, wie etwa die technischen Bedingungen für den Anschluß an das öffentliche Stromnetz. Diese Kenntnisdefizite waren - und sind - maßgeblich dafür verantwortlich, daß Anlagen falsch ausgelegt und schlechte Betriebsergebnisse erzielt werden.

Auf der Nutzerseite stellt vor allem ein zu geringes Energiebewußtsein ein Hemmnis dar. Private Bauherren gehen beim Erwerb oder Umbau von Gebäuden vielfach an die Grenze des finanziell Möglichen. Von Kosteneinsparungen sind viel eher Energiemaßnahmen betroffen als die Gebäudeausstattung. Ähnlich ist die Situation bei Unternehmen und Gebietskörperschaften: Priorität haben vielfach andere Bereiche. Selbst wenn jedoch ein erhebliches Energiebewußtsein und die finanzielle Basis vorhanden sind, neigen die Nutzer zu einer starken Zurückhaltung bei Investitionen in Photovoltaik-Anlagen. Unsicherheiten über die erzielbaren Lebensdauern (obwohl die Garantiezeiten für Photovoltaik-Module mittlerweile bis zu 20 Jahren betragen) und die für die Zukunft erwartete Kostenreduktion dürften dabei die Hauptgründe darstellen. Die verbreitete Denkweise, lieber erst einmal abzuwarten, bis die Systemkosten weiter gefallen sind, bevor eine Anlage errichtet wird, führt dazu, daß es zu wenige Pioniere gibt, die die Einführung der Systeme tragen und erst dadurch eine weitere Kostenreduktion ermöglichen.

Maßnahmen:

- Auf kommunaler Ebene sollten generell Energieversorgungskonzepte zur Ermittlung der Potentiale der rationellen Energieverwendung und der erneuerbaren Energien erstellt sowie entsprechende Aufbaustrategien erarbeitet werden. Die Schaffung der dazu erforderlichen Voraussetzungen, wie beispielsweise die Einstellung von Energie- und Planungsfachleuten, kann durch eine erfolgsorientierte finanzielle Förderung durch die Länder oder den Bund unterstützt werden.

- Der Themenbereich erneuerbarer Energiequellen muß in die reguläre Ausbildung von Architekten, Stadtplanern, Handwerkern etc. aufgenommen werden, um bei ihnen frühzeitig eine Sensibilisierung herbeizuführen und ihn mit den Besonderheiten der Nutzung dieser Energieformen vertraut zu machen. Weiterbildungsmaßnahmen auf der Basis einer freiwilligen Teilnahme können eine Breitenwirkung nicht erreichen, jedoch dazu beitragen, Wissen zu vervollständigen und aufzufrischen.

- Das Energiebewußtsein in der Bevölkerung muß gestärkt werden. Ihr ist zu vermitteln, welche große Bedeutung den erneuerbaren Energiequellen im Hinblick auf Klimaschutz und Ressourcenschonung zukommt und welche Risiken ein Festhalten an der heutigen Struktur der Energieversorgung birgt.

Hemmnis: Rechtliche Rahmenbedingungen der Energiewirtschaft

Energiewirtschaftsgesetz
Das aus dem Jahr 1935 stammende Energiewirtschaftsgesetz stellt auch heute noch die zentrale Rechtsgrundlage für die öffentliche Energieversorgung dar. Inwieweit es noch zeitgemäß ist, wurde und wird sehr kontrovers diskutiert. Aus dem Gesetz bzw. aus dessen gängiger Interpretation ergeben sich vor allem zwei Hemmnisse, die die Einführung regenerativer Energiequellen behindern. Erstens verlangt das Gesetz verlangt entsprechend der Präambel von den Elektrizitätsversorgungsunternehmen eine "sichere" und "billige" Energieversorgung. Diese Begriffe werden vielfach mit technisch zuverlässiger und betriebswirtschaftlich kostengünstiger Versorgung übersetzt. Ökologische

und soziale Aspekte sind dabei von untergeordneter Bedeutung. Zweitens fördert das Gesetz eine zentralistische Struktur der Energiewirtschaft. Dementsprechend wurde in der Vergangenheit die kommunale Energiepolitik und die Eigenverantwortlichkeit der Kommunen in Energiefragen de facto immer unbedeutender. Erst in jüngster Zeit können positive Ansätze einer Rekommunalisierung beobachtet werden, die für die Erschließung erneuerbarer Energiequellen von großer Bedeutung ist.

Bundestarifordnung Elektrizität
Die Bundestarifordnung Elektrizität legt für die Tarifkunden (nicht für Industrie- bzw. Sondervertragskunden) einen Tarif mit festem Grundpreis und verbrauchsabhängigen Arbeitspreisen fest. Er beinhaltet die Kosten der Stromerzeugung, des Stromtransportes und der -verteilung. Die durch die Stromversorgung erzeugten Umweltbelastungen spiegeln sich in den Preisen nicht bzw. nur insoweit wider, als ein geringer Teil der externen Kosten internalisiert wurde (z.B. Entstickung und Entschwefelung von Kohlekraftwerken). Da es sich um einen degressiven Tarif handelt, ist die Motivation für Stromeinsparungen bzw. zur Errichtung von Eigenerzeugungsanlagen auf der Basis erneuerbarer Energiequellen für die Verbraucher gering.

Maßnahmen:

- Das Energiewirtschaftsgesetz sollte in dem Sinne umgestaltet werden, daß bei der Bereitstellung von Energiedienstleistungen Aspekten wie Risikofreiheit, Sozial- und Umweltverträglichkeit sowie Nachhaltigkeit eine hohe Priorität beigemessen wird. Der Mobilisierung der Potentiale zur rationellen Energieverwendung und der Nutzung erneuerbarer Energiequellen sollte daher Vorrang eingeräumt werden.

- Betreiber von Systemen zur Nutzung erneuerbarer Energien müssen berechtigt werden, den erzeugten Strom zu angemessenen Gebühren durch das öffentliche Netz leiten zu können.

- Die derzeit (entsprechend der Bundestarifordnung Elektrizität) bestehende verbrauchsfördernde, degressive Tarifstruktur sollte in eine einsparungsfördernde, lineare bzw. progressive Tarifstruktur umgestaltet werden.

9 Möglichkeiten des Imports solarer Elektrizität

In den vorangegangenen Kapiteln wurden ausschließlich die Möglichkeiten zur Stromproduktion aus Solarenergie in Deutschland betrachtet. Als Haupthemmnis wurden dabei die hohen Stromgestehungskosten photovoltaischer Anlagen aufgezeigt. Da die wichtigsten Einflußgrößen die Investitionskosten der Anlagen und die solaren Einstrahlungsbedingungen am jeweiligen Standort sind, stellt sich die Frage, ob nicht gegenüber der heimischen Stromproduktion der Import solarer Elektrizität aus einstrahlungsreichen Ländern günstiger sein kann.

9.1 Notwendige Grundvoraussetzungen

Besonders interessant für einen Solarstromimport sind die Länder des Mittelmeerraumes. Vergleicht man die **Einstrahlungswerte** in Bild 9-1 mit den Werten für Deutschland, so wird deutlich, daß eine solare Stromerzeugung dort sehr viel preiswerter realisiert werden kann. In Südspanien, Italien, Griechenland und der Türkei ist die solare Einstrahlung mit bis zu 1800 kWh/m^2 pro Jahr fast doppelt so hoch wie in Deutschland (Mittelwert 1000 kWh/m^2*a, s. Abschnitt 2.3), die Stromgestehungskosten photovoltaischer Anlagen liegen also grob gerechnet bei etwa der Hälfte. Noch günstiger sind die Voraussetzungen in den nordafrikanischen Ländern. So werden beispielsweise in Südmarokko Werte von 2200 kWh/m^2*a, weit im Landesinneren von Algerien oder Libyen sogar bis zu 2500 kWh/m^2*a erreicht, im Vergleich zu Deutschland also das 2,5-fache. Diese Standorte zählen weltweit zu den besten.

Standorte in Nordafrika kommen aber nicht nur aufgrund des ausgezeichneten Solarangebots als Standorte für Solarkraftwerke prinzipiell in Frage, sondern auch, weil diese heißen, ariden Regionen kaum besiedelt sind. So ist dort die Errichtung sehr großer Kraftwerksleistungen viel eher möglich als in Südeuropa oder gar im dichtbesiedelten Deutschland. Die verfügbaren Flächen in Nordafrika reichen im übrigen aus, um eine solare Kraftwerksleistung von mehr als 11 Mio MW zu installieren [Klaiß, Staiß 1992]. Dies entspricht mehr als dem 300-fachen der gesamten Kraftwerksleistung, die dort heute installiert ist (oder etwa dem 100-fachen der Kraftwerksleistung in Deutschland). Eine Konkurrenz um Standortflächen zur Deckung des regionalen Strombedarfs und für den Stromexport nach Europa wird es daher auch langfristig nicht geben.

Um Elektrizität aus Nordafrika nach Mitteleuropa transportieren zu können, müssen in ausreichendem Maße Übertragungsnetze zur Verfügung stehen. Sie sind heute nicht vorhanden, jedoch gibt es einige Hinweise darauf, daß sich dies in den nächsten Dekaden durchaus ändern kann. Zur Verdeutlichung soll kurz auf die **Entwicklung des Stromverbundes** in Europa eingegangen werden: Seit den fünfziger Jahren kam es in Europa kontinuierlich zu einer Intensivierung der Verbundwirtschaft. Gründe hierfür waren und sind die Einsparung von Investitions- und Betriebskosten bei den Kraftwerken, die Erhöhung der Versorgungszuverlässigkeit und die Verbesserung technischer Qualitätsmerkmale wie Spannungs- und Frequenzkonstanz. Während sich aufgrund der politischen Gegebenheiten zunächst zwei völlig getrennte Großverbundsysteme entwickelten (das

UCPTE-System in Westeuropa und das IPS/UPS-System in Osteuropa), erlaubt der politische Wandel in Osteuropa heute eine verstärkte Integration beider Systeme. Die ersten Schritte hierzu wurden bereits gemacht. Ein Netzverbund großer Ost-West-Ausdehnung erlaubt die tageszeitliche Vergleichmäßigung der elektrischen Last (im UCPTE-Netz werden zwei Zeitzonen überspannt, im UPS-Netz sieben). Dadurch wird es möglich z.B. die Spitzenlast im eigenen Versorgungsgebiet nicht selbst mit hohen Kosten zu erzeugen, sondern der Mittelleistung des Verbundnachbarn zu entnehmen bzw. statt der eigenen Mittellasterzeugung Grundlast zu beziehen. Dies führt zu einer Einsparung von Kraftwerksleistung und Brennstoffkosten, die den Bau von Kuppelleitungen rentabel machen kann. Konkrete Untersuchungen für eine rasche Osterweiterung des europäischen Verbundnetzes wurden bereits angestellt. Als erster Realisierungsschritt wird voraussichtlich bis 1997 der Anschluß des CENTREL-Netzes (Polen, Tschechien, Slowakei, Ungarn) an das UCPTE-Netz erfolgen [Haubrich et al. 1994].

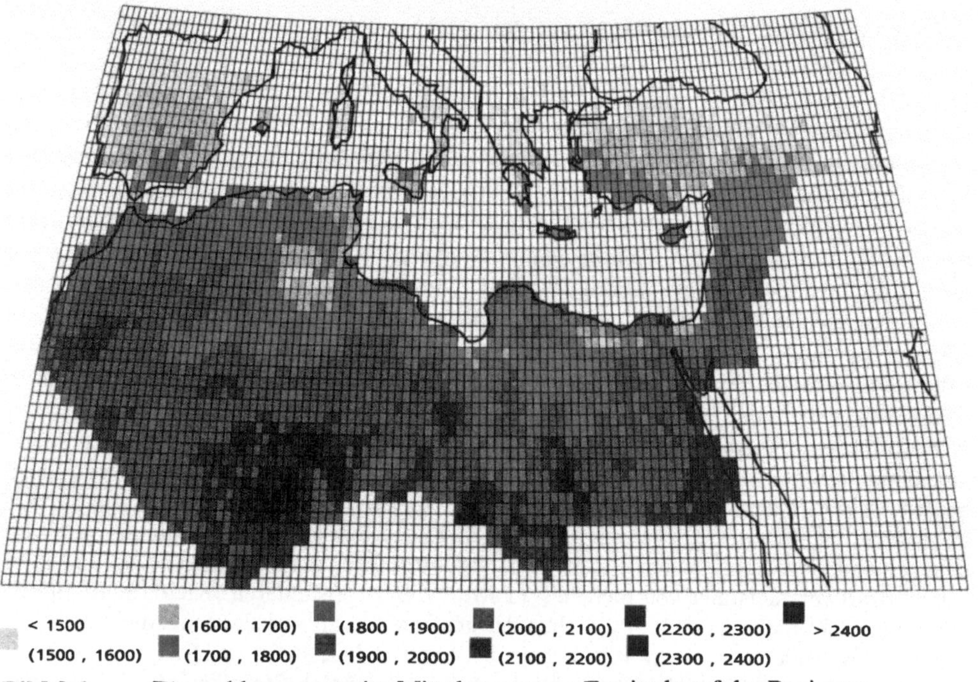

Bild 9-1   Einstrahlungswerte im Mittelmeerraum. Ermittelt auf der Basis von METEOSAT-Bildauswertungen [Klaiß, Staiß 1992]

Ein weiterer Grund für den Aufbau sehr großer bzw. globaler Verbundnetze (sog. "global link") besteht auch darin, die Potentiale weit entfernter erneuerbarer Energiequellen nutzbar zu machen, wenn Elektrizität aufgrund großer und günstig zu bauender Anlagen besonders preiswert erzeugt werden kann. Zur Zeit wird z.B. eine Transportleitung in Betrieb genommen, mit der überschüssige Wasserkraftleistung aus Norwegen und Schweden nach Deutschland exportiert wird. Daneben wurden bereits einige Studien durchgeführt, wie die Erschließung der Wasserkraftpotentiale in den GUS-Staaten und in Afrika (Inga-Stromschnellen am Unterlauf des Zaires mit einem Potential von ca. 30000 MW) erfolgen könnte.

Auch eine Ankoppelung Nordafrikas an das europäische Verbundnetz wird bereits realisiert. 1996 soll ein Seekabel von Spanien nach Marokko in Betrieb genommen werden, das über eine Übertragungsleistung von etwa 600 MW verfügen wird. Indem Strom aus Europa eingespeist wird, soll der Kapazitätsengpaß im marokkanischen Kraftwerkssystem beseitigt werden.

Aus diesen Betrachtungen wird deutlich, daß **die notwendige Infrastruktur für einen internationalen bzw. globalen Stromaustausch bereits entsteht**, die zukünftig auch für die Übertragung großer Strommengen aus Solarkraftwerken genutzt werden kann.

9.2 Technische Konzepte

9.2.1 Relevante solare Kraftwerkskonzepte

Ein sehr wichtiger Unterschied im solaren Strahlungsangebot in Mitteleuropa und in Südeuropa bzw. Nordafrika besteht darin, daß dort nicht nur die Gesamtstrahlung höher ist, sondern auch der Anteil der direkt auf die Erdoberfläche auftreffenden Strahlung (Direktstrahlung). Damit wird der Einsatz alternativer solarer Kraftwerkskonzepte möglich (etwa südlich des 40. Breitengrades, d.h. entlang einer Linie Madrid-Neapel-Ankara), was in Mitteleuropa aufgrund der häufigen Bewölkung nicht sinnvoll ist. Es handelt sich um sogenannte solarthermische Kraftwerke, die mit strahlungskonzentrierenden Spiegelsystemen arbeiten. Die beiden am weitesten entwickelten Konzepte "Parabolrinnen"-Kraftwerk und "Turm"-Kraftwerk sollen im folgenden kurz vorgestellt werden[48].

Solarthermische Parabolrinnen-Kraftwerke
Solarthermische Parabolrinnen-Kraftwerke (Bild 9-2) werden im Bereich zwischen 30 MW und 200 MW elektrischer Leistung konzipiert. Der Strahlungsempfänger des Kraftwerks besteht aus einem Feld von Parabolrinnenkollektoren mit je 100 m Länge, die sich ihrerseits aus hunderten von präzise gekrümmten Spiegelelementen zusammensetzen, die das Sonnenlicht auf ein in der Brennlinie angeordnetes schwarzes Absorberrohr reflektieren. Dieses ist zur Verringerung der Wärmeverluste von einem evakuierten Glasrohr umgeben. Eine automatische Nachführung sorgt im Lauf des Tages durch Schwenken der Rinnen um ihre Längsachse dafür, daß das Rohr immmer in der Brennlinie der Rinne liegt. Das Absorberrohr wird von einem synthetischen Thermoöl durchströmt, das die Wärme aufnimmt (max. etwa 400 °C) und zu einem Wärmetauschersystem transportiert, das als Vorwärmer, Verdampfer und Überhitzer in einem konventionellen Dampfkraftprozeß dient. Um Fluktuationen der Solarstrahlung auszugleichen und zur besseren Anpassung der Stromerzeugung an den Bedarf wird ein thermischer Energiespeicher in den Ölkreislauf eingebaut werden. Zum Betrieb der Anlage in strahlungsarmen Perioden und bei Dunkelheit kann neben dem Speicher ein zusätzlicher, fossil

---

[48] Ausführlich ist die Technik solarthermischer Kraftwerke z.B. in [Meinecke, Bohn 1995] und [Becker, Meinecke 1992] beschrieben, die Potentiale und Einsatzmöglichkeiten im Mittelmeerraum bei [Klaiß, Staiß, 1992].

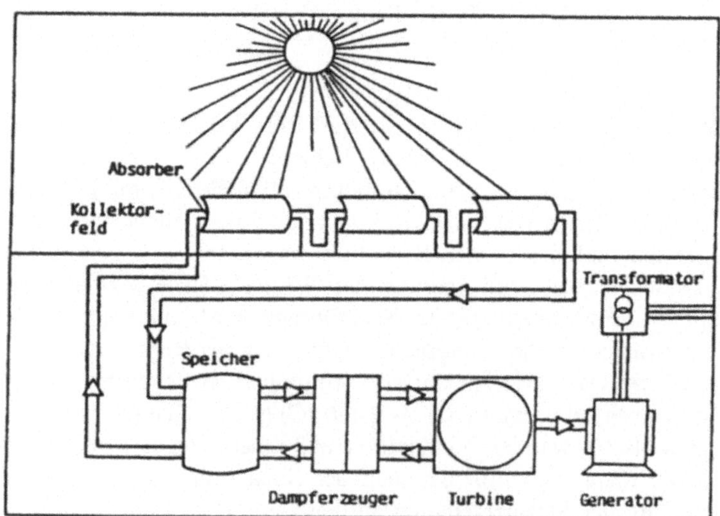

Bild 9-2   Ansicht und Funktionsschema eines solarthermischen Parabolrinnen-
Kraftwerks

gefeuerter Brenner eingesetzt werden. Die Parabolrinnentechnologie läßt sich auch mit hocheffizienten konventionellen Gas- und Dampf (GuD)-Kraftwerken verknüpfen.

Seit Ende 1984 wird in Kalifornien mit Parabolrinnen-Kraftwerken, den sog. SEGS-Kraftwerken (Solar Electricity Generating Systems), kommerziell Strom erzeugt. Derzeit sind **354 MW elektrisch in Betrieb**. Der ursprünglich geplante weitere Ausbau der Leistung ist durch Änderungen der Förderpolitik in den USA vorläufig zum Erliegen gekommen. Die Änderungen führten 1991 zum Konkurs der Betreiberfirma Luz International Ltd., die zu dieser Zeit erhebliche Mittel in die Weiterentwicklung der Anlagen investiert hatte. Der heutige Schwerpunkt der Entwicklung liegt in der Neuentwicklung der Absorberrohre mit dem Ziel, Wasser direkt zu verdampfen. Dadurch wird der Thermoölkreislauf überflüssig, was zu höheren Jahresnutzungsgraden und zur Reduktion der Investitionskosten führt.

Die Gesamtwirkungsgrade von Parabolrinnen-Kraftwerken liegen heute im rein solaren Betrieb zwischen 11 und 13%. Die Kosten für ein 30 MW-Kraftwerk belaufen sich auf gut 200 Mio DM, was **spezifischen Kosten von ungefähr 7000 DM/kW** elektrisch entspricht. Unter den klimatischen Bedingungen in Nordafrika können Stromgestehungskosten von etwa 30 Pf/kWh elektrisch im rein solaren Betrieb erreicht werden. Bei einer fossilen Zusatzfeuerung ergeben sich deutlich niedrigere Werte, weil mit geringen Zusatzkosten (Brennstoff) die Nutzungsdauer der gesamten Anlage erhöht wird und somit der Kapitalkostenanteil pro kWh sinkt. Bei einem fossilen Anteil von beispielsweise 50% an der Jahresstromerzeugung lassen sich Kosten unter 20 Pf/kWh realisieren [Flachglas Solar 1994].

Solarthermische Turm-Kraftwerke
Solarthermische Turm-Kraftwerke (Bild 9-3) werden ebenfalls für elektrische Leistungen zwischen 30 MW und 200 MW ausgelegt. In Turm-Kraftwerken wird die solare Strahlungsenergie mit Hilfe eines Feldes von zweiachsig, dem Sonnenstand nachgeführten Spiegeln (sog. Heliostaten) auf einen zentral angeordneten Empfänger (sog. Receiver) fokussiert. Als Wärmeträger eignen sich besonders Flüssigsalze oder Luft. Mit diesen Medien lassen sich Arbeitstemperaturen von 550 °C (Salz) bis 700 °C (Luft) erreichen. Die thermische Energie wird anschließend zur Dampferzeugung in einem konventionellen Dampfkraftprozeß genutzt. Auch bei diesem Kraftwerkskonzept können sowohl größere thermische Speicher als auch eine fossile Zusatzfeuerung vorgesehen werden.

Weltweit sind seit 1977 **acht Experimental- und Demonstrationskraftwerke** im Leistungsbereich von 0,5 - 10 MW elektrisch gebaut und betrieben worden. Die größte Anlage in Barstow (USA), Solar One, wird zur Zeit auf Flüssigsalzbetrieb umgerüstet (Solar Two). In Europa wurde vom PHOEBUS-Konsortium der luftgekühlte, volumetrische Receiver entwickelt und eine Machbarkeitsstudie für eine 30 MW-Anlage in Jordanien durchgeführt. In Spanien wird zur Zeit eine Studie für ein hybrides Turm-Kraftwerk mit Direktverdampfung im Receiver und gekoppelter Strom- und Wärmeerzeugung für industrielle Nutzer erstellt (SOL-GAS). Die Stromerzeugung beruht dabei auf einem GuD-Prozeß, bei dem die Solarenergie in den Dampfteil der Anlage eingespeist wird. Die technologischen Forschungsschwerpunkte bei Turm-Kraftwerken liegen zur Zeit bei der Entwicklung fortgeschrittener Receiver und Heliostaten. Es wird auch das Konzept eines chemischen Reaktors untersucht, in dem z.B. Methan und Dampf zu einem energiereicheren Gas reformiert werden. Dadurch läßt sich die "teure" Solarenergie bei wesentlich höherem Wirkungsgrad auch in den Gasteil eines GuD-Kraftwerks einspeisen.

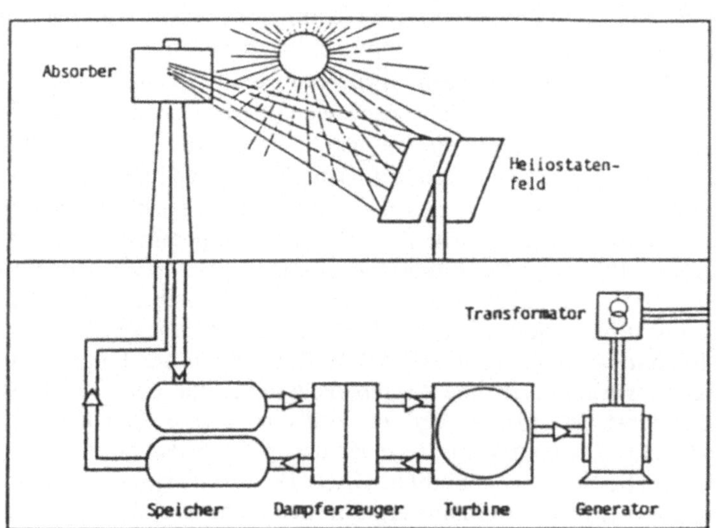

Bild 9-3   Ansicht und Funktionsschema eines solarthermischen Turm-Kraftwerks

Im Vergleich zu Parabolrinnen-Kraftwerken liegt der Gesamtwirkungsgrad von Turm-Kraftwerken etwas höher. Andererseits sind sie heute mit **Investitionskosten von 8000-10000 DM/kW** sehr viel teurer, was vor allem daran liegt, daß bei den Parabolrinnen-Anlagen durch den Bau der insgesamt neun Kraftwerke in den USA während der 80er Jahre bereits erhebliche Kostenreduktionen durch Lerneffekte realisiert werden konnten. Die Stromgestehungskosten von Turm-Kraftwerken betragen heute über 50 Pf/kWh im rein solaren Betrieb an Standorten in Nordafrika. Sie lassen sich jedoch ebenfalls durch eine fossile Zusatzfeuerung deutlich senken.

Ein **Vergleich der solarthermischen Kraftwerkskonzepte mit photovoltaischen Großanlagen** wurde im Rahmen des IKARUS-Projekts[49] durchgeführt [IKARUS 1994]. Die Angaben in Tabelle 9-1 gelten jeweils für einen rein solaren Betrieb der Kraftwerke. Für die solarthermischen Kraftwerke wurde angenommen, daß die Anlagen ab dem Jahr 2005 mit thermischen Speichersystemen mit einer Kapazität von 5-9 Vollaststunden ausgerüstet werden, um die Anlagenauslastung zu erhöhen (s. auch Bild 9-5). Die Daten für die Photovoltaik-Großanlagen liegen im wesentlichen im Bereich der Angaben für die Kraftwerke, die in Kapitel 5 definiert wurden. Die Stromgestehungskosten wurden mit der gleichen Methode berechnet (Abschreibungsdauer 30 Jahre, 4% Realzins), so daß sie direkt vergleichbar sind. Tabelle 9-1 zeigt, daß die Stromgestehungskosten von Photovoltaik-Kraftwerken in Nordafrika im Vergleich zu größeren Anlagen auf Freiflächen in Deutschland mit 60 Pf/kWh nur etwa die Hälfte betragen, im Vergleich zu Hausdachanlagen sind es sogar weniger als 40%. Noch wesentlich günstiger sind allerdings heute Parabolrinnenkraftwerke, die **Solarstrom für 30 Pf/kWh** produzieren können.

Längerfristig können für alle Technologien erhebliche technische Verbesserungen und Kostenreduktionen erwartet werden, so daß **bis zum Jahr 2020 Solarstrom für etwa 10-20 Pf/kWh** erzeugt werden kann. Dies gilt allerdings nur unter der Annahme, daß alle Techniken kontinuierlich weiterentwickelt und in den Energiemarkt eingeführt werden. Insgesamt dürften die solarthermischen Anlagen grundsätzlich etwas günstiger abschneiden als die Photovoltaik (unter anderem durch den Übergang auf größere Einheitsleistungen). Vor allem vom Turm-Kraftwerkskonzept verspricht man sich viel.

9.2.2 Ferntransport elektrischer Energie

Die Kosten des Stromtransports hängen u.a. von der Transportentfernung sowie der zu übertragenden elektrischen Leistung und Energie ab. Für Entfernungen ab etwa 1000 km dürfte die **Hochspannungs-Gleichstrom-Übertragung (HGÜ)** in der Regel kostengünstiger sein als die Drehstromübertragung. Die Technologie der HGÜ wird seit mehr als 25 Jahren in der Energietechnik angewendet und kann als ausgereift angesehen werden. Insgesamt sind weltweit Leitungen mit einer Gesamtlänge von mehr als 11000 km in Betrieb, 4500 km werden zur Zeit gebaut.

Im Rahmen des IKARUS-Projekts wurde für den Import solarer Elektrizität als Referenzsystem eine HGÜ-Verbindung beschrieben, bei der die zu übertragende Leistung

---

[49] IKARUS = Instrumente für die Entwicklung von Strategien zur Reduktion energiebedingter Klimagasemissionen in Deutschland. Projekt im Auftrag des Bundesministeriums für Forschung und Technologie, das im Frühjahr 1995 abgeschlossen wurde.

Tabelle 9-1   Referenzkraftwerke für einen Solarstromimport [IKARUS 1994]

Solarthermisches Parabolrinnen-Kraftwerk

		1989		2005		2020	
		Südsp.	Nordafr.	Südspa.	Nordafr.	Südspa.	Nordafr.
Globalstrahlung (horizontal)	kWh/m^2*a	1800	2300	1800	2300	1800	2300
Direktstrahlung (nachgeführt)	kWh/m^2*a	1900	2500	1900	2500	1900	2500
Turbinennennleistung	MWe/Einheit	30		80		300	
Vollaststunden	h/a	1800	2066	3600	3600	3600	3600
Nettoerzeugung	GWh/a*Einheit	54	61,98	288	288	1080	1080
therm. Wirkungsgrad Siegelfeld	%	51,00		51,00		51,00	
Wirkungsgrad Dampfturbine	%	37,50		37,50		37,50	
Jahresnutzungsgrad	%	8,30	10,00	10,50	12,00	13,20	14,00
Speicherkapazität	h	0,5	0,5	9	5	9	5
Spiegelfeldaustrittstemperatur	°C	393	393	393	393	393	393
Spiegelfläche	km^2/Einheit	0,34	0,25	1,44	0,67	4,30	2,50
Gesamtgrundfläche	km^2/Einheit	0,88	0,64	3,71	1,71	11,10	6,40
Betriebspersonal	Pers./Einheit	33		50		100	
Abschreibungsdauer	a	30					
Investitionen gesamt	Mio DM/Einheit	214,14	190,92	591,84	485,76	1784,09	1543,30
spezifische Spiegelkosten	DM/m^2	250		220		200	
sonstige spezifische Kosten	DM/kWe	4305		3438		3081	
jährliche Betriebskosten	Mio DM/a*Einheit	7,49	6,68	17,76	14,58	44,64	38,64
Spez. Stromkosten bei 4% Zins	DM/kWh	0,368	0,286	0,181	0,148	0,137	0,118

Solarturm-Einheitskraftwerk

		1989		2005		2020	
Turbinennennleistung	MWe/Einheit	30		100		200	
Vollaststunden	h/a	1800	2066	3600	3600	3600	3600
Nettoerzeugung	GWh/a*Einheit	54	61,98	360	360	720	720
therm. Wirkungsgrad Siegelfeld	%	45,00		52,00		52,00	
Wirkungsgrad Dampfturbine	%	39,40		39,40		40,50	
Jahresnutzungsgrad	%	7,80	11,10	12,20	15,10	16,10	18,00
Speicherkapazität	h	0,5	0,5	9	5	9	5
Spiegelfeldaustrittstemperatur	°C	700	700	750	750	750	750
Spiegelfläche	km^2/Einheit	0,36	0,22	1,55	0,83	2,35	1,67
Gesamtgrundfläche	km^2/Einheit	1,40	0,90	6,20	2,13	9,40	4,27
Betriebspersonal	Pers./Einheit	33		40		54	
Abschreibungsdauer	a	30					
Ivestitionen gesamt	Mio DM/Einheit	327,60	242,77	860,25	657,60	1099,80	888,00
spezifische Spiegelkosten	DM/m^2	344		220		165	
sonstige spezifische Kosten	DM/kWe	6792	5571	5193	4464	3560	3120
Betriebskosten	Mio DM/a*Einheit	11,84	8,79	26,20	20,03	27,76	22,43
Spez. Stromkosten bei 4% Zins	DM/kWh	0,57	0,368	0,211	0,161	0,127	0,102

Tabelle 9-1 Referenzkraftwerke für einen Solarstromimport [IKARUS 1994] (Forts.)

Photovoltaik Einheitskraftwerk

		1989		2005		2020	
		Südspa.	Nordafr.	Südspa.	Nordafr.	Südspa.	Nordafr.
Globalstrahlung (horizontal)	kWh/m^2*a	1800	2300	1800	2300	1800	2300
Globalstrahlung (geneigt)	kWh/m^2*a	2048	2415	2048	2415	2048	2415
Gesamtmodulleistung (STC)	MW$_p$/Einheit	229	238	221	226	213	219
Systemleistung am Standort	MWe/Einheit	175		175		175	
Vollaststunden	h/a	1970	2330	1970	2330	1970	2330
Nettoerzeugung	GWh/a*Einheit	344,75	407,75	344,75	407,75	344,75	407,75

Multikristalline Silicium-Technologie

		1989		2005		2020	
Zellenwirkungsgrad	%	12,90		17,10		18,90	
Modulwirkungsgrad	%	11,00		15,00		17,00	
Systemwirkungsgrad (STC)	%	10,20		14,00		16,10	
Systemwirkungsgrad (Ort)	%	8,40	8,10	11,90	11,60	14,00	13,60
Jahresnutzungsgrad	%	8,10	7,90	11,50	11,10	13,50	13,10
Modulfläche	km^2/Einheit	2,08	2,16	1,47	1,51	1,25	1,29
Gesamtgrundfläche	km^2/Einheit	4,17	4,32	2,94	3,02	2,50	2,57
Betriebspersonal	Pers./Einheit	40		30		25	
Abschreibungsdauer	a	30		30		30	
Investitionen gesamt	Mio DM/Einheit	3300	3430	1960	2010	1450	1490
spezifische Modulkosten	DM/kW$_p$	9000		5000		3500	
spez. flächenabhängige Kosten	DM/kW$_p$	4000		2600		2100	
spez. leistungsabhängige Kosten	DM/kW$_p$	1000		900		800	
sonstige spez. Kosten	DM/kW$_p$	420		400		400	
jährliche Betriebskosten	Mio DM/a*Einheit	17	17	10	10	7	7
Spez. Stromkosten bei 4% Zins	DM/kWh	0,602	0,528	0,358	0,31	0,263	0,229

Dünnschicht-Technologie

		1989		2005		2020	
Zellenwirkungsgrad	%			16,00		17,80	
Modulwirkungsgrad	%			14,00		16,00	
Systemwirkungsgrad (STC)	%			13,10		15,10	
Systemwirkungsgrad (Ort)	%			11,10	10,80	13,20	12,80
Jahresnutzungsgrad	%			10,70	10,40	12,70	12,30
Modulfläche	km^2/Einheit			1,58	1,62	1,33	1,37
Gesamtgrundfläche	km^2/Einheit			3,15	3,24	2,65	2,73
Betriebspersonal	Pers./Einheit			30		25	
Abschreibungsdauer	a			30		30	
Investitionen gesamt	Mio DM/Einheit			1460	1490	1040	1070
spezifische Modulkosten	DM/kW$_p$			2500		1500	
spez. flächenabhängige Kosten	DM/kW$_p$			2800		2200	
spez. leistungsabhängige Kosten	DM/kW$_p$			900		800	
sonstige spez. Kosten	DM/kW$_p$			400		400	
jährliche Betriebskosten	Mio DM/a*Einheit			7	7	5	5
Spez. Stromkosten bei 4% Zins	DM/kWh			0,265	0,231	0,189	0,165

2000 MW bei einem Spannungsniveau von 400 kV beträgt (Tabelle 9-2). Für die Verbindung von Südspanien nach Deutschland werden zwei Kopfstationen zur Umwandlung von Drehstrom in Gleichstrom (in Spanien) bzw. Gleichstrom in Drehstrom (Deutschland) benötigt sowie eine Freileitung von 2000 km Länge. Für die Verbindung von Nordafrika nach Deutschland wurde angenommen, daß auf dem afrikanischen Kontinent 1200 km Freileitungen errichtet werden müssen, um Standorte mit sehr hohem Solarangebot zu erreichen. Zusätzlich wird ein Seekabel von 200 km Länge für die Verbindung Tunesien-Italien benötigt. Von Sizilien nach Deutschland beträgt dann die Entfernung nochmals 1900 km. Der Jahresnutzungsgrad des Übertragungssystems betrage 88% (Spanien) bzw. 84% (Nordafrika), d.h. die Transportverluste liegen zwischen 12 und 16% entsprechend knapp 0,5% pro 100 km für die Leitungen und 1,5% für die Kopfstationen. Die Kosten der Kopfstationen betragen 165 DM/kW, die der Freileitungen 600000 DM/km und die Kosten des Seekabels 2 Mio DM/km. Damit ergeben sich **Investitionskosten** von knapp 2 Mrd DM für die Verbindung Südspanien-Deutschland bzw. **3 Mrd DM für die Verbindung aus Nordafrika**.

Tabelle 9-2   Datenblatt Hochspannungs-Gleichstrom-Übertragung [IKARUS 1994]

Datenblatt Hochspannungs-Gleichstrom-Übertragung		**Südspanien**	**Nordafrika**
Leistung (Brutto)	MW	2000	2000
(Netto)	MW	1760	1679
Vollaststunden Energie-durchsatz	h/a	in Abhängigkeit von der Stromgestehungstechnik	
Jahresnutzungsgrad	%	88	84
Eingang		Drehstrom	
Ausgang		Drehstrom	
Spannung	kV	400	400
Stromstärke	kA	2 x 2,5	2 x 2,5
Leitungslänge	km	2000	3300
davon: Seekabel	km	-	200
Freileitung	km	2000	3100
Betriebspersonal	Personen	40	49
Abschreibungsdauer	a	30	30
Investitionen	Mrd DM	1,86	2,92
davon: Freileitungen	Mrd DM	1,20	1,86
Seekabel	Mrd DM	-	0,40
Kopfstationen	Mrd DM	0,66	0,66
Betriebskosten	Mio DM/a	5,96	8,39
Spez. Transportkosten bei 4% Zins, je nach Auslastung	DM/kWh	0,04-0,12	0,05-0,15

Bei einer Abschreibungsdauer von 30 Jahren und einem Realzins von 4% ergeben sich die jährlichen Kapitalkosten zu 5,8 % der Investitionskosten. Hinzu kommen Unterhalts- und Instandsetzungskosten, fixe Betriebskosten und sonstige Kosten, die mit 0,3% der Investitionskosten jedoch sehr niedrig sind.

Da die Kapitalkosten 95% der jährlichen Kosten der HGÜ-Verbindungen ausmachen, hängen die Transportkosten pro kWh sehr stark von der Auslastung der Anlage ab (Bild 9-4).

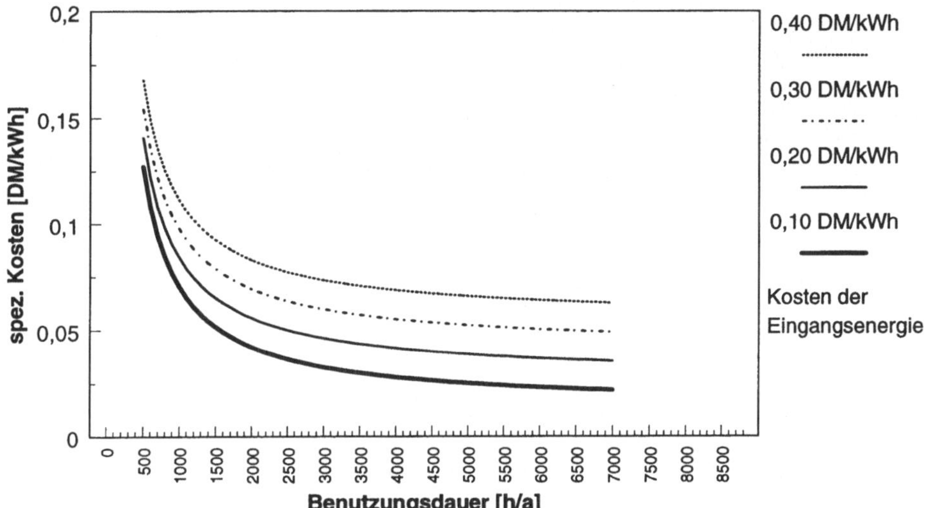

Bild 9-4   Spezifische Kosteneiner Hochspannungs-Gleichstrom-Übertragung von Südspanien nach Deutschland (2000 MW, 2x400 kV/2,5 kA) in Ab hängigkeit von der Benutzungsdauer und den Kosten der Eingangsenergie [IKARUS 1994]

Dadurch ergeben sich für die in Tabelle 9-1 definierten Kraftwerkssysteme deutliche Unterschiede, die zu eindeutigen Vorteilen für solarthermische Kraftwerke führen, insbesondere wenn sie mit thermischen Speichern ausgerüstet sind. Die Transportkosten liegen beim heutigen Stand der Technik für die Verbindung Südspanien-Deutschland bei etwa 10 Pf/kWh, beim Entwicklungsstand 2020 zwischen 4 Pf/kWh (solarthermische Kraftwerke) und 6-7 Pf/kWh (Photovoltaik).

9.3 Kosten des Solarstromimports

Auf der Basis der oben definierten Referenzsysteme lassen sich die Kosten eines Imports solarer Elektrizität ermitteln (Tabelle 9-3). Die Ergebnisse zeigen zum einen, daß solare Elektrizität heute in Spanien für etwa 37 Pf/kWh produziert werden kann, in Nordafrika aufgrund des deutlich höheren Solarstrahlungsangebots für weniger als 30 Pf/kWh. Langfristig scheinen Werte um 10 Pf/kWh erreichbar. Zum anderen folgt, daß ein Stromimport aus Nordafrika trotz der um 50% höheren Investitionen für die HGÜ-

Verbindung etwas kostengünstiger ist. **Die Gesamtkosten für Importstrom betragen frei Verbundnetz Deutschland bei Zugrundelegung heutiger Technik 39-67 Pf/kWh**, sie können aber unter günstigen Rahmenbedingungen für die Weiterentwicklung und Markteinführung solarer Kraftwerkstechnologien auf etwa 15 Pf/kWh reduziert werden. Eindeutige Kostenvorteile ergeben sich dabei für die solarthermische Kraftwerkstechnologie, insbesondere dadurch, daß bereits heute relativ preiswerte thermische Speichersysteme zur Verfügung stehen, durch die die Auslastung der Anlagen deutlich heraufgesetzt werden kann. Sollte es allerdings in den nächsten 20 Jahren gelingen, auch preiswerte elektrische Energiespeicher zu entwickeln (Pumpspeicher scheiden aufgrund der mangelnden Verfügbarkeit von Wasser in Nordafrika aus), so würden sich die Werte für die Photovoltaik entsprechend günstiger darstellen.

Tabelle 9-3   Kostenvergleich der Varianten zum Solarstromimport bei einem Realzins von 4% und einer Abschreibungsdauer von 30 Jahren [IKARUS 1994]

| DM/kWh | Kosten am Ende jeder Prozeßstufe | | | | | |
| | Südspanien | | | Nordafrika | | |
	1989	2005	2020	1989	2005	2020
PV-multi	0,60	0,36	0,26	0,53	0,31	0,23
HGÜ	0,72	0,44	0,33	0,67	0,41	0,32
PV-Dünn		0,27	0,19		0,23	0,17
HGÜ		0,33	0,25		0,32	0,24
Rinne	0,37	0,18	0,14	0,29	0,15	0,12
HGÜ	0,45	0,22	0,17	0,39	0,21	0,17
Turm	0,57	0,21	0,13	0,37	0,16	0,10
HGÜ	0,68	0,26	0,16	0,49	0,22	0,15

| DM/kWh | Kosten je Prozeßstufe | | | | | |
| | Südspanien | | | Nordafrika | | |
	1989	2005	2020	1989	2005	2020
PV-multi	0,60	0,36	0,26	0,53	0,31	0,23
HGÜ	0,12	0,08	0,07	0,15	0,10	0,09
PV-Dünn		0,27	0,19		0,23	0,17
HGÜ		0,07	0,06		0,09	0,08
Rinne	0,37	0,18	0,14	0,29	0,15	0,12
HGÜ	0,09	0,04	0,04	0,11	0,06	0,05
Turm	0,57	0,21	0,13	0,37	0,16	0,10
HGÜ	0,11	0,05	0,04	0,12	0,06	0,05

Vergleicht man die Kosten des Solarstromimports mit den Kosten einer heimischen Erzeugung, so liegen sie heute bei weniger als der Hälfte. Auch langfristig kann erwartet werden, daß sich daran grundsätzlich nichts ändert. **Der Import solarer Elektrizität bringt aber auch noch einige weitere Vorteile mit sich:**

1. Kurzzeitige Fluktuationen der Stromerzeugung als Folge schwankender Bewölkung treten an Standorten in Nordafrika in sehr viel geringerem Maße auf als in

Deutschland. Hinzu kommt bei den solarthermischen Kraftwerken die Eigenschaft, daß sie aufgrund des thermischen Kreislaufs sehr viel träger auf Schwankungen des Strahlungsangebots reagieren als Photovoltaik-Anlagen.

2. Durch den Einsatz thermischer Speicher in solarthermischen Kraftwerken ist die tageszeitliche Stromproduktion sehr viel konstanter als bei Photovoltaik-Kraftwerken[50] (Bild 9-5).

3. Das jahreszeitliche Strahlungsangebot in Nordafrika ist sehr viel gleichmäßiger als in Deutschland. Dies ist zum einen wetterbedingt, aber auch dadurch, daß die Standorte näher am Äquator liegen (Bild 9-6).

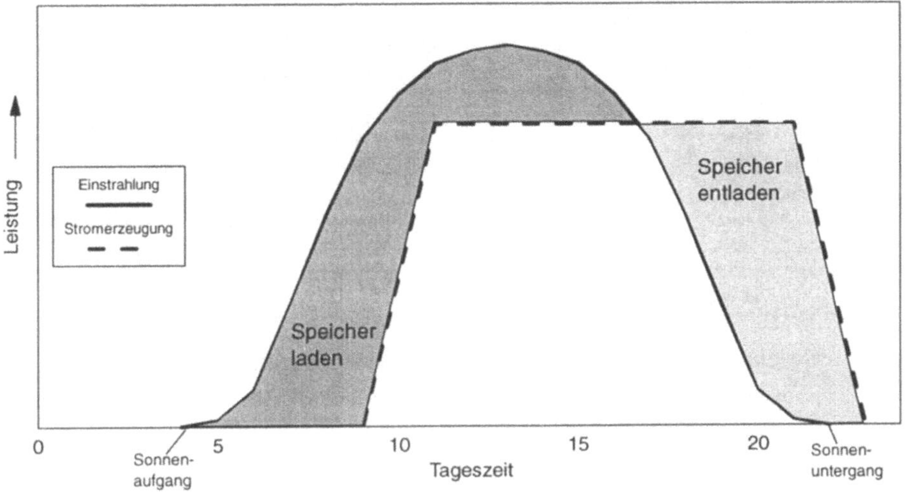

Bild 9-5   Vergleich des tageszeitlichen Verlaufs des Strahlungsangebots und der Stromerzeugung solarthermischer Kraftwerke

Für die Integration von importiertem Solarstrom in den Kraftwerksverbund sind deshalb die Voraussetzungen günstiger. Vor allem deshalb, weil das jahreszeitliche Angebot sehr viel ausgeglichener ist. Wie Bild 9-6 zeigt, beträgt das Strahlungsangebot zu Zeiten der höchsten Stromnachfrage im Winter an Standorten in Süddeutschland weniger als 20% des Sommermaximums. An günstigen Standorten in Nordafrika stehen dagegen immer noch fast 70% zur Verfügung! Durch einen Stromimport wird also nicht nur mehr fossile Energie substituiert (bei gleicher installierter Solarleistung), sondern auch mehr konventionelle Kraftwerksleistung (s. hierzu auch Abschnitt 6.3). Hinzu kommt, daß aufgrund des ausgeglicheneren Leistungsangebots erst bei sehr viel höheren Anteilen an der gesamten Stromerzeugung in Deutschland ein nennswerter Speicherbedarf entsteht (s. hierzu auch Abschnitt 6.2).

---

[50] Damit der Speicher tagsüber geladen werden kann, muß die thermische Leistung des Solarfelds größer dimensioniert werden als die Leistung der Turbine.

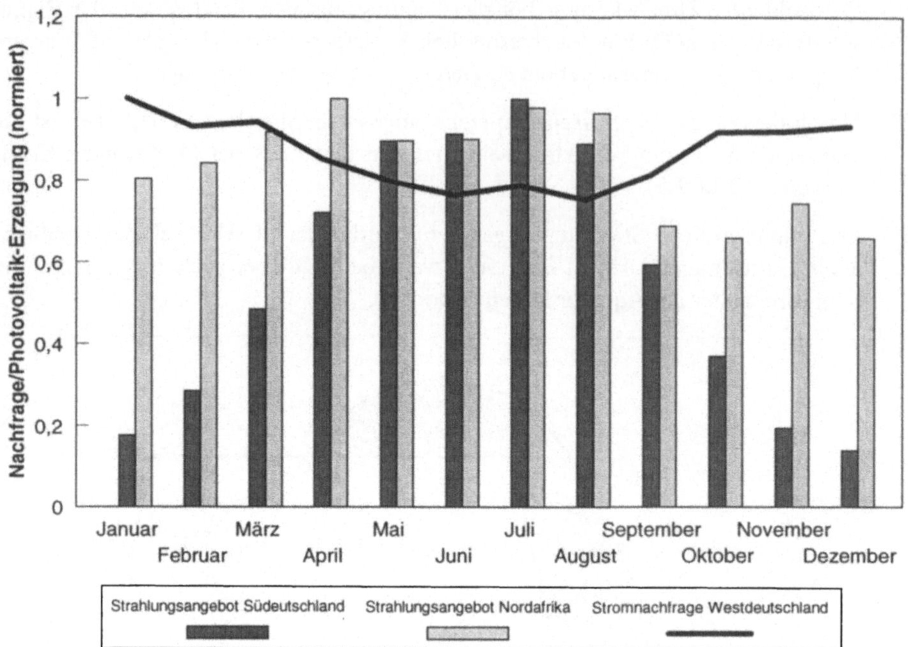

Bild 9-6   Vergleich des jahreszeitlichen Verlaufs der Stromnachfrage in
Deutschland mit dem solaren Angebot an einem Standort in
Süddeutschland und in Nordafrika (Südost-Marokko)

Durch diese Effekte ergibt sich, daß der wirtschaftliche Wert importierter solarer Elektrizität höher ist als der Wert einer heimischen Erzeugung. Zusammen mit den niedrigen Stromgestehungskosten kann deshalb die wirtschaftliche Konkurrenzfähigkeit sehr viel früher erreicht werden.

9.4 Zusammenfassung zum Solarstromimport

Es läßt sich feststellen, daß der Import solarer Elektrizität eine technisch praktikable und zu akzeptablen Kosten realisierbare Option darstellt, die gegenüber der heimischen Produktion einige bedeutende Vorteile mit sich bringt. Daher ist die Frage naheliegend, ob nicht auf den Aufbau einer heimischen Solarstromproduktion zu Gunsten des Imports verzichtet werden sollte. Dies führt zu der vielfach geführten Diskussion, ob es nicht grundsätzlich besser ist, Maßnahmen zum Klimaschutz dort umzusetzen, wo mit den zur Verfügung stehenden Mitteln die höchste CO_2-Minderung erzielt werden kann. Im Bereich der erneuerbaren Energiequellen bedeutet dies praktisch immer, in den ressourcenreicheren Entwicklungsländern anzusetzen. Theoretisch ist die Argumentation sicher richtig. Vergessen wird dabei aber, daß die Entwicklungsländer heute (zu Recht) fordern, daß zunächst die wohlhabenden Industrieländer des Westens - und damit auch Deutschland -, die jährlich mehr als die Hälfte der globalen CO_2-Emissionen verursachen

(Deutschland allein 4%!), zunächst ihre Energiesysteme ändern und Technologien zur rationellen Energieverwendung und zur Nutzung erneuerbarer Energiequellen verstärkt einführen. **Daher sind die heimische Stromerzeugung aus Photovoltaik-Anlagen und der Import solarer Elektrizität Teil einer Gesamtstrategie. Sie schließen sich nicht aus, sondern sie müssen sich vielmehr ergänzen.**

Zur Realisierung des Imports solarer Elektrizität müssen eine Vielzahl grundlegender Voraussetzungen geschaffen und Hemmnisse beseitigt werden, was nur langfristig möglich ist. So müssen die Kraftwerkstechnologien zunächst einen Stand erreichen, der einen kommerziellen Einsatz erlaubt. Aus heutiger Sicht scheint dies mittelfristig für alle beschriebenen Konzepte durchaus möglich.

Unabhängig davon, welche Technologie sich letztlich für den Einsatz in solaren Großanlagen am besten eignet, sollte eine **Aufbaustrategie** zwei Phasen umfassen: Um eine Reduktion der Stromerzeugungskosten und eine hohe technische Verfügbarkeit der Anlagen zu erreichen, sollte in einer ersten Phase zunächst eine hinreichend große Anzahl von Kraftwerken im Leistungsbereich von einigen zehn bis maximal etwa 200 MW in einstrahlungsreichen Ländern errichtet und in die dortigen Stromversorgungssysteme integriert werden. Der Zeitbedarf dürfte selbst unter günstigen Randbedingungen mindestens 10-15 Jahre betragen. Erst danach sollten in einer zweiten Phase modular aufgebaute Großanlagen im Gigawatt-Bereich für den Solarstromexport gebaut werden. Eine solche Strategie erlaubt es, das Risiko von Fehlinvestitionen deutlich zu verringern.

Die Durchführbarkeit der ersten Phase hängt primär davon ab, in welchem Umfang und wann sich das politische und energiewirtschaftliche Umfeld auf internationaler und nationaler Ebene deutlich zugunsten der Erschließung erneuerbarer Energiequellen ändert. Zur Zeit sind weltweit einige positive Ansätze erkennbar, die jedoch deutlich verstärkt werden müssen, um mittelfristig die **Voraussetzungen für die Realisierung** einer größeren Anzahl solarer Kraftwerke zu schaffen. Angesichts der in vielen einstrahlungsreichen Entwicklungsländern bestehenden begrenzten Finanzierungsspielräume (ein 100 MW-Kraftwerk kostet mehrere hundert Millionen DM), ist die Errichtung der ersten solaren Kraftwerke ohne die technologische und finanzielle Unterstützung der Industrieländer nicht vorstellbar[51]. Als geeignetes Mittel bietet sich, neben einer öffentlichen Förderung, die Beteiligung von Unternehmen der Energiewirtschaft (z.B. Elektrizitätsversorgungsunternehmen) im Rahmen von Maßnahmen zur CO_2-Kompensation an[52]. Zur Zeit fehlen dafür jedoch die rechtlichen Rahmenbedingungen.

Ein weiteres Realisierungserfordernis besteht darin, daß die potentiellen Standortländer den Aufbau großer solarer Kraftwerke zum Export solarer Elektrizität mittragen müssen. An südeuropäischen Standorten (z.B. Sizilien oder Spanien) ist mit Akzeptanzproblemen aufgrund des hohen Flächenverbrauchs zu rechnen. Hinzu kommt, daß, wenn es auf europäischer Ebene zu einer forcierten Erschließung solarer Energien kommen sollte, diese Länder versuchen werden, die am besten geeigneten Standorte für Solarkraftwerke für ihre eigene Stromversorgung zu reservieren. Erst in einem zweiten, zeitlich nachgelagerten Schritt werden dann ggf. Flächen für Kraftwerke für den Stromexport ausgewiesen.

---

[51] Dies wurde im übrigen auch von den beiden Enquete-Kommisionen zum Klimaschutz gefordert [Enquete 1994].

[52] Unter CO_2-Kompensationsmaßnahmen wird verstanden, daß bei Einführung einer Energie-/CO_2-Steuer, Unternehmen die Möglichkeit haben, ihre Steuerschuld zu verringern, sofern sie dazu beitragen, die CO_2-Emissionen in anderen Ländern zu reduzieren (insbesondere in den Entwicklungs- und Schwellenländern sowie den GUS-Staaten). Diesem Ansatz liegt zugrunde, daß es u.a. zu erreichen gilt, die Emissionen dort zu vermindern, wo die Kosten je Tonne CO_2-Minderung gering sind.

In den nordafrikanischen Ländern besteht ein vergleichbares Flächenproblem nicht. Allerdings dürfte die Akzeptanz von solaren Kraftwerken für den Stromexport davon abhängen, inwieweit der heute aufgrund von Bevölkerungswachstum und zunehmender Industrialisierung rasch wachsende Strombedarf - z.T. über 10% p.a. - gedeckt werden kann (in einigen Ländern reichen die Kraftwerkskapazitäten zur Zeit nicht aus, um die Nachfrage nach Elektrizität zu decken). Darüberhinaus wird es eine Rolle spielen, in welchem Maße die Länder wirtschaftlich und technologisch vom Bau solarer Großkraftwerke profitieren. Die genannten Gründe sprechen dafür, daß es bereits während der ersten Phase der Aufbaustrategie zu einer Zusammenarbeit mit potentiellen Standortländern (insbesondere den Maghreb-Staaten) kommen sollte.

Im Hinblick auf die Errichtung der Übertragungseinrichtungen muß aufgrund der Vielzahl von Beteiligten mit erheblichen genehmigungsrechtlichen und organisatorischen Problemen gerechnet werden, die langwierige Verhandlungen nach sich ziehen können.

Ein weiteres Hemmnis besteht darin, daß im Gegensatz zur Erschließung der heimischen Potentiale erneuerbarer Energiequellen (oder der rationellen Energieverwendung) der Aufbau der erforderlichen Anlagen für den Import solarer Elektrizität aufgrund von Rentabilitätsüberlegungen mit Mindestinvestitionen in zweistelliger Milliardenhöhe verbunden ist. Neben der Frage der technischen, rechtlichen, organisatorischen und politischen Realisierbarkeit ist daher die Frage der Finanzierung von entscheidender Bedeutung.

Aufgrund der bestehenden enormen Hemmnisse, die nur im Rahmen internationaler Vereinbarungen abgebaut werden können, ist davon auszugehen, daß mit einem **Import solarer Elektrizität kaum vor dem Jahr 2015** zu rechnen ist. Er setzt voraus, daß bis dahin vor allem in den Industrieländern substantielle Maßnahmen zur Minderung der CO_2-Emissionen ergriffen werde, und daß die Nutzung erneuerbarer Energiequellen insgesamt einen nennenswerten Beitrag zur Energieversorgung leistet.

10 Langfristige Perspektiven der solaren Stromversorgung in Deutschland

Da man sich bei der Formulierung von Szenarien immer an der heute gegebenen Situation orientieren muß, sind die Spielräume, alternative Energiesysteme für die Zukunft zu beschreiben, um so geringer, je kürzer der Zeithorizont gesetzt wird. Daher soll im weiteren eine mögliche langfristige Option diskutiert werden, die davon ausgeht, daß eine aktive Klimaschutzpolitik umgesetzt wird und kurz- bis mittelfristig bestehende Hemmnisse weitgehend beseitigt werden.

Das Leitbild vieler Energieszenarien ist die Forderung nach Nachhaltigkeit (Sustainability), speziell für den Klimabereich. Es wurde u.a. auch in der Klimarahmenkonvention verankert, die 1992 auf der Konferenz für Umwelt und Entwicklung (UNCED) in Rio de Janeiro verabschiedet wurde. Dort heißt es in Artikel 2: "Das Endziel dieses Übereinkommens ... ist es, ... die Stabilisierung der Treibhausgaskonzentration in der Atmosphäre auf einem Niveau zu erreichen, auf dem eine gefährliche, anthropogene Störung des Klimasystems verhindert wird." Das bedeutet, daß die globalen CO_2-Emissionen auf höchstens die Hälfte (etwa 10 Mrd t CO_2 pro Jahr) des Wertes des Jahres 1990 gesenkt werden müssen. Dies läßt sich nicht von heute auf morgen verwirklichen, da die Umgestaltung von Energiesystemen ein langfristiger Prozeß ist. In der Klimarahmenkonvention heißt es daher weiter, daß das Ziel bis Mitte des nächsten Jahrhunderts erreicht werden soll. Weil bis dahin die Weltbevölkerung erheblich wachsen wird, muß eine **CO_2 Reduktion von etwa 75% pro Kopf** angestrebt werden.

Auch die Szenarien, die in den letzten Jahren für Deutschland erstellt wurden, orientieren sich an diesem Ziel. Der Grund dafür, daß sie sich in der Mehrzahl in einem Zeitfenster bis maximal zum Jahr 2010-2020 bewegen, liegt darin, daß auf diese Weise konkrete Handlungsempfehlungen gegeben werden können, wie heute eine energiepolitische Weichenstellung erfolgen muß. Mit konkreten mittelfristigen Zielvorgaben werden daher Zwischenziele gesetzt, z.B. wie die von der Bundesregierung beschlossene CO_2-Reduktion von 25% innerhalb der nächsten 10-15 Jahre erreicht werden kann.

Für die Diskussion, welche Rolle die solare Stromerzeugung langfristig in der Energieversorgung spielen kann, sollen zwei Szenarien diskutiert werden, die 1991 von PROGNOS und dem Fraunhofer Institut für Systemtechnik und Innovationsforschung (ISI) entwickelt wurden [Prognos, FhG-ISI 1991]. Es handelt sich dabei um das Referenzszenario und das Szenario "Diversifikationsstrategie" für Westdeutschland, in dem eine CO_2-Minderung von 25% bis zum Jahr 2010 und 70% bis zum Jahr 2040 erreicht werden soll. Den Szenarien unterliegen folgende Annahmen über die **Entwicklung der Rahmendaten**:

- Die Bevölkerung sinkt von 61,3 Mio im Jahr 1988 auf 58,5 Mio im Jahr 2010 und 52 Mio im Jahr 2040.
- Das Wirtschaftswachstum wird, bezogen auf das reale Bruttosozialprodukt, im Durchschnitt der Jahre 1987-2010 2,3% p.a. betragen. Die Rate sinkt danach auf 1,7%.

- Das Wachstum wird im wesentlichen von der Expansion des Dienstleistungssektors getragen, die industrielle Basis der Volkswirtschaft soll jedoch erhalten bleiben.

Im **Referenzszenario** wird unterstellt, daß es zu keinen wesentlichen energiepolitischen Eingriffen in das Energiesystem kommt und deshalb die Potentiale zur rationellen Energieverwendung und der erneuerbaren Energiequellen nur sehr vorsichtig ausgeschöpft werden. Dementsprechend ist lediglich mit einem leichten Absinken des Primärenergieverbrauchs zu rechnen, gegenüber 1987 (11300 PJ) um 3% im Jahr 2010 und 10% im Jahr 2040. In der gleichen Größenordnung bewegt sich die Abnahme des Endenergieverbrauchs (1987: 7500 PJ).

Im CO_2-Minderungsszenario wird angenommen, daß eine eindeutige Weichenstellung der Energiepolitik zugunsten der rationellen Energieverwendung und erneuerbarer Energiequellen stattgefunden hat. Daher nimmt der Endenergieverbrauch deutlich schneller ab, um 18% bis zum Jahr 2010 und 36% bis 2040 (Bild 10-1). Auch spielen die erneuerbaren Energiequellen sowohl in der Wärmeversorgung (vor allem Biomasse, Sonnenkollektoren und Wärmepumpen) als auch bei der Stromproduktion eine sehr viel stärkere Rolle (Bild 10-2). Im Reduktionsszenario wird weiterhin davon ausgegangen, daß Wasserstoff aus erneuerbaren Energiequellen als Sekundärenergieträger bis zum Jahr 2010 keine Rolle spielt, bis 2040 aber fast 20% des Bedarfs decken kann.

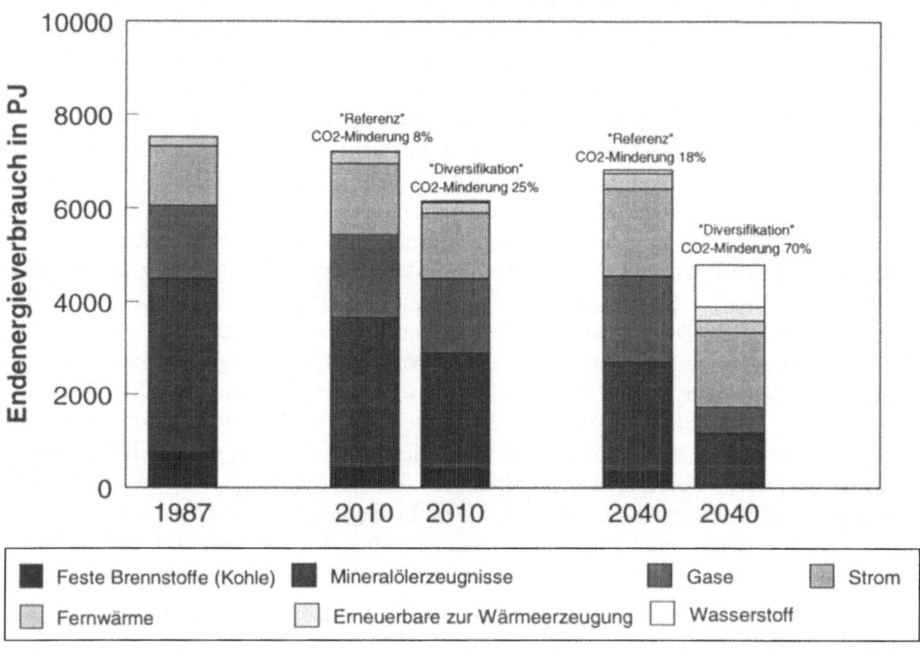

Bild 10-1   Entwicklung des Endenergieverbrauchs in den Szenarien
[Prognos, FhG-ISI 1991]

Bemerkenswert ist, daß in beiden Szenarien der Bruttostromverbrauch deutlich zunimmt. Im Referenzszenario um 16% bis zum Jahr 2010 und 42% bis 2040, im CO_2-Reduktionsszenario um 8% bzw. 22%. Sein Anteil am Endenergieverbrauch verdoppelt sich im Reduktionsszeanrio sogar. Betrachtet man die Struktur der Stromerzeugung, **so spielen erneuerbare Energiequellen im Referenzsszenario auch bis zum Jahr 2040 keine nennenswerte Rolle**. Die Nutzung der Wasserkraft bleibt annähernd konstant, lediglich die Windenergie wird ausgebaut, leistet aber nur einen Beitrag von weniger 0,5%. Die Stromerzeugung aus Sonnenenergie erreicht nur einen Symbolanteil von 20 GWh pro Jahr.

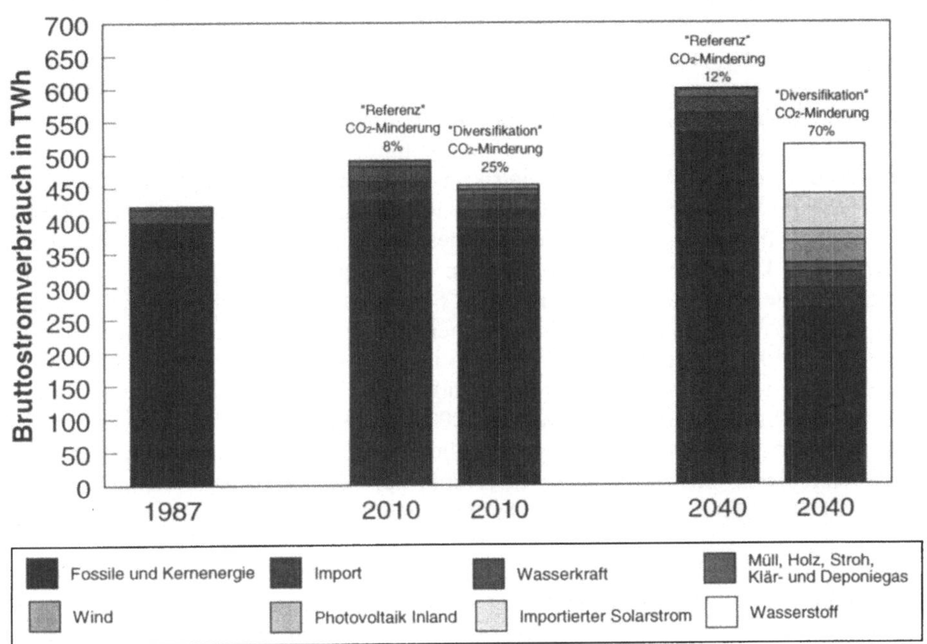

Bild 10-2   Struktur des Bruttostromverbrauchs in den Szenarien
[Prognos-FhG-ISI 1991]

Das **Reduktionsszenario** sieht für den Bereich der Stromerzeugung aus erneuerbaren Energien bis zum Jahr 2010 (außer Wasserkraft, bei der das wirtschaftliche Potential weitgehend ausgeschöpft ist) vor, daß ihr Anteil, gemessen an den technischen Potentialen, noch relativ gering bleibt. Immerhin steigt die Stromerzeugung aus Windenergie auf fast 7 TWh an, die Photovoltaik erreicht aber lediglich einen Wert von rund 20 GWh (s. zum Vergleich die unter Abschnitt 8.2 zusammengestellten Ergebnisse anderer Szenarien). Auch der Import solarer Elektrizität spielt bis dahin keine Rolle.

Vollkommen anders sieht jedoch die Situation im Jahr 2040 aus, wenn bis dahin eine 70%-ige Reduktion der CO_2-Emissionen erreicht werden soll. **Erneuerbare Energien tragen dann über 40% zur Stromerzeugung bei**: Davon werden wiederum 40% aus heimischen Energieträgern (Wasserkraft, Wind, Photovoltaik, Biomasse, Müll etc.) gewonnen, ein Drittel wird durch importierten Wasserstoff und ein weiteres Viertel durch den Import solarer Elektrizität bereitgestellt. Der Anteil der Photovoltaik liegt bei gut 3%.

Da dem Szenario die Annahme zugrunde liegt, daß auch der Wasserstoff zu 80% mit Strom aus Solarkraftwerken im Ausland erzeugt wird, folgt daraus, daß im Jahr 2040 25% der gesamten Stromerzeugung aus solaren Kraftwerken stammt (130 TWh). Berücksichtigt man zudem, daß auch der nicht im Stromsektor eingesetzte Wasserstoff (z.B. im Wärmesektor) weitgehend mit Solarkraftwerken erzeugt wird, so ergibt sich, daß im Jahr 2040 über **300 TWh Solarstrom für die Bundesrepublik** bereitgestellt werden müßten (entspechend 25% des Endenergieverbrauches).

Diese enormen Werte drängen die Frage auf, ob es überhaupt vorstellbar ist, daß bis dahin die erforderliche Zahl von Solarkraftwerken errichtet werden kann. Zur Beantwortung soll zunächst anhand der Angaben in Kapitel 5 (heimische Stromerzeugung) und 9 (Solarstromimport) grob abgeschätzt werden, welcher installierten Kraftwerksleistung im In- und Ausland (stellvertretend Nordafrika) eine solche solare Energiewirtschaft entspricht. Die Berechnung der notwendigen Leistung zur Realisierung des Wasserstoffpfades wurde für eine Verbindung Nordafrika-Deutschland (gasförmiger Wasserstoff) auf der Basis der im IKARUS-Projekt definierten Referenzsysteme durchgeführt [IKARUS 1994]. In allen Fällen wurde eine Technik des Jahres 2020 angenommen, für die die entsprechenden Daten zur Verfügung stehen. Für eine erste Näherung scheint dies zulässig, da (unter den Randbedingungen des Szenarios) anzunehmen ist, daß bis dahin die technische Entwicklungspotentiale weitgehend ausgeschöpft werden können und sich bis zum Jahr 2040 keine nennswerten Veränderungen mehr ergeben. Um den inländischen Solarstrom bereitzustellen, müßten etwa 15000 MW Photovoltaik-Leistung installiert werden, für den Stromimport wären weitere 28000 MW bzw. 18000 MW solarthermische Kraftwerke mit 5 h Speicher (allerdings ist dabei die thermische Leistung des Kollektorfeldes entsprechend überdimensioniert) erforderlich und für den Wasserstoffimport nochmals 210000 MW (140000 MW). Ob bzw. unter welchen Voraussetzungen sich das erreichen läßt, ist kaum zu beantworten. Vor allem, wenn man bedenkt, daß eine Grundvoraussetzung für die Realisierung des Szenarios darin besteht, daß die internationale Staatengemeinschaft insgesamt bereit ist, vergleichbare Ziele zur CO_2-Minderung umzusetzen. Dies bedeutet dann aber, daß die Nachfrage nach solaren Technologien auch dort sehr rasch steigen würde und die installierte solare Kraftwerksleistung Mitte des nächsten Jahrhunderts weltweit in der Größenordnung von einigen Mio MW liegen müßte (heute sind insgesamt etwa 3 Mio MW an Kraftwerksleistung installiert).

Im folgenden soll versucht werden, in einer ersten groben Näherung abzuschätzen, wie sich der Markt für solare Kraftwerke entwickeln müßte, um die genannten Leistungen realisieren zu können. Es sei ausdrücklich darauf hingewiesen, daß es sich dabei eher um ein **Gedankenexperiment** handelt als um ein untermauertes Szenario. Nimmt man an, daß die Photovoltaik (oder solare Kraftwerke allgemein) grundsätzlich in der Lage ist, einen nennenswerten Beitrag zur weltweiten Stromversorgung zu leisten, so ist es möglich, daß sich die Marktdurchdringung in einer ähnlichen Weise vollzieht, wie sie in der Vergangenheit bei vielen anderen Technologien (z.B. Automobile) beobachtet wurde[53]. Dieser Prozeß wird im allgemeinen durch logistische Kurven beschrieben (Bild 10-3).

---

[53] S. hierzu ausführlich z.B. [Mc Veigh 1993].

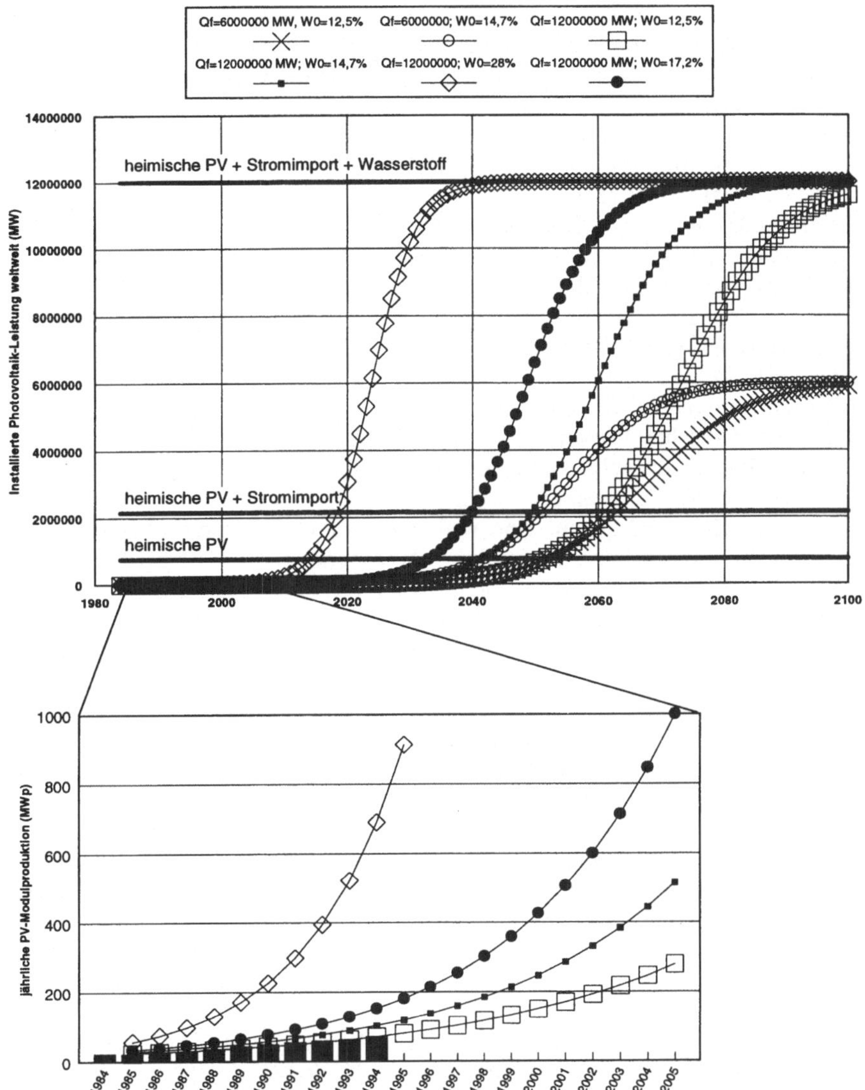

Bild 10-3   Logistische Kurven für verschiedene Wachstumsraten W_0 und Grenzwerte Q_f unter der Annahme, daß der Weltmarktanteil Deutschlands 2% beträgt.

Der S-förmige Verlauf reslutiert daraus, daß das Marktwachstum bis zum Erreichen der wirtschaftlichen Konkurrenzfähigkeit (z.B. 5%-Pioniermarkt) relativ langsam erfolgt. Dann erobert sich die neue Technologie sehr rasch Marktanteile. Und zwar so lange, bis sie in die Sättigungsphase eintritt, in der dann vorrangig nur noch Ersatzinvestitionen getätigt werden. Um eine logistische Kurve mathematisch beschreiben zu können, müssen die Wachstumsrate für einen bestimmten Zeitabschnitt sowie die Sättigungsgrenze bekannt sein.

Für die Photovoltaik können als Anfangswerte für die Weltmarktentwicklung nur die mittleren jährlichen Wachstumsraten der Produktion seit etwa der Mitte der 80er Jahre verwendet werden, da erst seit dieser Zeit eine relativ kontinuierliche Entwicklung stattgefunden hat. Sie lagen durchschnittlich bei etwa 12,5%. Entsprechend den Ausführungen oben müßten bis zum Jahr 2040 etwa 15000 MW Photovoltaik-Leistung installiert werden, um einen Beitrag von 3% an der heimischen Stromerzeugung zu leisten. Hinzu kommen noch einmal 28000 MW für den Import solarer Elektrizität sowie 210000 MW zur Realisierung des Wasserstoffimports. Nimmt man an, daß bis zur Mitte des nächsten Jahrhunderts die Technologien auch weltweit zu einer entsprechenden Bedeutung gelangen können, und unterstellt weiter, daß Deutschlands Anteil am Weltmarkt für Solarkraftwerke langfristig bei etwa 2% liegen wird[54], so müßte das **Marktvolumen** (Q_f) **mindestens bei 12 Mio MW** liegen. Die zugehörige Kurve in Bild 10-3 zeigt, daß unter diesen Annahmen bis zur Mitte der 5. Dekade des nächsten Jahrhunderts lediglich das Ziel 3%-Stromerzeugung aus Solarenergie im Inland erreicht werden kann.

Der Verlauf logistischer Kurven ist jedoch sehr stark davon abhängig, von welchem Anfangswachstum man ausgeht. Sollte der Photovoltaik-Markt in den nächsten zehn Jahren, zum Beispiel als Folge einer erfolgreichen Entwicklung von neuen Dünnschicht-Solarzellen (s. Abschnitt 4.3.3), auf eine Weltjahresproduktion von 500 MW_p wachsen, so würde die mittlere Wachstumsrate für die Anfangsperiode 1984-2005 14,7% betragen. Dies führt zu einer Verschiebung der Kurve zu früheren Zeitpunkten. Das 3%-Ziel könnte dann bereits um das Jahr 2040 realisiert werden, nicht jedoch der zusätzliche Solarstromimport. Er wäre dann erst zehn Jahre später möglich. Sollte jedoch bis 2040 der Solarstromimport ebenfalls realisiert werden können, so müßte die Anfangssteigung 17,2% betragen, für die Realisierung des Wasserstoffimportes wären sogar 28% notwendig. Nach dem Modell hieße das, daß bis zum Jahr 2010 weltweit eine Photovoltaik-Leistung von 250000 MW installiert sein müßte. Daß dies möglich sein könnte, daran glaubt heute jedoch niemand ernsthaft. Allerdings wurden in Abschnitt 8.2 einige Szenarien vorgestellt, die immerhin eine Leistung von mindestens 500 MW in Deutschland durchaus für realisierbar halten. Um dorthin zu kommen, müßte (nach dem Modell) die Weltjahresproduktion jedoch auf über 4000 MW pro Jahr ausgeweitet werden (bis zum Jahr 2005 auf 1600 MW). Selbst das scheint aus heutiger Sicht kaum machbar, aber andererseits auch nicht unmöglich. Sollte es gelingen, dann stünden um das Jahr 2035 auch die benötigten Leistungen zur Verfügung, um neben der heimischen Solarstromerzeugung zumindest auch den Solarstromimport zu ermöglichen.

So theoretisch das beschriebene Modell des langfristigen Marktwachstums solarer Kraftwerke auch sein mag und so willkürlich auch die Annahmen gesetzt wurden, drei wichtige, **grundlegende Aussagen** werden hier trotzdem noch einmal deutlich:

1. Es wird noch Jahrzehnte dauern bis solare Kraftwerke direkt oder indirekt über Sekundärenergieträger wie z.B. Wasserstoff einen wesentlichen Beitrag zur Energieversorgung in Deutschland und weltweit leisten können.

---

[54] Diese Annahme basiert darauf, daß der Anteil am weltweiten Primärenergiebedarf in Deutschland von heute etwa 3% (Westdeutschland) aufgrund des weltweiten Bevölkerungswachstums und einem wirtschaftlichen Wachstum in den Entwicklungs- und Schwellenländern zurückgehen wird. Kurz- bis mittelfristig dürfte der Anteil Deutschlands am Weltmarkt für Photovoltaik-Anlagen eher 1% betragen, weil der Hauptanwendungsbereich der Photovoltaik zunächst in den einstrahlungsreichen Ländern liegen wird (s. Abschnitt 8.2).

2. Ein nationaler Alleingang zur Realisierung einer solaren Energiewirtschaft ist nicht möglich. Dies soll aber nicht heißen, daß die Industrienationen - und damit auch Deutschland - darauf warten sollten, bis die internationale Staatengemeinschaft sich auf eine globale Strategie verständigt hat. Im Gegenteil, gerade diese Länder müssen damit beginnen ihre Energieversorgung umzustrukturieren.

3. Wenn heute nicht damit begonnen wird, die solare Kraftwerkstechnik - sei es die Photovoltaik oder solarthermische Kraftwerke für einstrahlungsreiche Länder - sehr viel stärker voranzutreiben, so wird die Forderung, die globalen CO_2-Emissionen bis zur Mitte des nächsten Jahrhunderts mindestens zu halbieren, nicht erreicht, sondern bestenfalls bis Ende des nächsten Jahrhunderts. Wenn Klimaschutz aber als globale Herausforderung anerkannt wird, müssen die finanziellen Mittel zur Weiterentwicklung und Markteinführung der Technologien nicht nur erhöht, sondern vervielfacht werden.

11 Zusammenfassung

Der Motor jeder wirtschaftlichen Entwicklung, die Versorgung mit Energie, steht heute zu Recht in der Kritik. Vor allem deshalb, weil wir mehr Energie verbrauchen als notwendig und weil wir durch die Verbrennung fossiler Ressourcen das globale Ökosystem in einer Weise gefährden, die zunehmend zu einer Bedrohung für die Menschheit selbst werden kann. Die Umgestaltung der weltweiten Versorgung mit Energie ist daher in den nächsten Jahren und Jahrzehnten eine der zentralen Herausforderungen für Wirtschaft, Politik und Gesellschaft. Der Schlüssel hierzu liegt in einem sehr viel effizienteren Umgang mit Energie und in der Erschließung erneuerbarer Energiequellen, insbesondere der Sonnenenergie, die die weitaus größten Potentiale aufweist und überall verfügbar ist.

Die Photovoltaik stellt dabei für viele eine der faszinierendsten Technologien dar, denn sie wandelt Sonnenenergie auf direktem Weg in den Universalenergieträger Elektrizität und arbeitet zudem geräuschfrei und ohne bewegte Teile. Während des Betriebs werden keinerlei Schadstoffe an die Atmosphäre abgegeben. Nicht zuletzt zeichnet sich die Photovoltaik durch eine extreme Modularität aus, die es erlaubt, solare Armbanduhren oder Taschenrechner mit elektrischen Leistungen von einigen Milliwatt ebenso zu realisieren wie solare Kraftwerke im multi-Megawatt-Bereich. Es ist daher gerechtfertigt, sich mit der Frage zu befassen, welche Rolle diese Technologie bei der Umstrukturierung der Energieversorgung in Deutschland in Richtung auf eine stärkere Ressourcenschonung und Klimaverträglichkeit in den nächsten Jahren und Jahrzehnten spielen kann.

Bei der Photovoltaik[55] handelt es sich um eine vergleichsweise junge Technologie. Obwohl der photovoltaische Effekt schon im Jahr 1839 entdeckt wurde, die erste funktionierende Silicium-Solarzelle erst aus dem Jahre 1954 datiert. Der Hauptanwendungsbereich lag zunächst in der Raumfahrt. Der Auslöser für eine beschleunigte Weiterentwicklung, mit dem Ziel, auch auf der Erde Strom aus Sonnenlicht zu erzeugen, war die erste Ölpreiskrise Anfang der 70er Jahre. Zu größeren Demonstrationsvorhaben kam es aber erst einige Jahre später. In den letzten 15 Jahren durchlief die Technologie dann eine sehr dynamische Entwicklung. Die **weltweite Produktion** stieg seit 1980 von 5 MW$_P$ (peak = Spitzenleistung unter Standard-Testbedingungen[56]) auf über 70 MW$_P$. Weltmarktführer ist heute die Firma Siemens, die vor einigen Jahren den damals größten Anbieter ARCO Solar in den USA übernommen hat.

Zunächst wurde die Entwicklung durch staatlich unterstützte Projekte, dann jedoch in zunehmendem Maße vom kommerziellen Markt getragen, der heute über 90% der **Anwendungen** ausmacht. Hierzu zählen vorrangig Konsumeranwendungen wie Uhren, Taschenrechner und Radios sowie kleine netzferne, autarke Energieversorgungssysteme. Obwohl diese Bereiche auch in den nächsten Jahren die Marktentwicklung tragen werden, sind sie für eine Betrachtung der möglichen Beitäge, die die Photovoltaik zur Stromver-

---

[55] Abgeleitet aus dem griechischen Wort photo für Licht und Volta, dem Namen eines Pioniers in der Erforschung der Elektrizität.

[56] Bei einer Einstrahlung von 1000 W/m^2 senkrecht auf die Moduloberfläche, einer Solarzellentemperatur von 25°C und einem Strahlungsspektrum, das die Verhältnisse charakterisiert, die sich in Mitteleuropa bei Sonnenhöchststand ergeben. Die Standard-Testbedingungen stellen das Vergleichsmaß für unterschiedliche Solarmodule und/oder Standortbedingungen dar.

sorgung Deutschlands zukünftig leisten kann, nicht von Bedeutung. Denn aufgrund der hervorragend ausgebauten Stromversorgungsinfrastruktur kommen nur netzgekoppelte Anlagen in Betracht. Daher wurden auch hier in der Vergangenheit eine Reihe von Vorhaben mit staatlicher Unterstützung realisiert. Es handelt sich um ein halbes Dutzend größere Anlagen im Leistungsbereich von 200 bis 600 kW$_P$ auf Freiflächen sowie mehr als 2000 kleine Anlagen (1-5 kW$_P$) auf Gebäuden. Insgesamt ist in Deutschland zur Zeit eine Leistung von etwa 8 MW$_P$ installiert.

Das Hauptziel der Entwicklung der Photovoltaik besteht heute in der **Senkung der Stromgestehungskosten**, um dadurch eine Markterweiterung zu ermöglichen und letztlich die Konkurrenzfähigkeit netzgekoppelter Systeme zu erreichen. Bis dahin sind allerdings noch erhebliche Fortschritte nötig, denn die Stromgestehungskosten netzgekoppelter Anlagen in Deutschland betragen heute je nach Anlagengröße etwa 1 bis 2 DM/kWh. Da die Stromgestehungskosten praktisch ausschließlich durch die Investitionskosten und die Wirkungsgrade der Anlagen bestimmt werden, liegen hier die Ansatzpunkte für eine Kostenreduktion: Neben der Verbesserung der Kosten-Nutzen-Relation bei den herkömmlichen kristallinen Solarzellen, die heute 70% des Weltmarktes ausmachen, wird die Entwicklung von Dünnschicht-Solarzellen vorangetrieben, bei denen große Einsparungen im Materialeinsatz und eine sehr viel rationellere Fertigung möglich sind. Mit amorphen Silicium-Dünnschicht-Solarzellen konnte dieses Ziel bislang nicht erreicht werden, vor allem weil die Wirkungsgrade mit 6-8% im Vergleich zu kristallinen Silicium-Modulen[57] (12%) zu gering sind. Große Hoffnungen werden daher in neue Dünnschicht-Solarzellen auf der Basis anderer Halbleiter wie Kupfer-Indium-Selenid (CIS) gesetzt, die versprechen, die Vorteile von kristallinen Silicium-Solarzellen (hoher Wirkungsgrad) und Dünnschicht-Solarzellen (niedrige Herstellungskosten) zu verbinden. Neben den Solarmodulen müssen auch die übrigen Kostenkomponenten in die Entwicklung einbezogen werden, die aus einem Solarmodul eine funktionierende Stromerzeugungseinheit machen. Dazu zählen Wechselrichter, die Aufständerung der Module, die Verkabelung, die Netzanbindung und die Modulmontage. Diese sog. "balance-of-system" machen zwischen 40 und 50% der gesamten Investitionskosten aus.

Bei einer erfolgreichen Entwicklung der Photovoltaik kann erwartet werden, daß die Investitionskosten von heute knapp 20000 DM/kW$_P$ bei Hausdachanlagen bzw. 13000 DM/kW$_P$ bei größeren Freiflächenanlagen innerhalb der nächsten zehn Jahre nahezu halbiert werden können. Die Stromgestehungskosten liegen dann bei etwa 60 Pf/kWh bis 1 DM/kWh (Hausdachanlagen) bzw. 40-60 Pf/kWh (größere Freiflächenanlagen). **Bis zum Jahr 2020 scheinen dann Stromgestehungskosten zwischen 20 und 30 Pf/kWh erreichbar.**

Damit die Photovoltaik langfristig einen nennenswerten Beitrag zur Stromversorgung und damit auch zur Minderung von Schadstoffemissionen in Deutschland leisten kann, sind zunächst zwei Grundvoraussetzungen zu erfüllen: Die für die Herstellung, die Errichtung, den Betrieb und die Entsorgung bzw. Rezyklierung der Anlagen notwendige Energie muß geringer sein als der Energieertrag, d.h. die sog. **energetischen Amortisationszeiten** müssen kleiner sein als die Lebensdauer der Anlagen. Zum zweiten müssen die technischen Stromerzeugungspotentiale genügend groß sein. Die erste Voraussetzung ist bei allen Photovoltaik-Systemen bereits heute erfüllt. Die Energieamortisationszeiten

---

[57] Unter einem Modul versteht man eine größere Anzahl miteinander verschalteter Solarzellen, deren elektrische Spannung für den Betrieb von Geräten ausreichend ist.

liegen unter den Einstrahlungsbedingungen in Deutschland je nach Modul- und Anlagentyp zwischen drei und sechs Jahren. Bei einer Lebensdauer von etwa 30 Jahren folgt daraus, daß eine Photovoltaik-Anlage insgesamt etwa das 5- bis 10-fache an Energie erzeugt, was während des gesamten Lebenszyklus verbraucht wird.

Zur Ermittlung der Stromerzeugungspotentiale der Photovoltaik in Deutschland muß zunächst die Größe der geeigneten und verfügbaren Standortflächen bekannt sein. In Frage kommen Flächen auf oder an Gebäuden und Freiflächen. Das wichtigste Begrenzungskriterium, das bei der **Potentialermittlung** definiert werden muß, ist die maximal zulässige Ertragseinbuße aufgrund ungünstiger Standortverhältnisse (z.B. Ausrichtung und Neigung von Dachflächen). Setzt man sie mit 10% gegenüber dem möglichen Maximalertrag sehr vorsichtig an, so ergeben sich für die Bundesrepublik solartechnisch nutzbare Dachflächen von etwa 800 km^2. Bei der Ermittlung der Potentiale auf Freiflächen kann angenommen werden, daß Photovoltaik Anlagen nur auf Freiflächen errichtet werden sollen, die für eine landwirtschaftliche Produktion voraussichtlich langfristig nicht mehr benötigt werden (3% der landwirtschaftlichen Nutzfläche). Daraus ergeben sich zusätzlich 1300 km^2. Insgesamt stehen also **mehr als 2000 km^2 Fläche** zur Verfügung, die prinzipiell für die Errichtung von Photovoltaik-Anlagen in Frage kommen. Darauf ließe sich theoretisch eine Photovoltaik-Leistung installieren (unter Zugrundelegung der heutigen Technik), mit der etwa die Hälfte des Nettostromverbrauchs in Deutschland gedeckt werden könnte. Allerdings ist dies aufgrund der derzeitigen Struktur des Kraftwerksparks und dem zeitlichen Auseinanderfallen von Stromnachfrage und solarem Energieangebot nicht ohne weiteres möglich, da bei einem Stromerzeugungsanteil über 20% mit erheblichem Speicherbedarf zu rechnen ist. Es scheint aber durchaus machbar, eine Photovoltaik-Leistung von etwa 30000 MW in die Stromversorgung zu integrieren, was einem **Stromerzeugungsanteil von 6,5%** entspricht. Die notwendige Modulfläche könnte ohne weiteres auf den vorhandenen Dachflächen untergebracht werden, ohne daß sich daraus eine Konkurrenz zu solarthermischen Wärmeerzeugungssystemen ergibt.

Einer Entscheidung darüber, in welchem Umfang die Photovoltaik weiterentwickelt und in den Energiemarkt eingeführt werden soll, dürfen nicht nur die positive Umweltbilanz und die großen Potentiale zugrunde gelegt werden. Aspekte der Versorgungssicherheit, der Wirtschaftlichkeit sowie der Schaffung von Beschäftigung und der Erhaltung der internationalen Wettbewerbsfähigkeit müssen ebenso berücksichtigt werden wie mögliche Gesundheitsgefahren für die Bevölkerung durch Störfalle und die gesellschaftliche Akzeptanz. Eine Betrachtung all dieser **Kriterien für die Gestaltung einer klimaverträglichen Energieversorgung** zeigt, daß der Ausbau der photovoltaischen Stromerzeugung eine Reihe positiver Effekte mit sich bringt. Aber: Diesen Vorteilen steht das enorme Problem der hohen Kosten gegenüber. Selbst wenn es innerhalb der nächsten 20 Jahre zu deutlichen Einsparungen kommt und gleichzeitig konventionelle Energieträger teurer werden, wird die Photovoltaik mittelfristig die wirtschaftliche Konkurrenzfähigkeit nicht erreichen. Sie ist daher vielmehr eine langfristige Option.

Um diese Option sukzessive aufzubauen, bedarf es schon heute der richtigen Weichenstellung. Empfehlungen darüber, wie sich der Ausbau der Photovoltaik bis etwa zum Jahr 2010 vollziehen kann und sollte, sind ohne eine Berücksichtigung der Entwicklung des gesamten Energieversorgungssystems nicht sinnvoll. In den letzten Jahren wurden für Deutschland eine Reihe von Energieszenarien erstellt. Hintergrund war vielfach die Frage, wie eine Minderung der CO_2-Emissionen um 25-30% bis zum Jahr 2005 bzw. 2010 erreicht werden kann. Die Diskussion der Szenarien zeigt, daß der **Beitrag der**

Photovoltaik mittelfristig nur marginal sein kann (deutlich unter 1 Prozent der gesamten Stromerzeugung). Vorrang müssen hier Maßnahmen zur Ausschöpfung der Potentiale der rationellen Energieverwendung sowie die Unterstützung der Markteinführung anderer erneuerbarer Energiequellen haben, die deutlich marktnäher sind (z.B. Windenergie, Biomasse). Die Photovoltaik, die zu den langfristigen Schlüsseltechnologien der Energieversorgung zählt, sollte in diesem Zeitraum verstärkt weiterentwickelt werden mit dem Ziel, die Kosten zu senken. Parallel dazu sollte sie stärker in Anwendung kommen. Einige Empfehlungen gehen davon aus, daß bis zum Jahr 2010 etwa 500 MW$_P$ Photovoltaik-Leistung installiert sein sollte, die etwa dem 60-fachen des heutigen Wertes entspricht.

Um die erforderlichen Maßnahmen zum Klimaschutz in Gang zu setzen, sind Investitionen in zweistelliger Milliardenhöhe notwendig. Sie lassen sich nur finanzieren, wenn es durch politische Entscheidungen zu einer Verteuerung des Verbrauches von Umwelt bzw. Energie kommt. Ein probates Mittel stellt die gestaffelte Einführung einer Energie- bzw. CO_2-Steuer dar, die u.a. für eine Anschubfinanzierung für erneuerbare Energiesysteme eingesetzt werden sollte. Die Bereitstellung der finanziellen Mittel reicht jedoch allein zur erfolgreichen Erschließung der Potentiale nicht aus. Zusätzlich müssen eine Reihe weiterer **Hemmnisse** beseitigt werden, die vor allem die rechtlich-strukturellen Rahmenbedingungen der Energiewirtschaft, aber auch Informations- und Kenntnisdefizite bei Anwendern und Nutzern betreffen.

Wenn es gelingt, in den nächsten zehn Jahren in Deutschland und weltweit die Rahmenbedingungen für den **langfristigen Aufbau einer solaren Energiewirtschaft** zu schaffen, dann scheint es möglich, das 1992 auf der Konferenz für Umwelt und Entwicklung in Rio de Janeiro gesetzte Ziel zu erreichen, bis zur Mitte des nächsten Jahrhunderts die Treibhausgaskonzentration in der Atmosphäre auf ein Maß zu senken, das eine nachhaltige Entwicklung erlaubt. Für Deutschland heißt das, die CO_2-Emissionen gegenüber heute um etwa 70% zu reduzieren. Mit den vorhandenen Einsparpotentialen und den zur Verfügung stehenden heimischen erneuerbaren Energiequellen ist dies zwar theoretisch möglich, aber nicht sinnvoll. Daher müssen zusätzliche Energiemengen durch den Import von Solarenergie bereitgestellt werden, sei es als Elektrizität oder in Form chemischer Sekundärenergieträger wie solarem Wasserstoff. Da auch Wasserstoff weitgehend aus solarer Elektrizität gewonnen werden müßte, kommt Solarkraftwerken in einer solaren Energiewirtschaft eine zentrale Bedeutung zu.

Zeitlich näherliegend als der Import chemischer Sekundärenergieträger ist der **Import solarer Elektrizität.** Er könnte ab dem Jahr 2010 möglich werden, wenn heute damit begonnen wird, die notwendigen Voraussetzungen zu schaffen. Besonders interessant ist eine Stromverbindung aus Nordafrika, denn aufgrund der mehr als doppelt so hohen solaren Einstrahlung und der Möglichkeit, andere solare Kraftwerkstechnologien (solarthermische Kraftwerke) als die Photovoltaik einzusetzen, kann dort Strom aus Sonnenenergie schon heute für 30 Pf pro Kilowattstunde erzeugt werden. Einschließlich der Kosten für die (noch zu errichtenden) Übertragungsnetze würde Importstrom nicht mehr als 40 Pf/kWh kosten, weniger als die Hälfte der Kosten einer heimischen Solarstromproduktion. Hinzu kommen weitere Vorteile, vor allem die jahreszeitlich sehr viel ausgeglichenere Erzeugung, die sich besser mit der Struktur der Stromnachfrage in Deutschland deckt. Naheliegend ist daher die Frage, ob nicht auf den Ausbau der Photovoltaik in Deutschland zugunsten eines Stromimportes verzichtet werden sollte. Dies ist jedoch schon aus politischen Gründen nicht möglich, denn die Entwicklungsländer fordern zu Recht von den Industrieländern, daß sie zunächst damit beginnen, ihre heimische Energieversorgung im Hinblick auf mehr Klimaverträglichkeit umzustrukturieren. Ohne entsprechende Maßnahmen wird es kaum zu verbindlichen internationalen Vereinbarungen zum Klimaschutz kommen, die für einen internationalen Austausch von solaren Energieträgern unerläßlich sind. Die heimische Nutzung der Photovoltaik und der Import solarer Elektrizität/chemischer Sekundärenergieträger sind deshalb Teile einer Gesamtstrategie.

Zusammenfassend läßt sich feststellen, daß die Photovoltaik in den nächsten 10-20 Jahren keinen nennenswerten Beitrag zur Energieversorgung in Deutschland leisten kann, sehr wohl aber in 50 Jahren, wenn die heimische Stromerzeugung durch den Import von solaren Energieträgern ergänzt wird. Soll dieses langfristige Ziel erreicht werden, **so müssen auf Bundesebene, aber auch auf internationaler Ebene, sehr viel weitgehendere Maßnahmen ergriffen werden** als bislang, um die Schlüsseltechnologie Solarkraftwerke weiterzuentwickeln und in den Energiemarkt einzuführen.

Verzeichnis der Abkürzungen

a-Si	amorphes Silicium
AC	"Alternating Current" = Wechselstrom
BOS	"Balance of Systems": alle Komponenten einer Photovoltaik-Anlage außer Photovoltaik-Module
c	Konzentrationsfaktor (bei konzentrierenden Photovoltaik-Modulen bzw. Photovoltaik-Generatoren)
CdTe	Cadmium-Tellurid-(Solarzellen)
c-Si	kristallines Silicium
CIS	"Copper-Indium-Selenide", $CuInSe_2$. Dünnschicht-Solarzellen auf der Basis von Kupfer-Indium-Selenid
CZ-Si	nach dem Czochralski-Verfahren (CZ) gezogene Silicium-Einkristalle und davon abgeleitetes Material (z.B. Scheiben)
DC	"Direct Current" = Gleichstrom
EFH	Einfamilienhaus
EG-Si	"Electronic-Grade"-Silicium (Reinheitsgrad für die Elektronik-Industrie)
EVU	Energieversorgungsunternehmen
FZ-Si	nach dem "Float-Zoning"-Verfahren (Zonenschmelzen) hergestellte Silicium-Einkristalle und davon abgeleitetes Material (z.B. Scheiben)
IB	Industriebauten
IER	Institut für Energiewirtschaft und Rationelle Energieanwendung, Universität Stuttgart
IGBT	"Isolated Gate Bipolar Transistor"
Inselsystem	Photovoltaik-System ohne Kopplung an das öffentliche Netz, zur Versorgung netzferner Verbraucher
ISE	Fraunhofer-Institut für Solare Energiesysteme, Freiburg
KEV	Kumulierter Energieverbrauch
MFH	Mehrfamilienhaus
mono-c-Si	einkristallines (monokristallines) Silicium
MPP	"Maximum Power Point" - Punkt maximaler Leistung; Arbeitspunkt auf der Strom-Spannungs-Kennlinie von Solarzellen/Photovoltaik-Modulen/Photovoltaik-Generatoren, der die maximale elektrische Ausgangsleistung liefert
multi-c-Si	"multikristallines" Silicium, mit Korngrößen im mm-Bereich, hergestellt z.B. durch Blockgießen; häufig noch als "polykristallines" Silicium bezeichnet; siehe hierzu aber "Poly-Silicium"
NWG	Nichtwohngebäude
Poly-Si	polykristallines Silicium mit Korngrößen im µm-Bereich; spezielles Material, das als Endprodukt des Reinigungsprozesses durch pyrolytische Abscheidung aus der Gasphase (Trichlorsilan) anfällt; Basismaterial für monokristallines Silicium und multikristallines Silicium
PV	Photovoltaik

Q-Faktor	Qualitätsfaktor (siehe Definitionen)
SoG-Si	"Solar-Grade"-Silicium ("Solarsilicium"); Silicium von geringerem Reinheitsgrad als EG-Si
STC	"Standard Test Conditions"; siehe Definitionen
Tracker	Nachführeinrichtung für Photovoltaik-Module/Photovoltaik-Generatoren
V-Trog	Photovoltaik-Anordnung mit beiderseits an den Modulen im Winkel von 60° angebrachten Spiegeln von jeweils gleicher Fläche wie die Modulfläche; somit Aperturfläche = doppelte Modulfläche
WG	Wohngebäude
$W_p/kW_p/MW_p$	"Watt peak"/"Kilowatt peak"/.... = Watt/Kilowatt/... Spitzenleistung; Leistungsangabe für Photovoltaik-Module und Photovoltaik-Generatoren; siehe Defintionen, Nennleistung
ZFH	Zweifamilienhaus

Glossar

1. Einstrahlungsbezogene Begriffe

Direktstrahlung	gerichtete Strahlung direkt von der Sonne (einschließlich eines zirkumsolaren Anteils)
Diffusstrahlung	diffuse (z.B. an Wolken reflektierte) Streustrahlung vom Himmel
Albedo	von der Erde (incl. Wälder, Seen, Schnee, Gebäude,...) reflektierte bzw. gestreute Solarstrahlung
Globalstrahlung	gesamte Strahlung (direkt + diffus) auf eine **horizontale** Fläche; synonym werden häufig die Begriffe Einstrahlung und Solarstrahlung verwendet.
Globale Einstrahlung (unpräzise auch "Globalstrahlung")	pro Zeitintervall (z.B. 1 Jahr) auf die **horizontale** Fläche eingestrahlte Gesamt-Strahlungs**energie** (direkt + diffus); Einheit: $kWh/(m^2 a)$
Totalstrahlung	gesamte Solarstrahlung (direkt + diffus + Albedo) auf eine **nicht-horizontal** orientierte Fläche, z.B. Modulfläche
Totale Einstrahlung (unpräzise auch "Totalstrahlung")	pro Zeitintervall (z.B. 1 Jahr) auf eine **nicht horizental** orientierte Fläche eingestrahlte Gesamt-Strahlungs**energie** (direkt + diffus + Albedo); Einheit: $kWh/(m^2 a)$; zu unterscheiden bei Solargeneratoren: - Totalstrahlung auf **fest-orientierte**, geneigte Flächen und - Totalstrahlung auf **der Sonne nachgeführte** Flächen
"Maximale Einstrahlungsleistung"	Maximalwert der solaren **Bestrahlungsstärke** (auftreffende Strahlung) auf eine **senkrecht zur Sonne ausgerichtete** Fläche; Einheit: kW/m^2; die maximale Einstrahlung beträgt ca. 1 kW/m^2; auch als "terrestrische Solarkonstante" oder als AM1 bezeichnet; AM1 = Air Mass 1 = solare Bestrahlungsstärke nach senkrechtem Durchtritt durch die Erdatmosphäre; AM 1,5: Lichtweg entsprechend dem 1,5-Fachen des Weges durch die Atmosphäre bei senkrechtem Durchtritt (siehe Def. STC)

2. Auf Photovoltaik-Module bzw. -Generatoren bezogene Begriffe

Wirkungsgrad von Modulen u. Solarzellen	$\dfrac{\text{elektrische Gleichstrom-Ausgangsleistung im MPP}}{\text{Bestrahlungsstärke}}$ "Nenn-Wirkungsgrad": die Messung erfolgt bei STC (siehe unten)

Nennleistung	elektrische Ausgangsleistung (DC) im MPP von Photovoltaik-Modulen bei STC (s. unten); Einheit: W_P, kW_P (siehe Abkürzungen); **Wichtig**: W_P-, kW_P-, MW_P- usw. Angaben beziehen sich, falls nicht anders vermerkt, stets auf DC-Leistung!
STC	"Standard Test Conditions": Messung der Strom-Spannungs-Charakteristik sowie Wirkungsgrad- und Leistungsermittlung gemäß JRC/Ispra-Testspezifikation 503 bzw. gemäß IEC-Spezifikation 904-1: - Bestrahlungsstärke: $1000\ W/m^2$ - spektrale Bestrahlungsstärke: AM 1,5-Spektrum gemäß IEC-Spezifikation 904-3 - Temperatur der Photovoltaik-Module: (25 ± 2) °C

Wirkungsgrad netzgekoppelter Systeme

$$\frac{\text{elektrische Wechselstrom-Ausgangsleistung im MPP}}{\text{Bestrahlungsstärke}}$$

Nutzungsgrad (unpräzise auch "mittlerer Wirkungsgrad")

Verhältnis aus der Stromabgabe eines Photovoltaik-Systems und der totalen Einstrahlung am Standort pro Zeitintervall (z.B. 1 Jahr); auch Q_W-Faktor*Modulnennleistung bei STC; der Nutzungsgrad charakterisiert das (praktische) Betriebsverhalten, einschließlich des Teillastbetriebs

Spezifischer Energieertrag

$$= \frac{\text{Jahresenergieertrag}}{\text{Modul-Nennleistung}}$$

Einheit: kWh_{AC}/kW_P bei netzgekoppelten Systemen
Einheit: kWh_{DC}/kW_P bei Modulen

Q-Faktor

Maß für die systembedingten Verluste photovoltaischer Anlagen (Q=Qualität), das den Energieertrag (bei netzgekoppelten Anlagen Wechselstrom) auf diejenige Energie bezieht, die theoretisch erzielt würde, wenn die gesamte eingestrahlte Sonnenenergie mit dem Modulwirkungsgrad unter Standard-Testbedingungen umgewandelt würde. Der Q-Faktor läßt sich somit auf die Jahresenergie W oder die elektrische Leistung P beziehen. Für den energiebezogen Q-Faktor Q_W gilt

$$Q_W = \frac{\text{Jahresenergieertrag der Anlage}}{\text{Jahreseinstrahlung x Modulwirkungsgrad bei STC}}$$

Für den leistungsbezogen Q-Faktor Q_P gilt

$$Q_P = \frac{\text{Leistung der Anlage am Standort}}{\text{Gleichstromleistung der Module unter STC}}$$

Energieamortisations- zeit	notwendige Betriebszeit eines Photovoltaik-Systems für die Produktion eines Stromäquivalentes, das dem zu seiner Herstellung erforderlichen Energieverbrauch (KEV) entspricht
Energieausbeutefaktor ("Erntefaktor")	Stromerzeugung während der gesamten Betriebszeit/Lebensdauer des Photovoltaik-Systems dividiert durch den zu seiner Herstellung erforderlichen Energieverbrauch (KEV); Maß für die Einsparung konventioneller Energieträger. Bei jährlich gleichbleibendem Energieertrag gilt auch:

$$\text{Erntefaktor} = \frac{\text{gesamte Betriebsdauer des PV-Systems}}{\text{Energieamortisationszeit}}$$

Flächennutzungsfaktor	$= \dfrac{\text{Summe der Fläche der Module eines PV-Systems}}{\text{gesamte erforderliche Grundfläche des Systems}}$

unter Berücksichtigung von z.B. notwendigen Abständen von Solargeneratoren

Modul-Flächenfaktor (bei Installation auf Dächern)	$= \dfrac{\text{Installierbare Modulfläche}}{\text{gesamte Dachfläche}}$

Literaturverzeichnis

[AfTA BaWü 1993]   Akademie für Technikfolgenabschätzung in Baden-Würt-
                        temberg: Klimaverträgliche Energieversorgung in Baden-
                        Württemberg - Analyseraster. [Akademie für Tech-
                        nikfolgenabschätzung in Baden-Württemberg.] Stuttgart
                        1993.

[AfTA BaWü 1995]   Akademie für Technikfolgenabschätzung in Baden-Würt-
                        temberg: Klimaverträgliche Energieversorgung in Baden-
                        Württemberg. [Akademie für Technikfolgenabschätzung
                        in Baden-Württemberg, Stuttgart] Zur Veröffentlichung
                        vorgesehen.

[Agrarbericht 1995]   Bundesministerium für Ernährung, Landwirtschaft und
                        Forsten: Agrarbericht der Bundesregierung 1995. Bonn,
                        1995

[Allensbach 1991]   Institut für Demoskopie in Allensbach, 1991.

[Aulich et al. 1985]   H. Aulich, W. Dietze, C. Grabmaier, J. Grabmaier, W.
                        Grimm: Grundmaterialien für Solarsilicium, BMFT For-
                        schungsbericht T 85-119, Siemens AG, München 1985

[Bayernwerk et al. 1993] Bayernwerk AG, RWE, Siemens KWU, Siemens Solar
                        GmbH: Kostenentwicklung von Photovoltaik-Kraftwer-
                        ken in Mitteleuropa. Bayernwerk AG, München, 1993.

[Becker, Meinecke 1992]   M. Becker, W. Meinecke (Hrsg.): Solarthermische An-
                        lagentechnologien im Vergleich. Turm-, Parabolrinnen-,
                        Paraboloidanlagen und Aufwindkraftwerke. Springer
                        Verlag Berlin, 1992.

[BEO 1994a]   Projektträger Biologie, Energie, Ökologie des Bundes-
                        ministeriums für Forschung und Technologie: Förder-
                        programme der Europäischen Union. Jülich, 1994.

[BEO 1994b]   Projektträger Biologie, Energie, Ökologie des Bundes-
                        ministeriums für Forschung und Technologie BMFT,
                        Forschungszentrum Jülich: Energieforschung und Ener-
                        gietechnologien. Jahresbericht '93. Fachinformations-
                        zentrum Karlsruhe, 1994.

[Beyer et al. 1989]

H.G. Beyer, J. Luther, R. Steinberger: Zur Fluktuation des Leistungsangebotes in elektrischen Versorgungsnetzen bei hoher Einspeisung von Energie aus Solar/Wind-Quellen. In: P. Stichel (Hrsg.): Deutsche Physikalische Gesellschaft. Plenar- und Hauptvorträge des Arbeitskreises Energie. 53. Physikertagung Bonn, 13.-17.3.1989, S.53-77. Universität Bielefeld, 1989.

[Beyer et al. 1990]

H.G. Beyer, J. Luther, R. Steinberger-Willms: Zum Speicherbedarf in elektrischen Netzen bei hoher Einspeisung aus fluktuierenden erneuerbaren Energiequellen. in: Brennstoff, Wärme, Kraft, Bd 42, Nr. 7/8, Juli/August 1990, S. 430-435.

[Beyer et al. 1992]

U. Beyer, R. Pottbrock, R. Voermans: MW Photovoltaics Project - Planning, Construction and Operation of Photovoltaic Power Plants. in: Proceedings of the 11th European Photovoltaic Solar Energy Conference, Montreux 12-16 October 1992. pp 1221-1224. Commission of the European Communities, Brussels, 1992.

[Beyer et al. 1993]

Beyer, Hübert, Ortjohann, Poplawska, Voss, Wieting: in: L. Imre, A. Bitai (editors): Proceedings of the ISES Solar World Congress, Budapest 1993. Published by Hungarian Energy Society, Budapest, Hungary, 1993.

[Beyer, Voermans 1995]

U. Beyer, R. Voermans: Solarthermische und photovoltaische Stromerzeugungsanlagen im Vergleich. in: Tagungsband Deutscher Kongreß Erneuerbare Energie '95 anläßlich der Hannover-Messe vom 3.4.-7.4.95. Hannover, 1995 S. 267-280.

[BINE 1995]

Bürgerinformation Neue Energietechniken, Nachwachsende Rohstoffe, Umwelt BINE: Förderfibel Erneuerbare Energietechniken(FISKUS). Fachinformationszentrum Karlsruhe, 1995.

[Bloss, Pfisterer 1992]

W.H. Bloss, F. Pfisterer: Photovoltaik-Systeme - Energiebilanz und CO_2-Reduktionspotential. In: Energiehaushalten und CO_2-Minderung: Einsparpotentiale durch die Einbindung regenerativer Energieträger. VDI-Berichte 942, S. 71-87, 1992

[BMU 1993]   Bundesumweltministerium: Nationalbericht "Klima-
                              schutz in Deutschland". Bonn, 1993

[BMWI 1994]   Bundesministerium für Wirtschaft BMWI: Energieein-
                              sparung und erneuerbare Energien - Berichte aus den
                              energiepolitischen Gesprächszirkeln beim Bundeswirt-
                              schaftsministerium für Wirtschaft. Bonn, 1994.

[Bonnet 1992]   D. Bonnet: International Journal. Solar Energy 12, 1992

[Borsch, Wagner 1992]   P. Borsch, H.J. Wagner: Energie und Umweltbelastung.
                              Springer Verlag 1992

[Candelario 1992]   T. R. Candelario, S. L. Hester, T. U. Townsend, D. J.
                              Shipman: PVUSA - Performance, Experience and Cost.
                              In: Proceedings of the 22nd IEEE Photovoltaics Specia-
                              lists Conference, Las Vegas, 1992

[Carlson, Wagner 1993]   E. Carlson, S. Wagner: Amorphous Silicon Photovoltaic
                              Systems. In: T.B. Johansson, H. Kelly, A.K.N. Reddy,
                              R.H. Williams (editors): Renewable Energy - Sources for
                              Fuels and Electricity. pp. 403-436. Island Press, Wa-
                              shington DC, 1993.

[Curry 1993]   R. Curry (editor): Photovoltaic Insiders' Report. Vol. XII
                              No. 8 Aug. 1993. Dallas, USA.

[Curry 1995]   R. Curry (editor): Photovoltaic Insiders' Report. Vol. XIV
                              No. 2 February 1995. Dallas, USA.

[De Lillo]   A. De Lillo., S. Li Causi, M. Garozzo, C. Messana,: An
                              Overview of the Italian Photovoltaic Program: Present
                              Status and Perspectives. In: Proceedings of the 12th Eu-
                              ropean Photovoltaic Solar Energy Conference, Amster-
                              dam 11-15 April 1994. pp 1459-1463. Commission of the
                              European Communities, Brussels 1994. Published by H.S.
                              Stephens & Associates, Felmersham, UK.

[DFG 1977]   Deutsche Verbundgesellschaft: Das versorgungsgerechte
                              Verhalten der thermischen Kraftwerke. Heidelberg, 1977.

[Elektrizitätswirtschaft 1992]   Die Elektrizitätswirtschaft in der Bundesrepublik Deutschland, 44. Bericht 1992. Nachdruck der amtlichen Elektrizitätsstatistik des Bundesministers für Wirtschaft. VWEW-Verlag, Frankfurt/Main, 1994.

[Elektrizitätswirtschaft 1993]   Die Elektrizitätswirtschaft in der Bundesrepublik Deutschland, 45. Bericht 1993. Nachdruck der amtlichen Elektrizitätsstatistik des Bundesministers für Wirtschaft. VWEW-Verlag, Frankfurt/Main, 1995.

[Enquete 1990]   J. Nitsch et al.: Solare Großanlagen und Import solarer Energieträger. in: Enquete-Kommission "Vorsorge zum Schutz der Erdatmosphäre" des Deutschen Bundestages (Hrsg.): Energie und Klima. Band 3 Erneuerbare Energien. Economica Verlag, Verlag C.F. Müller, Karlsruhe, 1990.

[Enquete 1990a]   Enquete-Kommission "Gestaltung der technischen Entwicklung, Technikfolgen-Abschätzung und -Bewertung" des Deutschen Bundestages: Bedingungen und Folgen von Aufbaustrategien für eine solare Wasserstoffwirtschaft. Deutscher Bundestag (Hrsg.), Bonn, 1990.

[Enquete 1994]   Enquete-Kommission "Schutz der Erdatmosphäre": Schlußbericht zum Thema Mehr Zukunft für die Erde - Nachhaltige Energiepolitik für dauerhaften Klimaschutz. Deutscher Bundestag 12. Wahlperiode. Drucksache 12/8600. Bonn, 1994.

[Enquete 1995]   Enquete-Kommission "Schutz der Erdatmosphäre" des Deutschen Bundestages (Hrsg.): Studienprogramm. Bd.3 Energie. Economica-Verlag, Bonn, 1995.

[EU 1994]   Europäische Kommission: Das vierte Rahmenprogramm für Forschung und Technologische Entwicklung. Amt für amtliche Veröffentlichungen der Europäischen Gemeinschaften, Luxemburg, 1994.

[Ffe-KFA]   Forschungsstelle für Energiewirtschaft TU München, KFA Jülich: Umweltvorsorgeprüfung bei Forschungsvorhaben - Am Beispiel von Photovoltaik. München, Jülich, o.J..

[Flachglas Solar 1994]   Flachglas Solartechnik GmbH: Assessment of Solar Thermal Trough Power Plant Technology and its Transferability to the Mediterranean Region. Executive Summary. Study prepared for European Commission DG I, External Economic Relations. Brüssel, 1994.

[Focus 1993]   Zeitschrift "Focus", 1993

[Fritsche 1989]   U. Fritsche: Emissionsmatrix für klimarelevante Schadstoffe in der BRD. Öko-Institut, Darmstadt, 1989.

[Gay 1992]   J.B. Gay, C. Roecker, A. Muller, P. Affolter: Architectural PV Integration at the EPFL. In: Proceedings of the 11th European Photovoltaic Solar Energy Conference, Montreux, 12-16 October 1992, pp 1668-1671. Commission of the European Communities, Brussels, 1992.

[GEMIS 1992]   U. Fritsche, J. Leuchtner, F.C. Matthes, L. Rausch, K.-H. Simon: Gesamt-Emissions-Modell Integrierter Systeme (GEMIS) Version 2.0. Endbericht. Öko-Institut, GH Kassel. Darmstadt, Kassel, 1992.

[Greenpeace 1994]   Greenpeace e.V. (Hrsg.): Was kostet der Atomausstieg?, Hamburg, 1994.

[Gruppe Energie 2010, 1995]   G. Altner, H.-P. Dürr, G. Michelsen, J. Nitsch (Gruppe Energie 2010): Zukünftige Energiepolitik - Vorrang für rationalle Energienutzung und regenerative Energiequellen. Economica Verlag, Bonn, 1995.

[Günther 1993]   B. Günther: "Kleine Photovoltaikanlagen". Forschungsstelle für Energiewirtschaft, Technische Universität München, April 1993

[Guthermuth 1994]   P.-G. Guthermuth: Verbesserte Rahmenbedingungen für erneuerbare Energien. In: Energiewirtschaftliche Tagesfragen, 44. Jg. (1994), H. 7, S. 417-421.

[Hagedorn 1990]   W. Hagedorn: CO_2-Reduktions-Potential photovoltaischer Systeme, Zeitschrift Sonnenenergie, 1990

[Hagedorn 1992]   G. Hagedorn, E. Hellriegel: Umweltrelevante Stoffströme bei der Herstellung verschiedener Solarzellen. Untersuchung im Auftrag des Bundesministeriums für Forschung und Technologie, BMFT 426-3590-PLI14120, Bonn, 1992

[Hagedorn]   G. Hagedorn et al. (FfE), Kumulierter Energieverbrauch von Photovoltaik-Systemen, Abschlußbericht, BMFT 032 8830 B, Bundesministerium für Forschung und Technologie, Bonn.

[Haubrich et al. 1994]   H.-J. Haubrich et al.: Entwicklungen zum gesamteuropäischen Stromverbund. in: Global Link - Interkontinentaler Stromverbund. VDI Bericht 1129. Essen, Oktober 1994.

[Hauerstein et al. 1995]   Hauerstein, Lawitzka, Sandtner, Bundesministerium für Bildung, Wissenschaft, Forschung und Technologie BMBF: Erneuerbare Energien und Rationelle Energieverwendung in der Bundesrepublik Deutschland. Bonn, 1995.

[Hohmeyer 1989]   O. Hohmeyer: Soziale Kosten des Energieverbrauches. Springer, Heidelberg, 1989.

[Hubert 1984]   P. Hubert: Risk Indices in Comparative Risk Assessment Studies. In: Colloque international sur les Risques et les Avantages des Systemes Energetiques. KFA Jülich, 1984.

[Hubmann 1983]   H. Hubmann: In: Markt und Technik (1983) No. 41, S. 139

[IER 1992]   M. Kaltschmitt, A. Wiese: Potentiale und Kosten regenerativer Energieträger in Baden-Württemberg, Universität Stuttgart, Institut für Energiewirtschaft und Rationelle Energieanwendung, 1992

[IKARUS 1992]   R. Roesler, W. Zittel (Ludwig-Bölkow-Systemtechnik
                       GmbH, Ottobrunn): Entwurf zum Teilprojekt: Umwand-
                       lungssektor, Unterbereiche "Wasserstofferzeugung sowie
                       -speicherung, -transport und -verteilung" im Rahmen des
                       Projektes "Instrumente für die Entwicklung von Strate-
                       gien zur Reduktion energiebedingter Klimagasemissionen
                       in Deutschland." Studie im Auftrag des Bundesmini-
                       steriums für Forschung und Technologie. Bonn, 1995.

[IKARUS 1994]   O. Langniß (Deutsche Forschungsanstalt für Luft-und
                       Raumfahrt DLR, Stuttgart): Solarimport. Bericht im
                       Rahmen des Projektes "Instrumente für die Entwicklung
                       von Strategien zur Reduktion energiebedingter Klima-
                       gasemissionen in Deutschland." Studie im Auftrag des
                       Bundesministeriums für Forschung und Technologie.
                       Bonn, 1995.

[Iliceto, Previ 1994] A. Iliceto, A. Previ: Progress Report on ENEL's 3.3 MWp
                       PV Plant. In: Proceedings of the 12th European
                       Photovoltaic Solar Energy Conference, Amsterdam, 11-
                       15 April 1994. pp 1167-1170. Commission of the
                       European Communities, Brussels 1994. Published by H.S.
                       Stephens & Associates, Felmersham, UK.

[ISE 1987]   Räuber, Holland, Holder: Photovoltaische Energienut-
                       zung, in "Perspektiven der Energieversorgung", Mate-
                       rialienband V, Erneuerbare Energiequellen für Baden-
                       Württemberg, Teil 2. Fraunhofer Gesellschaft - Institut
                       für Solare Energiesysteme, Freiburg, 1987.

[Jochem 1987]   E. Jochem et al.: Zum Konzept und den Realisierungs-
                       möglichkeiten der Technikfolgen-Abschätzung (TA) am
                       Beispiel der Solarenergienutzung in der Bundesrepublik
                       Deutschland. Fraunhofer Gesellschaft, Institut für Sy-
                       stemtechnik und Innovationsforschung, Karlsruhe, 1987.

[Johannson et al. 1993] T.B. Johannson, H. Kelly, A.K.N. Reddy, R.H. Williams:
                       Renewable Fuels and Electricity for a Growing World
                       Economy: Defining and Achieving the Potential: in: T.B.
                       Johansson, H. Kelly, A.K.N. Reddy, R.H. Williams
                       (editors): Renewable Energy - Sources for Fuels and
                       Electricity. pp. 1-72. Island Press, Washington DC, 1993.

[Kaltschmitt, Fischedick 1995]

M. Kaltschmitt, M. Fischedick: Wind- und Solarstrom im Kraftwerksverbund - Möglichkeiten und Grenzen. C.F. Müller, Heidelberg, 1995

[Kaltschmitt, Wiese 1993]

M. Kaltschmitt, A. Wiese (Hrsg.): Erneuerbare Energieträger in Deutschland. Springer Berlin, 1993

[Kapur 1990]

V.K. Kapur, B. Basol: Key Issues and Cost Estimates for the Fabrication of CIS PV Modules by the Two-Stage-Process. In: Proceedings of 21st IEEE PV-Specialists Conference, 1990 Orlando, Florida. Published by The Institute of Electrical and Electronics Engineers IEEE, New York 1990.

[Klaiß, Staiß 1992]

H. Klaiß, F. Staiß: Solarthermische Kraftwerke für den Mittelmeerraum. Springer, Berlin, 1992.

[Knaupp et al. 1993]

W. Knaupp, D. Schekulin, A. Bleil, in: "Grundlagen und Systemtechnik solarer Energiesysteme"; Hrsg.: Fraunhofer Gesellschaft, Institut für Solare Energiesysteme, Freiburg, 1993; S. 155 - 206.

[Kohlhaas, Welsch 1994]

M. Kohlhaas, H. Welsch: Modelle einer aufkommensneutralen Energiepreiserhöhung und deren Auswirkungen. Gutachten im Auftrag der Gruppe "Energie 2010". zitiert in: [Gruppe Energie 2010, 1995].

[LfU-BW 1992]

Landesanstalt für Umwelt LfU Baden-Württemberg: Umweltdaten 91/92. Stuttgart, 1992.

[Maycock 1993]

P. Maycock (editor): PV-News, Vol. 12, No 12, Dec. 1993, Casanova, Va, USA.

[Maycock 1994]

P. Maycock (editor): PV-News, Vol. 13, No 3, March 1994, Casanova, Va, USA.

[Maycock 1995]

P. Maycock (editor): PV-News, Vol. 14, No 2, February 1995, Casanova, Va, USA.

[Mc Veigh 1993]

J.C. Mc Veigh: Renewable Energy Forecasts: Limited Growth in a Finite World. Proceedings of the ISES Solar World Congress, Budapest 1993. Published by Hungarian Energy Society, Budapest, 1993.

[Meinecke, Bohn 1995]   W. Meinecke, M. Bohn: Solar Energy Concentrating Technologies. Deutsche Forschungsanstalt für Luft- und Raumfahrt. M. Becker, B. Gupta (editors). C.F. Müller, Heidelberg, 1995.

[Mertens et al. 1992]   R. Mertens, J. Nijs, R. Van Overstraeten, W. Palz: Summary of Panel Discussion. Technical Goals and Financial Means for PV Development. In: Proceedings of the 11th European Photovoltaic Solar Energy Conference, Montreux 12-16 October 1992. pp 18-22. Commission of the European Communities, Brussels, 1992. Published by Harwood Academic Publishers, Chur, Switzerland.

[Minder et al. 1992]   R. Minder: The Swiss 500 kW Photovoltaic Power Plant PHALK Mont-Soleil. In: Proceedings of the 11th European Photovoltaic Solar Energy Conference, Montreux 12-16 October 1992. pp 1009-1013. Commission of the European Communities, Brussels, 1992.

[Moskowitz, Fthenakis]   P.D. Moskowitz, V.M. Fthenakis, Toxic Materials Released from PV-Modules during Fires: Health Risks, Brookhaven National Laboratory, Upton, New York

[Nast, Nitsch 1994]   M. Nast, J. Nitsch: Solare Wärmeversorgung einschließlich Großwärmespeicher. Einzelgutachten im Rahmen des Projektes "Klimaverträgliche Energieversorgung in Baden-Württemberg" der Akademie für Technikfolgenabschätzung in Baden-Württemberg. Akademie für Technikfolgenabschätzung in Baden-Württemberg, Stuttgart, 1994.

[New Sunshine 1993]   New Sunshine Program Promotion Headquaters: New Sunshine Program. Ministry for International Trade and Industry AIST, MITI. Tokyo, 1993.

[Nitsch 1986]   J. Nitsch et al.: Struktur- und Energiedaten für Baden-Württemberg. Deutsche Forschungs- und Versuchsanstalt für Luft- und Raumfahrt DFVLR, Stuttgart, 1986.

[Nordmann 1994]   T. Nordmann: Switzerland's 50 MWp Photovoltaic-Program (Progress Report 1993/94). in: Proceedings of the 12th European Photovoltaic Solar Energy Conference, Amsterdam 11-15 April 1994. pp 1464-1465. Commission of the European Communities, Brussels 1994. Published by H.S. Stephens & Associates, Felmersham, UK.

[Ortjohann 1993]   E. Ortjohann, M. Hübert, K. Navratil, B. Voges: Großflächige Einbindung regenerativer Energiequellen in elektrische Energieversorgungssysteme, Statusreport 1993 Photovoltaik, BEO Forschungszentrum Jülich, 1993, S. 84-1-84-18.

[Palz 1994]   Palz, W., et al.: PV-Programmes of the European Commission, In: Proceedings of the 12th European Photovoltaic Solar Energy Conference, Amsterdam, 11-15 April, 1994. pp 1441-1444. Commission of the European Communities, Brussels, 1994. Published by H.S. Stephens & Associates, Felmersham, UK.

[Plättner 1990]   R. D. Plättner: Amorphe Dünnschicht-Solarzellen. in: F. Jäger, A. Räuber (Hrsg.): Photovoltaik - Strom aus der Sonne, 2. Auflage, S. 46-61. C. F. Müller, Heidelberg, 1990.

[Prognos 1992]   Prognos AG: Identifizierung und Internalisierung externer Kosten der Energieversorgung. Studie im Auftrag des Bundesministeriums für Wirtschaft. Basel, 1992.

[Prognos, FhG-ISI 1991] K.P. Masuhr (Prognos AG), H. Bradke (Fraunhofer Gesellschaft Insitut für Systemtechnik und Innovationsforschung): Konsistenzprüfung einer denkbaren zukünftigen Wasserstoffwirtschaft. Studie im Auftrag des Bundesministeriums für Forschung und Technologie, Bonn. Basel, 1991.

[PV Systems 1992]   Proceedings of the Executive Conference "Photovoltaic Systems for Electric Utility Applications", Taormina; OECD/IEA, Paris, 1992

[Rannels 1994]   J. Rannels: Building on Success: The United States Photovoltaik Program. In: Proceedings of the 12th European Photovoltaic Solar Energy Conference, Amsterdam, 11-15 April, 1994. pp 1445-1448. Commission of the European Communities, Brussels, 1994. Published by H.S. Stephens & Associates, Felmersham, UK.

[Ricaud 1994]   A. Ricaud: Photovoltaic Commercial Modules: Which Product for What Market? In: Proceedings of the 12th European Photovoltaic Solar Energy Conference, Amsterdam, 11-15 April, 1994. pp 7-14. Commission of the European Communities, Brussels, 1994. Published by H.S. Stephens & Associates, Felmersham, UK.

[Ritzau 1989]   M. Ritzau: Technisch-wirtschaftliches Substitutionspotential regenerativer Primärenergiequellen in elektrischen Inselsystemen. Dissertation RWTH Aachen, 1989.

[Rüttgers 1995]   J. Rüttgers, Bundesminister für Bildung, Wissenschaft, Forschung und Technologie BMBF: Bildungs- und forschungspolitische Schwerpunkte 1995. BMBF, Bonn, 1995.

[Schekulin 1995]   D. Schekulin: Wechselstrom-Solarmodule - Technik, Eigenschaften und Betriebserfahrungen. in: Ostbayerisches Technologie-Transfer-Institut OTTI (Hrsg.). Zehntes Symposium Photovoltaische Solarenergie, Staffelstein 15-17.3.95, S. 231-235. Regensburg, 1995.

[Schmid 1990]   J. Schmid: Systemkomponenten. In: F. Jäger, A. Räuber (Hrsg.): Photovoltaik - Strom aus der Sonne, 2. Auflage, S. 62-72. C. F. Müller, Heidelberg, 1990.

[Schweiz 1992]   Eidgenössisches Verkehrs- und Energiewirtschaftsdepartement: Aktionsprogramm Energie 2000. 2. Jahresbericht. Bern, 1992.

[Siemens Solar 1993]   Siemens Solar. Proceedings of 23rd IEEE PV-Specialists Cconference, 1993 Louisville, Kentucky. Published by The Institute of Electrical and Electronics Engineers IEEE, New York 1993.

[Stat 1990]   Statistisches Landesamt Baden-Württemberg, Wohn- und Gebäudezählung 1987. Stuttgart, 1990.

[Stat 1991]   Statistisches Landesamt Baden-Württemberg, Bautätigkeit und Wohnungswesen, Art.-Nr. 3734 90001. Stuttgart, 1991.

[Stat. Bundesamt 1993]   Statistisches Bundesamt (Hrsg.): Statistisches Jahrbuch 1993 für die Bundesrepublik Deutschland. Metzler Poeschel, 1993.

[Steinberger-Willms 1993]   R. Steinberger-Willms: Untersuchung der Fluktuation der Leistungsabgabe von räumlich ausgedehnten Wind- und Solarenergie-Konvertersystemen im Hinblick auf deren Einbindung in elektrische Versorgungsnetze. Dissertation Universität Oldenburg, 1993.

[Sze 1985]   S. M. Sze: Physics of Semicondutor Devices. Wiley & Sons, Chichester, England 1985.

[THERMIE 1994]   Comission of the European Communities, Directorate-General for Energy: THERMIE - European Solar Photovoltaic Technology Projects 1994. Brussels, 1994.

[Toma 1994]   K. Toma: The New Sunshine Program in Japan. in: Proceedings of the 12th European Photovoltaic Solar Energy Conference, Amsterdam, 11-15 April, 1994. pp 1449-1450. Commission of the European Communities, Brussels, 1994. Published by H.S. Stephens & Associates, Felmersham, UK.

[VDEW 1992]   Vereinigung Deutscher Elektrizitätswerke - VDEW - e.V.: Die öffentliche Elektrizitätsversorgung 1991. Verlags- und Wirtschaftsgemeinschaft der Elektrizitätswerke GmbH - VWEW. Frankfurt/Main, 1992

[Vigotti 1994]   R. Vigotti: International Photovoltaic Programmes. In: Proceedings of the 12th European Photovoltaic Solar Energy Conference, Amsterdam, 11-15 April 1994. pp 22-28. Commission of the European Communities, Brussels, 1994. Published by H.S. Stephens & Associates, Felmersham, UK.

[Voß 1993]   A. Voß: Sonne - mehr Hoffnungs- als Energieträger? Manuskript, 1993.

[VDEW 1993]   Vereinigung Deutscher Elektrizitätswerke VDEW: Die öffentliche Elektrizitätsversorgung 1993. Frankfurt Main, 1994.

[Wagner, Pfisterer 1992]   H.J. Wagner, F. Pfisterer: Umweltaspekte photovoltaischer Systeme. Forschungsverbund Sonnenenergie, Themen 1992/93, Photovoltaik 2. Bonn, 1993.

[WiMi BW 1995]   Wirtschaftsministerium Baden-Württemberg: Grundsätze des Wirtschaftsministeriums zur preisrechtlichen Anerkennung von Maßnahmen zur Förderung der Stromerzeugung aus erneuerbaren Energien vom 22.5.95. Stuttgart, 1995

[Wrixon et al. 1993]   G.T. Wrixon, A.M.E. Rooney, W. Palz: Renewable Energy - 2000, Springer, Heidelberg, 1993

[Zittel 1992]   W. Zittel, A. Baumann: Ökologische Belastungen durch solare Stromerzeugung im Vergleich zu konventionellen Systemen. In: Deutsche Gesellschaft für Sonnenenergie DGS (Hrsg.): Tagungsband zum 8. Internationalen Sonnenforum vom 30.6.-3.7.1992 Berlin. München, 1992.

[Zweibel, Barnett 1993]   K. Zweibel, A.M. Barnett: Polycristalline Thin-Film Photovoltaics. In: T.B. Johansson, H. Kelly, A.K.N. Reddy, R.H. Williams (editors): Renewable Energy - Sources for Fuels and Electricity. pp. 437-482. Island Press, Washington DC, 1993.

Solarzellen

von Dieter Meissner (Hrsg.)

1993. VIII, 274 Seiten mit zahlreichen Abbildungen und Diagrammen. Kartoniert. ISBN 3-528-06518-4

Die Grundlagen- und Anwendungsforschung auf dem Gebiet der Solarenergie macht Fortschritte: neue Halbleitermaterialien und neue Technologien ermöglichen inzwischen den Einsatz von Solarzellen zur Stromerzeugung in unseren Breiten. Anhand von Beiträgen von Wissenschaftlern, die an der Grundlagenforschung und der technischen Umsetzung beteiligt sind, gibt dieser Band einen einführenden Überblick über das Fachgebiet.

Über den Herausgeber:
Dr. Dieter Meissner ist wissenschaftlicher Mitarbeiter am Institut für Solarenergieforschung, Hannover.

Verlag Vieweg · Postfach 1546 · 65005 Wiesbaden

Einführung in die Umwelttechnik

von Bertram Philipp (Hrsg.)

2., verbesserte Auflage 1994. X, 286 Seiten mit 37 Abbildungen. Kartoniert.
ISBN 3-528-14777-6

Dieses Buch wendet sich an Studenten ingenieurwissenschaftlicher Fächer, die sich für Fragen des Umweltschutzes interessieren und an angehende „Umweltberater". Es führt in die technischen Grundlagen ein und vermittelt auch Grundkenntnisse des Umweltrechts und ökologisch-wirtschaftliche Zusammenhänge. Dieses Buch soll den Leser dazu befähigen, sich mit den entsprechenden Fachleuten zu beraten. Der Umweltberater soll als Generalist an einer Schnittstelle zwischen künstlichen und natürlichen Ökosystemen arbeiten können.

Verlag Vieweg · Postfach 1546 · 65005 Wiesbaden